# 物联网
# 工程开发与应用实例

马洪连　朱明　主编
马艳华　丁男　宁兆龙　李凤岐　编著

科学出版社
北京

## 内 容 简 介

近几年，物联网从诞生到迅速发展，受到了产业界及学术界的广泛重视。本书从物联网工程实际应用的角度出发，针对国内大专院校物联网工程专业课程群实践教学的需要，结合作者多年的教学、科研方面的经验编写了这部物联网工程开发与应用实例教材。

本书以基于四核 Cortex-A9 微处理器为核心的物联网综合教学实验平台为物联网工程应用实例的硬件平台，该平台还配有以 CC2530 为核心部件的 14 种无线感知、识别、控制节点模块以及摄像头、条形码和指纹识别三种外设。针对物联网工程实验教学与培训体系不同层面的需要，本教材精心设计和开发了 36 项应用实例。

本书结构合理、应用实例内容丰富，具有很强的实用性。适用于高等院校相关专业的实践教学参考书，也可以作为从事物联网工程、嵌入式系统开发设计人员和物联网爱好者技术培训的参考技术指导书。

**图书在版编目（CIP）数据**

物联网工程开发与应用实例/马洪连，朱明主编. — 北京：科学出版社，2016.8

ISBN 978-7-03-049373-6

Ⅰ. 物… Ⅱ. ①马… ②朱… Ⅲ. ①互联网络—应用 ②智能技术—应用 Ⅳ. ①TP393.4 ②TP18

中国版本图书馆CIP数据核字（2016）第160928号

责任编辑：孙力维 杨 凯 / 责任制作：魏 谨

责任印制：张 倩 / 封面设计：杨安安

北京东方科龙图文有限公司 制作

http://www.okbook.com.cn

科 学 出 版 社 出版

北京东黄城根北街16号

邮政编码：100717

http://www.sciencep.com

天津市新科印刷有限公司 印刷

科学出版社发行 各地新华书店经销

*

2016年8月第 一 版 开本：720×1000 1/16

2016年8月第一次印刷 印张：19 1/2

印数：1—3 000 字数：386 000

**定价：68.00元**

（如有印装质量问题，我社负责调换）

# 前　言

随着物联网技术的应用和普及，社会上对物联网设计、开发和技术应用人才的需求越来越多。本书作者立足于培养物联网工程应用人才，根据物联网工程专业课程群的实践教学需求，总结多年来在物联网和嵌入式系统设计方面的教学和科研经验，编写了这部物联网综合性实用教材。通过学习书中的实例，读者能够在物联网综合教学实验平台上完成“物联网感知识别”、“网络传输和管理服务”、“综合应用”三个层次相关技术的具体实现过程。以便使读者能够在较短的时间内，迅速掌握相关知识和技能，起到事半功倍的作用。

物联网作为一门交叉学科，要求物联网专业的实践教学平台建设与理论课程紧密配套。目前，国内针对物联网专业课程群方面的综合性实践教材较少。这次新编写的教材，力求充分体现科学性、先进性和工程性。书中的应用实例基本上涵盖了物联网专业课群多层次的实践教学需要。本书采用“物联网综合教学实验平台”作为硬件应用平台，其网关显示及控制核心部分采用了基于四核Cortex-A9 的 Exynos4412 作为主处理器。另外，本书还配有具有感知、识别和控制功能的 14 个无线节点模块以及摄像头、条形码、指纹识别三种外设的应用。无线节点模块均采用了 TI 公司的 CC2530 作为核心部件，外配有相应感知、识别和控制等器件。

本书从工程应用的角度对物联网感知、识别、控制节点模块设计，节点接入、组网应用和网关平台搭建，网关界面设计与物联网工程综合应用等不同层面，精心设计了 36 项应用实例。另外，还提供了配套电子文档资料，包括实例源程序、实验环境及配置文档等相关资料。本书的具体内容由 6 章组成，简介如下。

第 1 章“概述”部分主要介绍物联网综合教学平台的硬件构成，以及软件配置情况。

第 2 章“无线节点模块的设计与应用实例”主要以 PC 机为主要教学载体，介绍了 14 项物联网综合教学实验平台无线感知、识别、控制节点模块的设计与应用实例。具体涉及无线节点的开发环境搭建，无线节点模块设计以及无线节点内信息参数的采集、数据处理及控制等方面。

第 3 章“无线传感节点通信、节点接入和组网应用实例”介绍了 7 项涉及

Z-Stack 协议栈的配置和无线节点间的通信、节点接入、组网应用实例。

第 4 章“基于 Linux 网关平台的构建与应用实例”介绍了基于 Linux 操作系统的环境搭建、内核编译和移植及与 PC 机通信等内容。另外，还有在网关平台实现摄像头、条形码、指纹识别和音频播放等共 7 项应用实例。

第 5 章“基于 Android 网关平台的构建与应用实例”介绍了基于 Android 开发环境的搭建、网关界面设计和基于 ZigBee 通信网络的综合应用等 6 项实例。

第 6 章“物联网工程综合应用实例”结合智能家居、环境监测领域的应用背景，介绍了 2 项实用系统。

本书在规划的过程中体现了如下指导思想和特点：

（1）视角独特，兼具高度

物联网作为典型的交叉学科，所涉及的概念、原理、技术众多。本书以培养“会设计、能发展”，具有创新精神和实践能力的人才为目的，以提高学生及相关科研人员分析问题和解决实际问题的能力为出发点，全面、系统地介绍了物联网工程中相关的应用技术、设计方法和应用实例。

（2）体系清晰，内容全面

本书以物联网的体系结构为主线，清楚地描述了物联网三个组成层次所涉及的关键技术及其应用实例。作者总结了多年在物联网及嵌入式系统设计教学和科研方面积累的实践经验，精选内容，以便读者能够在较短的时间内迅速掌握相关技术。

（3）突出重点，注重能力培养

为了强化系统设计能力，加强对物联网整体实践内容和应用过程的融合和贯通。本教材不仅有针对于物联网各个层次结构专门的应用实例介绍，同时也选择了物联网综合设计应用实例，以加强读者对物联网系统的全面理解和设计能力。

对于该书的出版，首先感谢科学出版社的编辑，他们的大力支持使得本书能够很快地出版发行。在本书编写的过程中，得到了研究生王亚维、胡兴农等人的大力支持，在此对他们表示感谢。另外笔者还参考、借鉴了大量相关资料（见参考文献）及网络资源，并引用了其中的一些文字和代码，在此谨对这些资料的作者表示衷心的感谢。

由于物联网工程应用的发展非常迅速和普及，物联网应用的新技术、新成果不断涌现和更新，书中难免存在疏漏和不妥之处，还望广大读者能够多加谅解，并及时联系作者，以期在后续版本中进行完善。

编 者

2016 年 1 月

# 目录


## 第1章 概述

1.1 物联网综合教学实验平台硬件系统 …… 3
1.2 实验平台系统软件配置与工作原理 …… 6

## 第2章 无线节点模块的设计与应用实例

2.1 无线节点核心部件 CC2530 开发环境的搭建与安装 …… 10
2.2 按键外部中断与定时器中断的应用 …… 15
2.3 模拟/数字转换器（ADC）的应用 …… 23
2.4 基于单线制通信的温湿度传感器节点的设计与应用 …… 31
2.5 基于 $I^2C$ 通信的光照传感节点的设计与应用 …… 37
2.6 基于 SPI 总线的外扩存储器节点的设计与应用 …… 45
2.7 基于查询模式的烟雾感知节点的设计与应用 …… 50
2.8 基于 UART 通信模式的 GPS 卫星定位节点的设计与应用 …… 53
2.9 基于中断模式的声音感知节点的设计与应用 …… 61
2.10 基于中断模式的人体红外感知节点的设计与应用 …… 64
2.11 基于中断模式的超声波测距节点的设计与应用 …… 66
2.12 继电器节点的设计与应用 …… 70
2.13 直流电动机节点的设计与应用 …… 73
2.14 射频识别节点的设计与应用 …… 77

## 第3章 无线传感节点通信、节点接入与组网应用实例

3.1 Z-Stack 协议栈配置与安装 …… 84
3.2 基于 Z-Stack 的单向无线节点通信应用 …… 88
3.3 基于 Z-Stack 的无线节点双向通信应用 …… 108

3.4 无线温湿度采集节点接入及组网应用 110
3.5 无线光照感知节点接入及组网应用 117
3.6 无线超声波测距节点接入及组网应用 126
3.7 无线姿态识别节点接入及组网应用 132

第4章 基于Linux网关平台的构建与应用实例

4.1 Linux网关平台开发环境的搭建与安装 146
4.2 网关平台的设计与应用 155
4.3 网关平台与PC机通信的应用 170
4.4 基于Linux平台下摄像头的应用 181
4.5 基于Linux平台下条形码识别的应用 192
4.6 基于Linux平台下指纹识别的应用 196
4.7 基于Linux平台音频播放的应用 213

第5章 基于Android网关平台的构建与应用实例

5.1 Android网关平台环境的搭建与安装 216
5.2 Android系统用户界面的设计与应用 225
5.3 Android系统下网络通信的应用 230
5.4 基于ZigBee无线通信网络的综合应用1 244
5.5 基于ZigBee无线通信网络的综合应用2 249
5.6 基于ZigBee无线通信网络的综合应用3 253

第6章 物联网工程综合应用实例

6.1 智能家居系统 266
6.2 环境监测系统 290

参考文献 305

# 第1章 概述

```
#define uint unsignedint
#define uchar unsignedchar
ucharnum[50];
uinti = 0, flag = 0;
void main()
{
setSysClk();
  uart0_init();
while(1)
  {
  }
}
voidsetSysClk()
{
  CLKCONCMD&=0XBF;
Delayms(1);
  CLKCONCMD&=0XC0;
Delayms(1);
}
void uart0_init()
{
  PERCFG =0x00;
  P0SEL|=0x0C;
  U0CSR|=0xC0;
  U0UCR|=0X00;
  U0GCR|=8;
  U0BAUD =59;
  UTX0IF =0;
  URX0IE =1;
  IEN0 |=0x04;
  EA = 1;
}
#pragma vector=URX0_VECTOR
__interrupt void UART0_ISR(void)
{
  URX0IF =0;
num[i++] = U0DBUF;
if(i>=49)
  {
i=0;
  }
}
```

物联网工程作为新兴的产业和专业，其技术涉及多个学科。编写本教材的目的就是从物联网工程专业的实验教学需求出发，在物联网综合教学实验平台上完成“物联网感知和识别”、“网络传输和管理服务”与“综合应用”三个结构层次所涉及的相关技术的具体实现过程。该平台适用于物联网课程群中“无线传感器网络”、“物联网与传感器技术”、“射频识别（RFID）技术”、“物联网控制技术”和“物联网课程设计”等专业课程的实践教学。学生们通过在该平台上的具体应用和操作，能够掌握贯穿物联网三个结构层次所涉及的知识和技能，提高自身在物联网工程应用方面的实践能力。

物联网综合教学实验平台是依据教育部物联网专业课程大纲要求，自主设计研发的集教学、科研为一体的物联网工程实验、实训平台。实验平台系统包括硬件设备、软件系统配置及实践教学文档资源三部分，物联网综合教学实验平台实物正面图如图 1.1 所示。

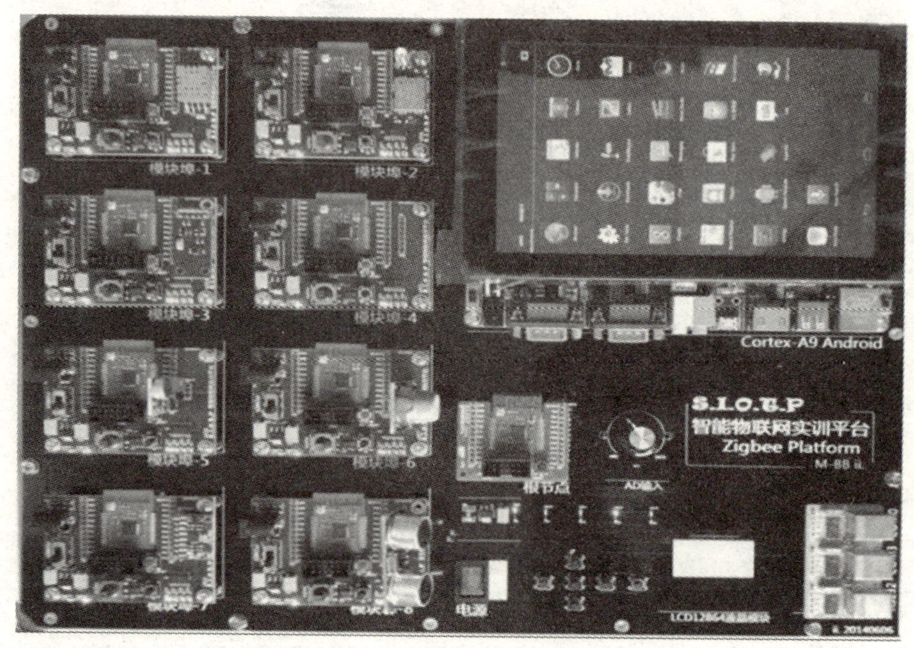


图 1.1 物联网综合教学实验平台

本书从物联网工程应用的角度，精心设计和开发了 36 项应用实例。具体包括物联网无线感知、识别和控制节点模块设计与应用 14 项；无线节点通信、节点接入和组网应用 7 项；基于 Linux 网关平台搭建与应用 7 项；基于 Android 环境下界面设计与应用 6 项和物联网工程综合应用 2 项。

## 1.1 物联网综合教学实验平台硬件系统

物联网作为一门交叉学科，要求物联网专业的实践教学平台建设应与理论课程紧密配套。因此，通过物联网工程课程群的实践教学将这些跨学科知识进行融合和贯通尤为重要。本综合教学实验平台可应用于物联网课程群的实践教学中，通过提供优质的实验平台和丰富的实践资源进行多层次、一体化的实践教学。以便使学生们掌握贯通物联网课程的知识，提高他们在物联网应用方面的实践能力和创新意识，为培养高素质应用型人才和复合型人才奠定坚实的基础。

物联网综合教学实验平台硬件部分主要由网关显示及控制平台、无线节点模块和系统平台底板三部分组成。

### 1. 网关显示及控制平台

网关显示及控制平台采用了广州友善之臂公司设计的Tiny4412系统开发板。该开发板采用基于四核 Cortex-A9 的三星 Exynos4412 作为主处理器，运行主频高达 1.5GHz。同时，板上标配有 1GB DDR3 内存、4GB 高性能 eMMC 闪存、分辨率为 1280 × 800 的 7 寸 LCD(HD700) 显示屏以及高精度电容式触摸屏。还配有高清晰度多媒体接口 HDMI 输出、USB Host、SD 卡、DB9 串口、RJ-45 以太网口和音频输入 / 输出口等各种常见的标准接口。物联网综合教学实验平台网关显示及控制平台正面图如图 1.2 所示。

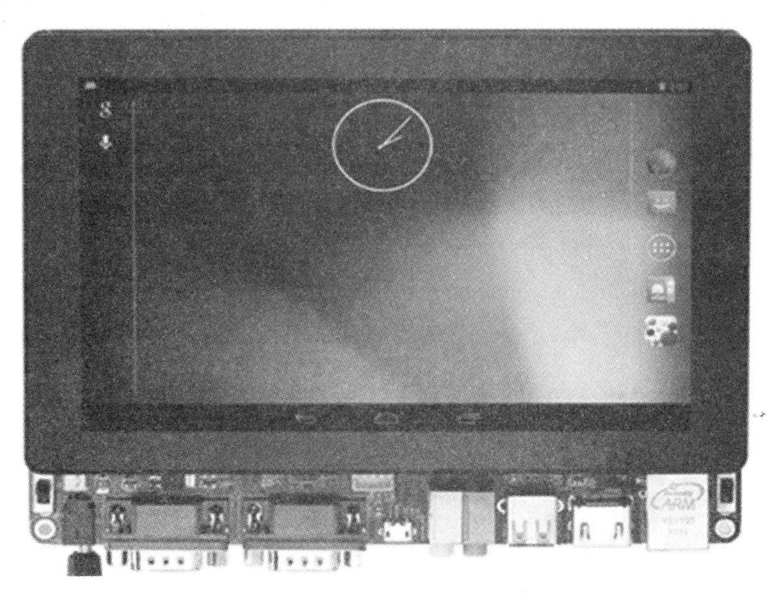

图 1.2 网关显示及控制平台实物图

在网关显示及控制平台的底部位置，从左至右各开关、接口的功能和作用如下：

（1）S1 拨动开关：S1 是供电开关，上关、下开。

（2）外电源接入插件：DC-5V 电源输入端口(该端口不使用)。

（3）两个 DB9 型插件接口：基于 RS232 通信的 COM0 和 COM3 串行接口。

（4）一路 microUSBSlave 2.0 接口：主要用于 Android 系统下的 ADB 功能，用于软件安装和程序调试。

（5）一路 3.5mm 立体声音频输出接口 / 一路在板麦克风音频输入接口：Exynos4412 支持 I2S/PCM/AC97 等音频接口。该开发板采用的是 $I^2S$ 接口，它外接了 WM8960 作为 CODEC 解码芯片，可支持 HDMI 音视频同步输出。WM8960 芯片在 Tiny4412 底板上，音频系统的输出为板上常用的 3.5mm 绿色孔径插座，不插入耳机时，实验平台内置音箱将工作发声，可用于播放音频。另外，板上还提供了蓝色插座的麦克风输入接口。

（6）HDMI 接口：高清晰度多媒体接口（High Definition Multimedia Interface，简称 HDMI）是一种数字化视频 / 音频接口技术，是适合影像传输的专用型数字化接口。HDMI 可同时传送音频和影音信号，最高数据传输速度为 5Gbps。

（7）USB Host(2.0) 接口：可以接 USB 摄像头、USB 键盘、USB 鼠标、U 盘等 USB 外设。

（8）RJ45 有线网络接口：有线网络电路中采用了 DM9621 网卡芯片，可以自适应 10/100 米网络。

（9）S2 启动方式选择开关：Tiny4412 支持 SD 卡和 eMMC 两种启动模式，通过 S2 开关进行切换。将 S2 拨至 NAND 标识（上侧）时，系统将从 eMMC 启动；将 S2 拨至 SDBOOT 标识（下侧）时，系统将从 SD 卡启动。网关平台电路板在日常使用时，S2 应拨向 NAND 侧。若需要向网关平台烧写系统程序或者要从 SD 卡启动系统时，将 S2 拨至下方。

（10）SD 卡插座：位于网关平台右侧的电路板。

### 2. 无线节点模块

无线节点模块部分由 14 个无线节点模块组成，它们分别是 M01 按键与指示灯测试节点模块、M02 温湿度传感器节点模块、M03 光强度感应节点模块、M04 姿态识别节点模块、M05 超声波测距节点模块、M06 GPS 卫星定位节点模块、M07 烟雾感知节点模块、M08 声音感知节点模块、M10 直流电机模块、M12 人体红外感知节点模块、M14 RFID 识别模块、M16 继电器模块、M17 扩展存储器模块和根节点模块（即协调器节点，红色印制电路底板）。在这些无线节点模块内部电路中均采用了 TI 公司的片上系统 CC2530 芯片作为核心部件，外部分别配有不同种类的感知、识别、控制等器件。

CC2530 芯片是一款通用性极强的芯片，广泛应用于智能设备、数字家庭、消费类电子及 RF4CE 远程控制、楼宇自动化、照明、工业控制与监控、保健与医疗等众多领域。CC2530 芯片的核心部件是一款完全兼容 8051 内核，同时集成有支持 2.4GHz IEEE802.15.4 协议的 RF 收发器的片上系统（SoC），其传送速率最高可达 250Kbps 有 16 个 2.4GHz 传输信道，可选频段传输距离在 0 ~ 100 米。本实验平台的无线节点模块 CC2530 的 Flash 容量为 256KB，并具有 8KB RAM 和 14 位的 ADC 等功能。典型无线传感器节点模块实物正面图如图 1.3 所示。

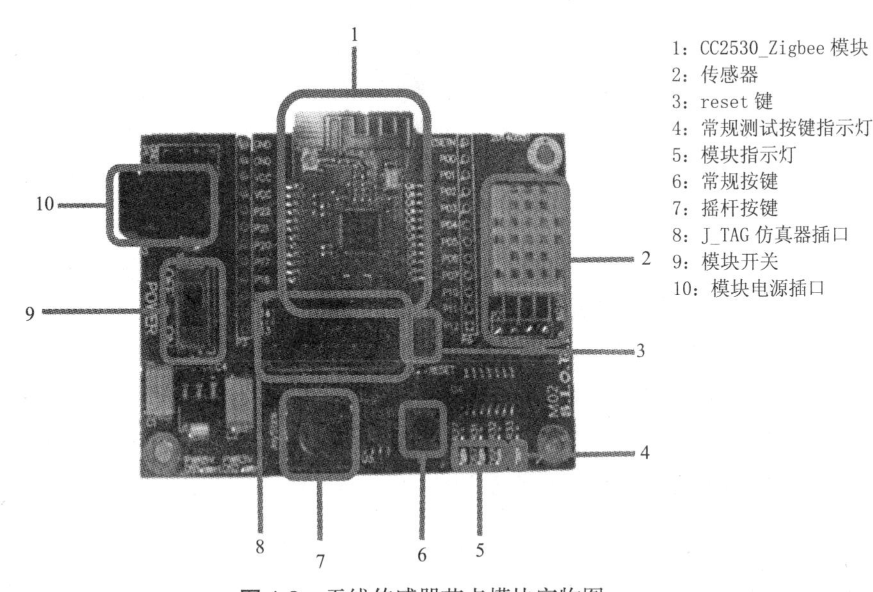


**图 1.3**　无线传感器节点模块实物图

典型无线节点模块板上相关部件的说明如下：

（1）开关：S1 为无线节点复位按键；S2 为无线节点电源开关；S6 开关为常规按键；U2 摇杆开关只在本书第 3 章节点入网实例中作为节点确认开关，在其他实例中没有应用。在根节点模块板上只有 S1 节点复位开关，其他相应的开关与指示灯均放在实验平台底板上。

（2）接口：P1 是内部直流 5V 电源接口，P2 是外接 5V 电源接口（正常情况下不使用），P3 和 P6 为 CC2530 核心板外扩接口，P5 是 10 针 J-TAG 接口，P7 是外扩传感器接口。

（3）6 个固定 LED 指示灯：DS1 为 3.3V 电源指示灯，DS2 为 5V 电源指示灯，DS6、DS7 和 DS8 这三个 LED 灯由用户编程操作，DS9 为按键测试指示灯。

（4）编号 U1、U3、U4 是三个专用集成芯片。

（5）U2 为摇杆开关，用于无线节点的接入与组网应答确认。

（6）片上系统 CC2530 核心板。

### 3. 综合教学实验平台底板

综合教学实验平台的底板上配置有模块埠 1 ~ 模块埠 8 共 8 个固定式无线节点连接端口、7 个按键开关、4 个 LED 指示灯、3 个外扩专用的通信接口板和 1 个可调节 AD 模拟电压输出端。其功能和作用分别介绍如下：

（1）模块埠 1 ~ 模块埠 8：能够固定 8 个无线节点的连接端，并可以为其提供直流电源。这 8 个连接端可任意选择连接除根节点以外的 13 个无线节点模块中的 8 个无线模块。

（2）根节点固定连接端：该连接端连接根节点，该节点为红色印制电路底板，也称为协调器或汇聚节点，它是本平台的必备节点。

（3）S1 是标准 Z-Stack 协议栈中定义的 Shift 按键，S2 ~ S6 分别与根节点连接，相当于普通节点摇杆开关在 5 个方向的操作。

（4）DS9 为电源指示灯，DS10~DS13 为与 Z-Stack 协议栈相关的应用指示灯。

（5）基于 USB 形式的 RS232、COM0、COM3 为外扩专用通信接口。

（6）R10 为 AD 模拟电压调节电位器，旋动可以改变模拟电压输出值。在电路设计上，电压调节器的输出与根节点模块 CC2530 中的 AD 输入端连接。

（7）P23 为 LCD12864 显示器接口，用户需要可进行自配。

综合教学实验平台匹配有一些相关附件，如 SmartRF04EB TI 标准调试器和 miniUSB 连接线、GPS 有源高精度定位天线、microUSB 连接线、D 型 USB 连接线、交叉串口线 、网线、电源线。

## 1.2 实验平台系统软件配置与工作原理

实验平台软件系统包括网关系统软件、无线节点设计与网络通信软件。实验平台网关部分采用了 Tiny4412 核心板自带的内核系统，以及 Linux Kernel 3.5 和 Android 4.2.1 版本的操作系统。同时，还提供了丰富的源码安装包和系统工具。具体包括交叉编译器 arm-linux-gcc、linux-3.5 内核系统、集成 QT4 的 qtopia 文件系统、Android 4.2.1 版本操作系统和文件系统制作工具 make_ext4fs。同时也提供了相关配置文件，可以在 PC 机自动进行内核和文件系统的编译。另外，用户也可以使用这些源码和工具自行配置编译内核和文件系统。为了完成系统上应用的开发，qtopia 编译工具、QT4 和 QT4-extended 工具集成在虚拟机中可以被直接使用。另外，教学实验平台软件还提供了 uboot 启动源码和编译好的 Bootloader 文件供直接使用。按照其步骤制作 SD 卡启动项，烧写系统程序到网关平台中即可，详见本书第 4、第 5 章中的应用实例。

网关显示及控制平台可以分别基于 Linux 和 Android 两种操作系统来实现应用环境，可以应用 Z-Stack 协议栈来完成 CC2530 基于 ZigBee 协议的接入和组网工作。实现了基于 Linux 操作系统下的网关服务器、网站搭建及应用和基于 Android 操作系统在网关上的界面设计及相关的应用实例。另外，网关平台还外配有摄像头、条形码识别和指纹识别等外设并编写了配套的应用实例。

在综合教学实验平台上，根节点（或称为调节节点或汇聚节点）通过 Z-Stack 传输协议来获取各终端节点的信息数据。同时，也可以对指示灯、继电器、直流电机节点模块等执行部件进行控制。

根节点接收来自分布传感器节点的数据信息，然后通过串口方式将该信息转发给网关平台。在网关平台上移植有 Linux 或 Android 操作系统及图形界面库，并编写了相应的应用程序。在应用程序中，嵌入了模式查询匹配算法。可以根据根节点发送的特定数据格式判别发送数据的传感器类型，然后截取无线传感器节点数值，并在相应的用户界面 UI 部分更新显示。根节点向网关发送的数据信息格式是以 $ 开始，以 # 结束，在 $ 和 # 之间，就是一条完整的数据。当系统网关接收到根节点传来的数据后，需要通过软件形式解析并显示在网关平台的 LCD 显示屏上。由于网关平台采用 Linux 内核，可采用 Android App 应用或 Linux 下服务器 - 网站的方式实现采集数据显示。

物联网综合教学实验平台提供了如下三种演示方式：

（1）第一种采用基于 Android APP 应用的方式，在网关平台上直接显示。通过在网关平台上烧写 Linux 内核和 Android 文件系统完成基础环境的搭建，然后开发出相应的 APP 应用。由于该方式只是在综合教学实验平台上显示，所以只需实时更新传感器的数据即可，不需要使用数据库技术。通过在 Android 应用中实时监测串口并读取数据完成数据的采集，采用内部匹配算法来完成数据的解析，最后实时更新到网关平台显示主界面上。显示主界面如图 1.4 所示。

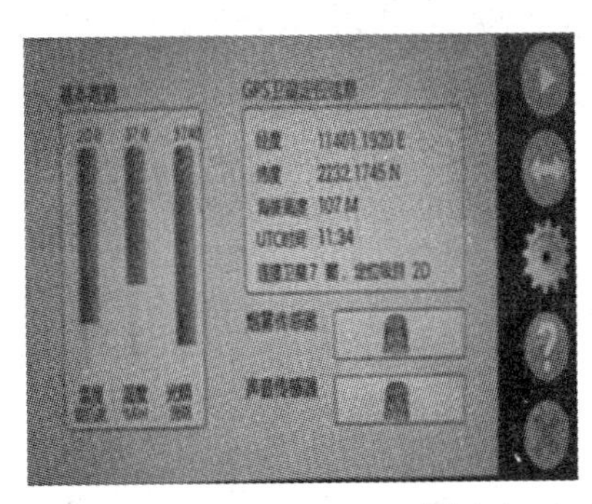

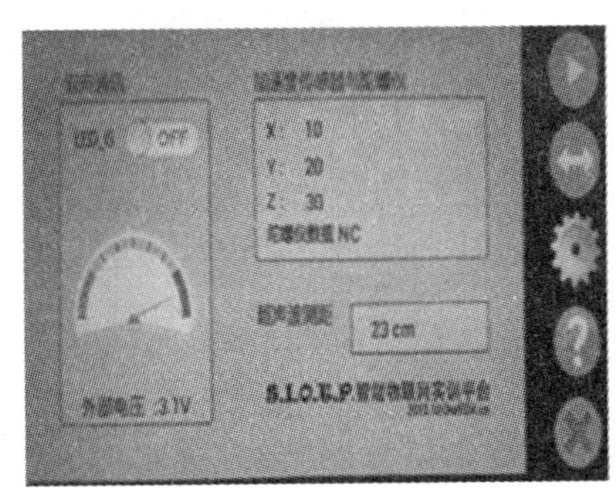


图 1.4 Android 应用界面

（2）第二种采用 Linux QT 应用的方式，在网关平台上直接显示。其工作原理与 Android APP 相似，只不过网关平台软件烧写的是 Linux 文件系统。在 Ubuntu 下完成 QT 应用的交叉编译，通过更改配置文件来修改网关平台上 Linux 的默认启动程序。然后也是通过实时监测串口并读取数据完成数据的采集，采用内部匹配算法来完成数据的解析，并实时更新到网关平台显示主界面上。QT 应用界面在网关平台上的显示如图 1.5 所示。

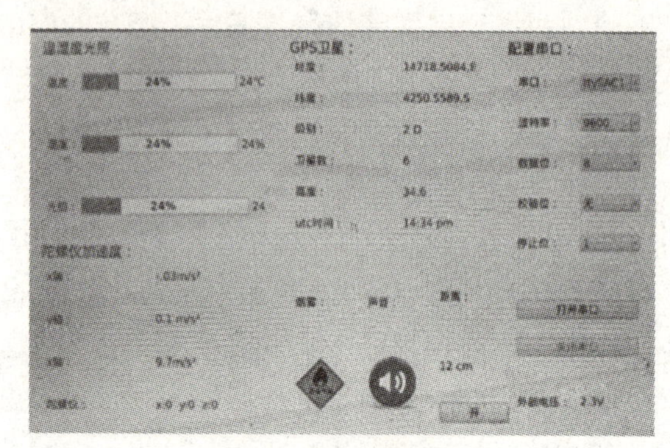


图 1.5　QT 应用界面

（3）第三种是在 QT 应用的基础上，利用网关平台通过网站方式进行显示。主要的实现过程是在 QT 应用中完成数据的存储，传感器数据采用统一的格式（包括数据的名称、数值等）存储在本地文件中。然后在网关平台上搭建好服务器以及相应的网站，通过后台程序来读取相关的数据并返回给客户端，这样客户端就可以访问传感器信息。采用网站方式显示的部分传感器信息界面如图 1.6 所示。

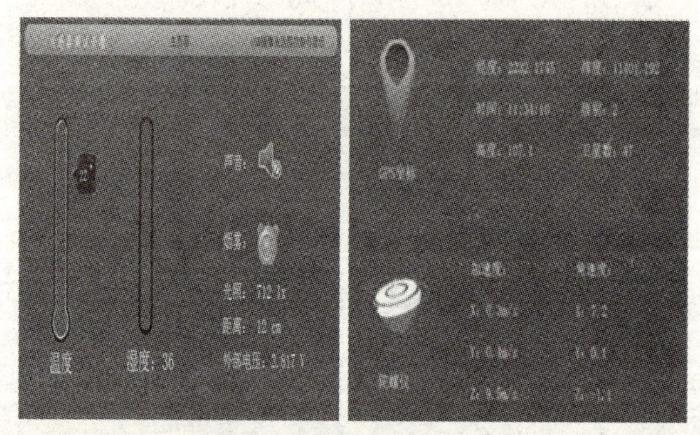


图 1.6　网站传感器采集页面

通过以上三种方式，开发人员可以更大程度地学习相关的知识，包括 Linux 环境应用开发或者 Android 环境应用开发和服务器配置及网站开发，进一步完善物联网相关知识体系的学习。

综合教学实验平台还配有实践教学文档资源，以及相关实验环境及配置文档等相关资料。

# 第2章 无线节点模块的设计与应用实例

```
#define uint unsignedint
#define uchar unsignedchar
ucharnum[50];
uinti = 0, flag = 0;
void main()
{
setSysClk();
  uart0_init();
while(1)
  {
  }
}
voidsetSysClk()
{
  CLKCONCMD&=0XBF;
Delayms(1);
  CLKCONCMD&=0XC0;
Delayms(1);
}
void uart0_init()
{
  PERCFG =0x00;
  P0SEL|=0x0C;
  U0CSR|=0xC0;
  U0UCR|=0X00;
  U0GCR|=8;
  U0BAUD =59;
  UTX0IF =0;
  URX0IE =1;
  IEN0 |=0x04;
  EA = 1;
}
#pragma vector=URX0_VECTOR
__interrupt void UART0_ISR(void)
{
  URX0IF =0;
num[i++] = U0DBUF;
if(i>=49)
  {
i=0;
  }
}
```

本章主要介绍采用PC机对物联网综合教学实验平台上所配置的无线节点进行模块设计、编程的应用实例。

本章首先介绍IAR软件开发环境在PC机上的搭建与安装，以及对应用程序的编辑、编译和调试过程。然后，介绍以片上系统CC2530为核心部件组成的常用无线传感、感知和控制节点模块的设计与编程应用实例。

## 2.1 无线节点核心部件CC2530开发环境的搭建与安装

### 2.1.1 实例内容及相关设备

本实例内容是在PC机上安装后续实例所需要的软件集成开发环境“IAR Embedded Workbench IDE for 8051”（以下简称IAR）。用户通过掌握IAR的基本操作，如建立工程、打开工程、向工程中添加文件、移除工程文件、工程的属性设置、工程的编译、调试、下载等功能的操作，熟悉物联网应用开发平台的软件集成开发环境。

本实例所应用的操作设备如下：

（1）安装有Microsoft Windows XP或更高版本的操作系统，同时具备USB2.0或以上端口和不低于Intel Core2Duo 2GHz、2GB RAM的PC机。

（2）PC机具备安装有IAR集成开发环境的相应软件。

### 2.1.2 实例原理与相关知识

#### 1. 片上系统CC2530简介

在物联网综合教学实验平台上，所配置的无线节点模块核心部件以TI公司的片上系统CC2530芯片为核心。CC2530内部具有先进的RF收发器、业界标准的增强型8051 CPU、系统内可编程闪存、RAM和许多其他功能。CC2530有4种不同的闪存版本，即CC2530F32/64/128/256，分别具有32/64/128/256KB的闪存。CC2530具有不同的运行模式，使得它尤其适应超低功耗要求的系统。

CC2530具有21个可编程I/O引脚、5个独立的DMA通道和4个定时器，还支持8位～14位可定义的AD转换器、IEEE 802.15.4标准的低功耗个域网协议、4个可选定时器间隔的看门狗。另外，还有两个串行通信接口、USB控制器和RF内核控制模拟无线接收/发送模块。

CC2530适用于IAR 51集成开发环境的工程仿真调试，通过Z-Stack协议栈支持路由中继功能、网络节点自动修复功能。因此，在物联网综合教学实验平台可选择配接除根节点之外的13种无线节点模块。例如，M01按键与指示灯测试模块、M02温湿度模块、M03光照感知模块、M04姿态识别模块、M05超声波测距模块、M06GPS 卫星定位模块、M07 烟雾感知模块、M08 声音感知模块、M12 人体红外感知传感节点、M10 直流电机模块、M14 RFID 射频识别模块、M16 继电器模块和 M17 存储器扩展模块。利用这些无线节点模块可以分别获取温湿度、压力、加速度、光感应、声音检测等信息，以及完成相关输出控制功能。

#### 2. IAR 软件开发环境简介

IAR Systems 公司是全球领先的嵌入式系统开发工具和服务供应商。公司成立于 1983 年，提供的产品和服务涉及嵌入式系统的设计、开发和测试的每一个阶段，包括带有 C/C++ 编译器和调试器的集成开发环境 (IDE)、实时操作系统和中间件、开发套件、硬件仿真器以及状态机建模工具。公司总部在北欧的瑞典，在美国、日本、英国、德国、比利时、巴西和中国都设有分公司。

IAR Systems 公司的集成开发环境 IAR Embedded Workbench 支持众多知名半导体公司的微处理器。因此，全球许多著名的公司也都在使用其开发工具开发各自的前沿产品。例如，从消费电子、工业控制、汽车应用、医疗、航空航天到手机应用系统。

IAR Embedded Workbench（简称 EW）的 C/C++ 交叉编译器和调试器是目前世界上比较受欢迎的嵌入式应用开发工具。EW 对不同的微处理器提供一样直观的用户界面，该集成开发环境包括有嵌入式 C/C++ 优化编译器、汇编器、连接定位器、库管理、编辑器、项目管理器和 C-SPY 调试器。EW 支持 35 种以上的 8 位 /16 位 /32 位微处理器结构，其编译器可以对一些 SoC 芯片进行专门的优化，如 Atmel、TI、ST 和 Philips 等公司的产品。除了 EWARM 标准版外，IAR 公司还提供 EWARM BL（256K）的版本，满足了不同层次客户的需求。

### 2.1.3　实例步骤

#### 1. 安装 IAR 集成开发环境

IAR 软件存放于实验平台软件压缩包中“Windows 平台工具”文件夹下，文件名为“IAR EW8051 V8.1.zip”。点击该文件，通过解压缩工具或 Windows 系统自带工具解压缩。

执行解压后的“EW8051-EV-8103-Web.exe”文件，开始安装 IAR 软件。点击 [Next] 跳过“Online Registration”步骤。选择“I accept the terms of the license agreement”，并点击 [Next]。在“Enter User Information”页面，需要填写用户的“Name”（姓名）、“Company”（公司），以及“License#”（协议号）。具体安装界面如图 2.1 所示。

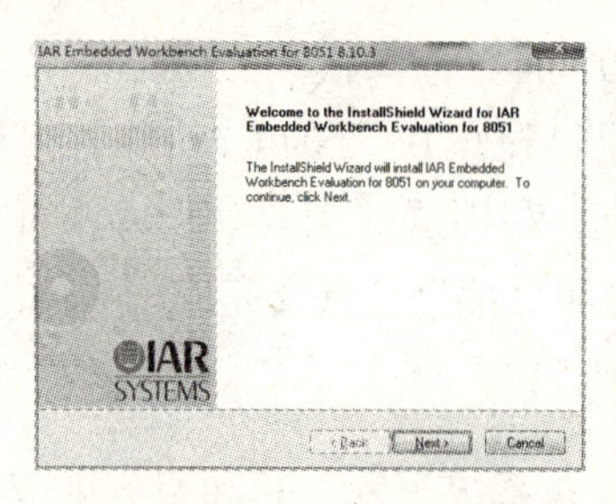


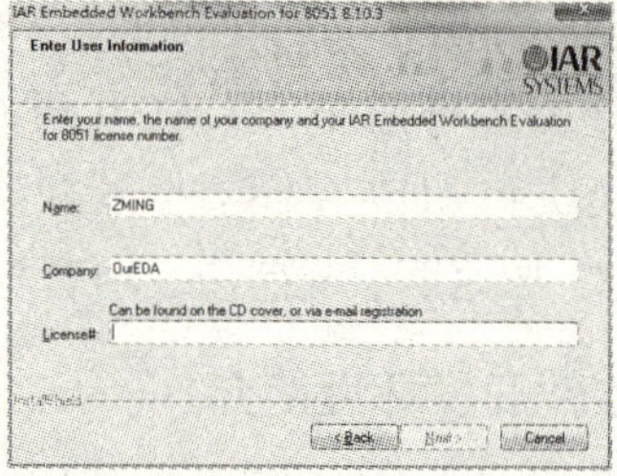


图 2.1 IAR EW8051–8.1 安装界面

“License#”通常由 14 位数字构成，可以通过所购软件的 CD 封面、E-mail 注册或其他途径获得。输入完毕点击 [Next] 进入“Enter License Key”页面，其获取方式与“License#”相同，如图 2.2 所示。在“Setup Type”页面可以选择安装类型，默认选择“Complete”（完整安装）即可；在“Choose Destination Location”页面选择安装路径；在“Select Program Folder”页面选择或修改 IAR 在开始菜单中的位置。随后即可在“Ready to Install the Program”页面点击 [Install] 安装软件，如图 2.3 所示。

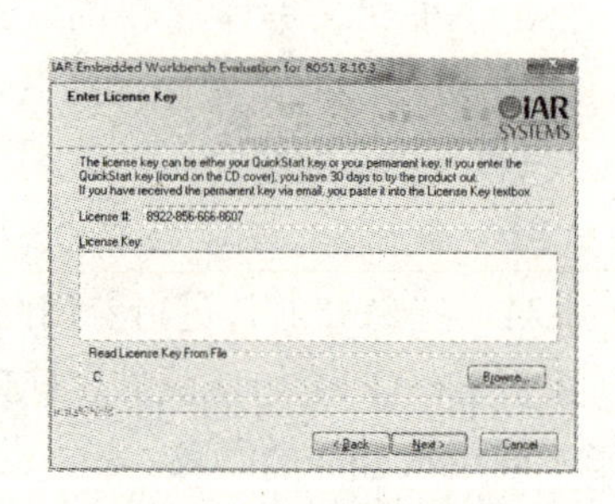


图 2.2 IAR 软件安装 2

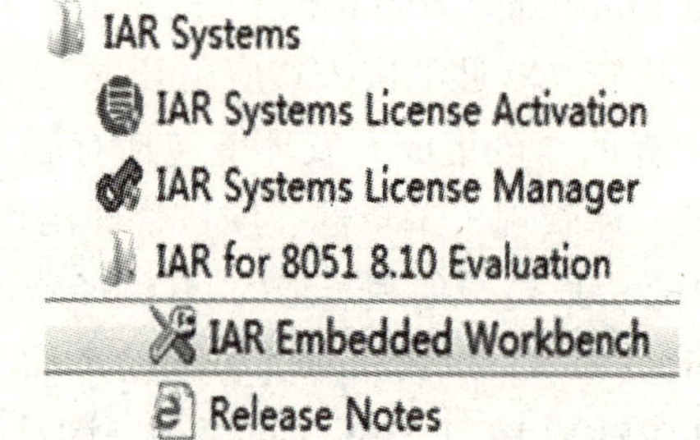


图 2.3 IAR 软件安装 3

安装完成后，从“开始”菜单中找到适用于 8051 系列处理器的 IAR 程序，点击“IAR Embedded Workbench”，运行 IAR 程序，如图 2.4 所示。

IAR 默认界面包含以下部分：

（1）菜单栏。最上方的“File”、“Edit”等，IAR 界面显示设置、工程、调试等诸多功能都要通过菜单栏设置实现。

（2）按钮栏。包括常见的“New”、“Open”等常用按钮，大量快速操作，如查找、替换、编译、调试等都可以在按钮栏快速操作。

（3）工程区。即右侧区域，工程文件的列表显示区域，针对工程的大部分操作，如属性设置、添加文件、移除文件都可以在工程区通过鼠标右击实现。

（4）主工作区。占据 IAR 软件界面最大的区域，即实现工程中源代码文件的编写、修改、查找、替换等编辑操作的区域，用户可以通过菜单栏的“Windows”按钮设置主工作区的显示方式等。

更多关于 IAR 软件的基本问题，通过“Help”菜单查阅即可。

### 2. 基本工程的建立

通常 IAR 以工程为单位进行开发和调试，因此在使用 IAR 时，应首先建立对应的“Project”（工程），工程建立界面如图 2.5 所示。

点击菜单栏“Project”→“Create New Project”建立新的工程，通常选择建立全新的“Empty Project”（空工程，不包含任何源代码文件）。

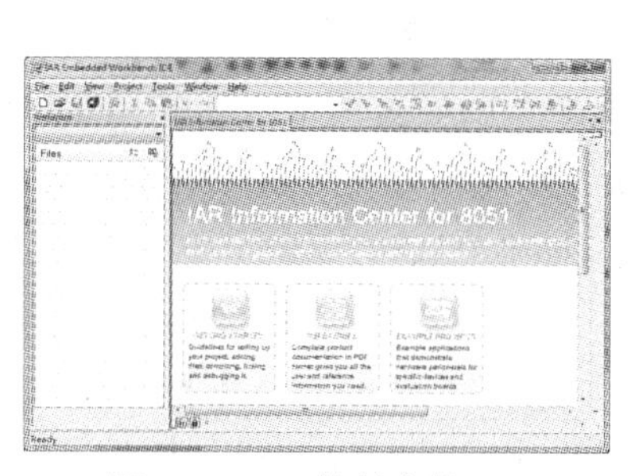


图 2.4　IAR 软件安装 4

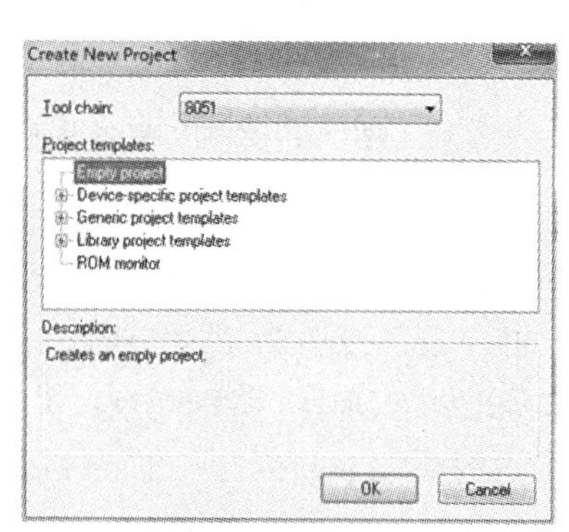


图 2.5　工程建立界面

点击 [OK]，选择适当的文件夹保存工程文件，并输入工程名称，例如，“IAR_New_Demos101”，IAR 默认其扩展名为“.eww”，点击 [ 保存 ] 即可。右键点击“Workspace”中粗体的工程名“IAR_New_Demos101”，选择“Add”→“Add Files”向当前工程中添加已有的源代码文件，或通过“Files”→“New ”→“File”建立新的源代码文件，保存后，再通过右键单击工程名的方法添加到工程中即可。添加工程名界面如图 2.6 所示。

在保存文件时，应注意需要手动输入文件的扩展名，例如 C 语言的“.c”或汇编语言的“.s”。输入文件名界面如图 2.7 所示。

通过菜单栏“Project”→“Make”（快捷键 F7）可实现对工程文件的编译，通过“Download and Debug”（快捷键 Ctrl+D）可实现编译并下载的功能。但是，需要事先将调试器连接至对应模块和计算机的 USB 端口。

右键点击“Workspace”，选择“Options”进入工程的选项设置页面。注意，任何一个新建立的 IAR 工程，都要设置其相关选项后才能够使用。

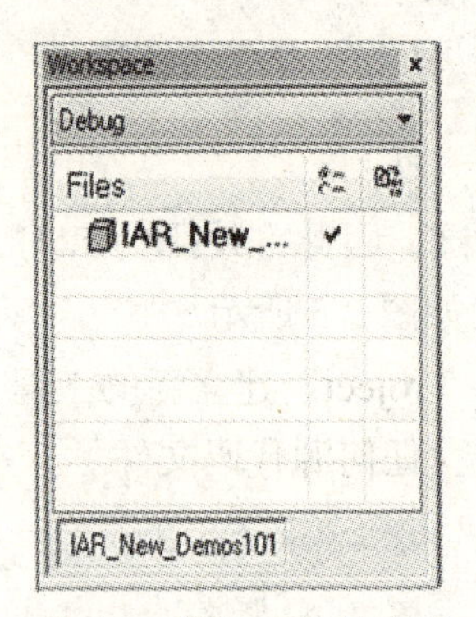


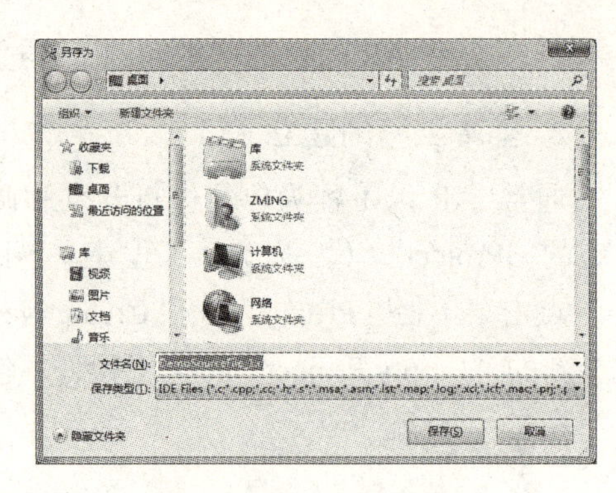


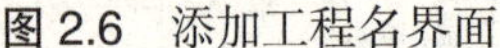

图 2.6　添加工程名界面　　　　图 2.7　输入文件名界面

首先需要设置处理器类型，本实验平台中的无线节点均使用 TI 公司生产的片上系统 CC2530，其型号为“CC2530F256”。将“General Options”中“Target”下的“Device”设置为“\8051\config\devices\Texas Instruments”，设置处理器类型界面如图 2.8 所示。特别注意：实验平台使用了 CC2530F256，因此默认“Code model”选择“Banked”，“Data model”选择“Large”，其他设置不需要修改。

在“Debug”页面，设置所使用的调试设备，默认是软件模拟“Simulator”，将其修改为“Texas Instruments”即 TI 即可，设置调试设备界面如图 2.9 所示。再点击 [OK]，完成选项的设置。

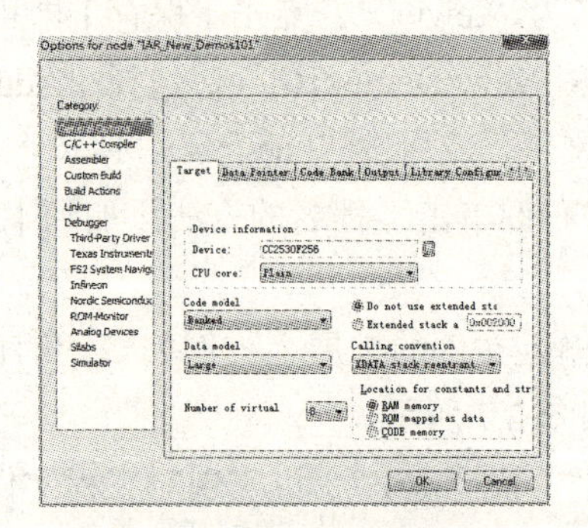

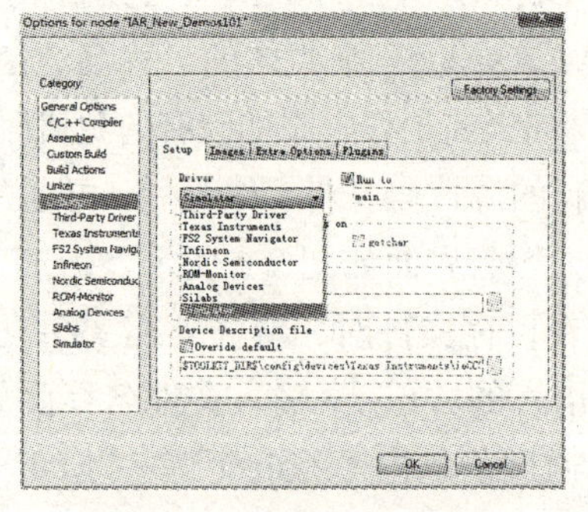

图 2.8　设置处理器类型界面　　　　图 2.9　设置调试设备界面

3. SmartRF04EB 软件的安装

SmartRF 调试器可以用于 TI 公司的射频芯片上系统的闪存编程和简单调试，例如，CC2430、C2530 等。SmartRF 对应的软件存放于实验平台附件文档中“Windows 平台工具”文件夹下，文件名为“Setup_SmartRFProgr_1.9.0.zip”。

点击文件名解压缩后执行安装，设置 SmartRF 应用界面如图 2.10 所示。

注意，如果 PC 机上安装有 Microsoft Windows7 及以上版本的操作系统时，需要右键选择“以管理员方式运行”，否则相关硬件设备的驱动程序将无法安装。

实验平台中SmartRF调试器的软件安装很简单，各步骤依次点击 [Next] 即可。同时也要注意，若 PC 机装有 Microsoft Windows7 及以上版本的操作系统，以管理员身份运行安装程序时会出现如下的提示，即需要安装对应的驱动程序，要选择“始终安装此驱动程序软件”，设置安装对应的驱动程序界面如图 2.11 所示。

SmartRF Flash Programmer 与 IAR 软件不同，该软件不具备 IAR 软件编辑和编译源文件和工程的功能。因此在各个项目中，通常只用来下载已经编译好的“.HEX”文件。而源代码工程，一般使用 IAR 编译和下载调试。

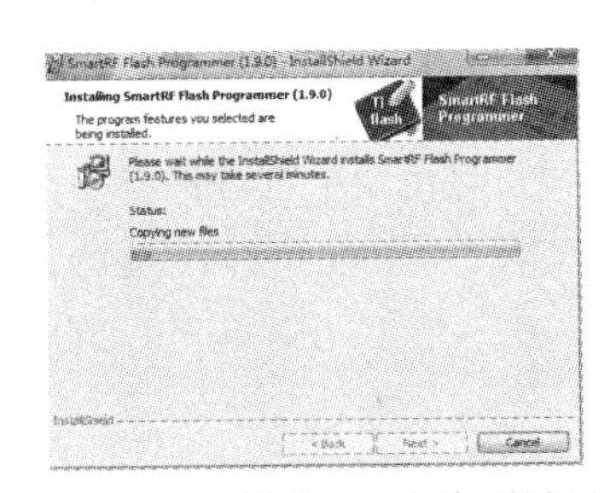


图 2.10 设置 SmartRF 应用界面

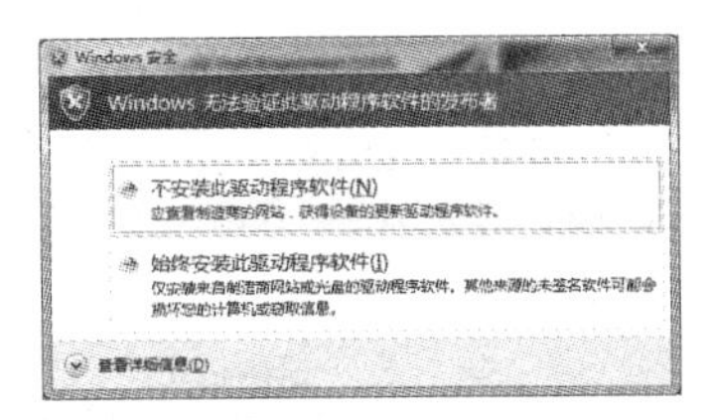


图 2.11 设置安装对应的驱动程序界面

### 2.1.4 思考实践

（1）按照上述基本步骤中的内容，在计算机上安装“IAR Embedded Workbench for 8051”和“SmartRF Flash Programmer”两款软件。

（2）建立 IAR 工程，并学习向工程中添加新文件。

（3）设置 IAR 工程中“Option”选项的内容，选择处理器类型，设置调试器类型。

（4）查阅互联网资料，熟悉“SmartRF Flash Programmer”工具的基本使用方法。

## 2.2 按键外部中断与定时器中断的应用

### 2.2.1 实例内容及应用设备

本实例借助于 PC 机和 CC2530 的内部资源完成物联网感知识别和控制层中无线节点模块的设计与应用。通过 M01 节点模块上按键产生的外部中断来控制指示灯的状态，以及采用定时器 Timer1 产生的中断和中断服务程序控制指示灯闪烁时间。在实例中，涉及 CC2530 的中断控制、输入输出接口和定时器等功能的操作。通过本例的实际操作练习，读者能理解 CC2530 中断系统的工作原理、相关寄存器的设置以及实现对外设的控制，从而熟悉 CC2530 的开发应用过程。本实例所应用的操作设备如下：

（1）安装有 Microsoft Windows XP 或更高版本操作系统，同时具备 USB2.0 或以上端口和不低于 Intel Core2Duo 2GHz、2GB RAM 的 PC 机，在软件方面需要有 IAR 集成开发环境。

（2）物联网综合教学实验平台、M01 按键与指示灯节点模块、SmartRF04EB 调试器，以及 USB 连接线和扁平排线连接电缆。

### 2.2.2 实例原理与相关知识

有关 CC2530 芯片的内部结构组成在前边已经介绍，其芯片外形与引脚功能如图 2.12 所示。本实例利用 M01 节点模块中 CC2530 的 GPIO 通过按键和定时器 Timer1 控制 DS6 指示灯的闪烁。每个无线节点模块上都设计有一个按键 S6，以及 DS6、DS7 和 DS8 三个 LED 指示灯，它们主要在进行编程调试时使用。DS6、DS7 和 DS8 分别连接在 CC2530 的 P1_0、P1_1、P1_4 三个 I/O 引脚上。

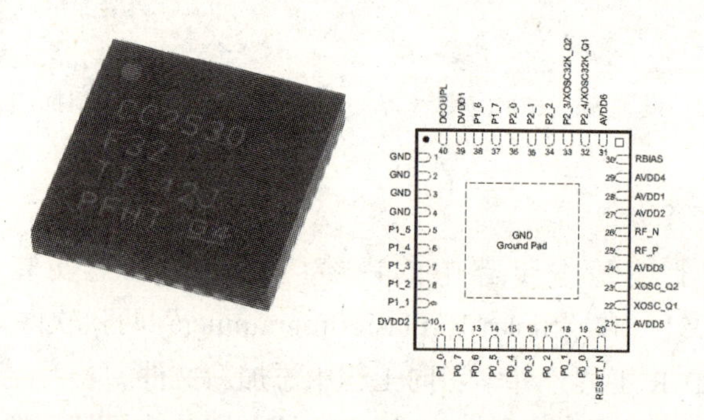


图 2.12 CC2530 芯片外形及引脚功能图

#### 1. CC2530 通用输入输出端口 GPIO 简介

CC2530 有 21 个功能复用的通用输入输出端口（General Purpose Input Output，简称 GPIO）。虽然 CC2530 内部核心是 8051 微控制器内核，但与 8051 的区别在于 CC2530 的 GPIO 首先要设置 I/O 口的方向寄存器，以确定是输入还是输出。然后，才能控制 I/O 口的电平高低或读取 I/O 口电平状态，这一点与 32 位嵌入式微处理器中的 GPIO 口类似。

CC2530 内部具备有控制硬件功能的内存特殊地址，通常被称为“特殊功能寄存器”（Special Function Register），这里简称“寄存器”。本实例使用的寄存器包括：

（1）P0DIR：P0 端口方向寄存器。

（2）P1DIR：P1 端口方向寄存器。

（3）P0：P0 端口寄存器。

（4）P1：P1 端口寄存器。

本实例M01按键与指示灯节点模块的相关电路如图2.13所示。当模块中按键S6（程序中KEY_1）未被按下时，CC2530的P0_1为高电平，程序控制P1_0输出为高电平，DS6指示灯不发光。按下开关S6时，P0_1为低电平时，程序控制P1_0输出为低电平，DS6指示灯发光。另外，在本实例中，采用软件延时方式来防止按键抖动。

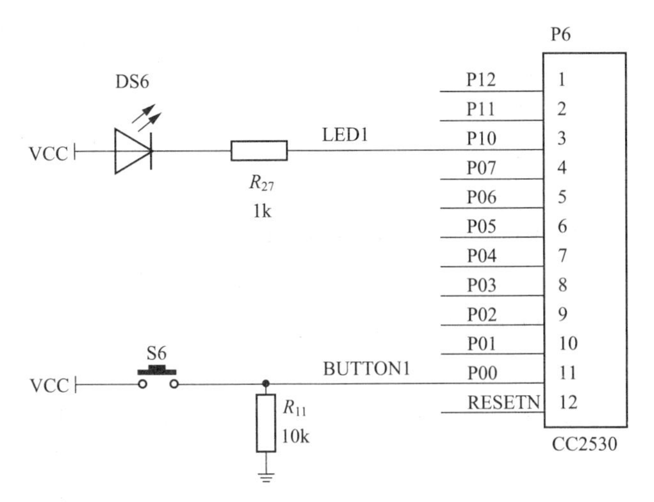


图2.13 按键与LED指示灯接口电路图

2. CC2530的中断系统简介

CC2530的每一个中断源都需要通过IEN0、IEN1和IEN2来进行设置，这三个中断使能寄存器中的对应位可独立设置其功能使能或禁用。在使用中断系统之前，必须按照以下步骤执行：

（1）清除中断标志。

（2）设置相关寄存器中的使能标志位（针对GPIO、Timer等）。

（3）设置中断控制寄存器中的使能位（IEN0、IEN1和IEN2）。

（4）将IEN0寄存器中的总中断开启位EA位置位。

（5）执行对应中断向量指向的中断服务程序。

在使用中断时，有一部分中断标志位在中断服务程序调用时自动被硬件清除，这些中断标志位包括：

（1）RFERRIF：发送或接收错误中断标志位。

（2）ADCIF：ADC中断标志位。

（3）T1IF：Timer1中断标志位。

（4）URX0IF：USART0（通用同步异步接收发送单元0）接收完成中断标志位。

（5）URX1IF：USART1（通用同步异步接收发送单元1）接收完成中断标

志位。

（6）T3IF：Timer3 中断标志位。

（7）T4IF：Timer4 中断标志位。

除以上标志位之外，其他标志位都需要用户手动清除。但是清除这些中断标志位时需要注意：对于某些包含了多个标志位的寄存器而言，某些操作可能会导致寄存器中中断标志位的丢失，例如，T2IRQF &= ~(1<<3)。

由于该操作属于“read-modify-write”操作，因此可能会改变其他标志位。但是由于中断标志寄存器通常都属于 R/W0 类型（即只读和只能写入 0），对于这种情况可以通过直接写入对应位置零的方式完成中断标志位的清除，即 T2IRQF = ~(1<<3)。

在 IEN0、IEN1 和 IEN2 中断使能寄存器中，各中断使能标志位如下所示：

（1）IEN0：总中断使能位、Sleep Timer 中断使能（STIE）、AES 加密中断使能（ENCIE）、USART1 接收中断使能（URX1IE）、USART0 接收中断使能（URX0IE）、ADC 中断使能（ADCIE）、RF 编码错误中断使能（RFERRIE）。

（2）IEN1：P0 中断使能（P0IE）、Timer4 中断使能（T4IE）、Timer3 中断使能（T3IE）、Timer2 中断使能（T2IE）、Timer1 中断使能（T1IE）、DMA 中断使能（DMAIE）。

（3）IEN2：看门狗中断使能（WDTIE）、P1 中断使能（P1IE）、USART1 发送中断使能（UTX1IE）、USART0 发送中断（UTX0IE）等。

CC2530 的中断系统，除 IEN0、IEN1 和 IEN2 以外，还涉及以下中断标志寄存器：

（1）TCON：中断标志寄存器 1，定时器控制标志位。

（2）S0CON：中断标志寄存器 2，保存与 AES 加密相关的中断标志位。

（3）S1CON：中断标志寄存器 3，保存与 RF 相关的中断标志位。

（4）IRCON：中断标志寄存器 4，保存定时器，DMA 相关的中断标志位。

（5）IRCON2：中断标志寄存器 5，保存与看门狗、P1 端口、P2 端口和 USART 的发送相关的中断标志位。

本实例除了使用到以上寄存器外，还需使用下面这些寄存器：

（1）P0DIR：P0 端口方向寄存器。

（2）P1DIR：P1 端口方向寄存器。

（3）P0：P0 端口寄存器。

（4）P1：P1 端口寄存器。

（5）PICTL：端口的中断触发方式配置寄存器。

（6）P0IEN：端口 0 各个位中断使能控制寄存器。

（7）P1IEN：端口 1 各个位中断使能控制寄存器。

（8）P2IEN：端口 2 各个位中断使能控制寄存器。

（9）P0IFG：端口 0 各个位中断状态标志位。

（10）P1IFG：端口 1 各个位中断状态标志位。

（11）P2IFG：端口 2 各个位中断状态标志位。

关于 CC2530 的 GPIO 中断方面的资料以及与 GPIO 相关的寄存器功能和说明，可以查阅相关 CC2530 片上系统技术资料。

### 3. CC2530 内部通用定时器 1 简介

CC2530 内部有一个普通 16 位定时器 (Timer 1)、两个 8 位定时器 (Timer3,4) 和一个 16 位 MAC 定时器 (Timer 2)，共 4 个定时器。其中，Timer1、Timer3 和 Timer4 与 MCS8051 单片机中的定时器类似。定时器 Timer2 主要为无线网络通信标准 802.15.4 的 CSMA-CA 算法提供定时 / 计数，以及对 802.15.4 的 MAC 层进行普通定时。如果 MAC 定时器与睡眠定时器一起使用，当系统进入低功耗模块时 MAC 定时器将提供定时功能，当系统退出低功耗模式时，将使用睡眠定时器设置周期。

本例实例中，应用了定时器 Timer1 的 16 位定时、计数、输入捕获、输出比较、PWM（脉宽调制）等功能。另外，定时器 Timer1 还具备 5 个独立的捕获比较通道。Timer1 主要包括以下 5 种工作模式：

（1）Free-Running Mode：在这种自由模式下，定时器从 0x0000 开始，在每个时钟的固定沿上计数增加。当计数器到达 0xFFFF，并继续增加溢出时计数器重新置为 0x0000。当计数器到达 0xFFFF 时，TI 中断状态寄存器中的溢出标志位 T1STAT.OVFIF 置位。

（2）Modulo Mode：在这种模式下，16 位计数器依然从 0x0000 开始，在每个时钟的规定边沿上计数增加。而计数的上限值并非是 0xFFFF，而是 Timer1 捕获寄存器 T1CC0 中已存放的高 8 位和低 8 位值（T1CC0H:T1CC0L），而后重新置为 0x0000。同样，在计数值到达 T1CC0 中的值后，TI 中断状态寄存器中的溢出标志位 T1STAT.OVFIF 置位。

（3）Up/Down Mode：这种增减计数模式工作过程与 Modulo 模式类似。但是，在计数值到达捕获寄存器 T1CC0 中值（即 T1CC0H:T1CC0L）时会继续计数。此时，计数器并不是复位至 0x0000，而是转为减计数模式，即每次计数减 1。计数值减至 0x0000 后，计数器变为增计数，如此反复。而 T1STAT.OVFIF 标志位的溢出条件也随增减计数方式的不同而变化。

（4）Input Capture Mode：在这种输入捕获模式中，对应的 GPIO 将被设置为输入模式。一旦定时器开始计数，设定好的时钟脉冲上升沿或下降沿的触发都将使当时计数器的值保存到捕获寄存器 T1CCnH:T1CCnL 中，同时 T1STAT.

CHnIF 标志位置位。

（5）Output Compare Mode：这种输出比较模式通常用于定时器工作在脉冲宽度调制方式 PWM，输出占空比不同的矩形波信号。

更多详细的关于 Timer1 各个寄存器的定义和使用内容，可以参考 CC2530 系统相关技术资料。

### 2.2.3 实例步骤

本实例内容是通过 M01 节点模块按键 S6 产生的外部中断，实现对 SD6 LED 指示灯的控制。当按下按键 S6 后，DS6 指示灯点亮；再次按下 S6 后，指示灯 DS6 熄灭。指示灯 DS6 的状态转换在按键 S6 按下时发生变化，S6 松开时不发生任何变化。本实例在按键 S6 按下时，需要进行按键防抖处理。

按照本实例功能的要求，在编写程序时除应设置按键 S6 对应的 P0_1 为输入状态、指示灯 DS6 对应的 P1_0 为输出状态和设置 P0IEN 以允许 P0 端口的第 1 位允许中断外，还要设置中断使能寄存器 IEN2 中的对应位 IEN2.P0IE 位以允许 P0 端口的中断请求。

注意，根据端口的中断触发方式配置寄存器 PICTL 寄存器中的第 1 位，即 P1CONL 位用于配置 P1 端口的第 3 位至第 0 位的中断触发方式。因此，需要配置中断在下降沿，即按键按下的过程中触发。

设置正确的中断服务程序，为了避免其他按键误按。在进入中断服务程序后还应判断中断来源，即判断端口 1 的位中断状态标志位 P1IFG 的第 2 位是否置位。在判断成功后，还需要进行一段短暂的延时。而后再次判断当前 P0.1 的电平状态。若依然为高电平，则表示确定有按键 S6 被按下。否则，表示按键可能是受到干扰或者其他因素而导致的中断触发。

基本操作步骤如下：

（1）将 SmartRF04EB 调试器的 USB 端连接到 PC 机的 USB 口，另一端通过排线连接到实验平台上的根节点模块。然后，分别打开实验箱和根节点模块上的电源开关进行供电。

（2）启动 IAR 开发环境，打开电子文档“裸机程序\外部中断实践”中的“工程”。在 IAR 开发环境中编译、运行、调试程序。

### 2.2.4 程序编写

本项目程序部分代码如下：

```
#define LED_R    P1_0              //定义 P10 口控制 DS6 即 LED1 灯
#define KEY_1    P0_1              //定义 P01 口连接 S6 即按键 1
```

```
//初始化按键为中断输入方式
void InitKeyINT(void) {
   P0IEN |= 0x02;                //P01 设置为中断方式
   PICTL |= 0x02;                //下降沿触发
   EA = 1;                       //中断允许
   IEN1 |= 0x20;                 // P0 设置为中断方式；
   P0IFG |= 0x00;                //初始化中断标志位
}
//初始化程序，将 P10 定义为输出口，并将 LED 灯初始化为灭
void InitIO(void) {
   P1DIR |= 0x01;                //P01 定义为输出
   LED_R = 1;                    //LED 灯初始化为灭
}
//中断服务函数
#pragma vector = P0INT_VECTOR
 __interrupt void P0_ISR(void) {
   if(P0IFG&(1<<1)) {            //按键中断
      P0IFG = P0IFG & 0xfb;      //P0IFG 手动清零
      Delay(1500);
      if(KEY_1==0) {             //按键中断
        LED_R = ~LED_R;          //每次按键 LED 灯亮灭翻转
      }
   }
   IRCON = IRCON& 0xef;          //中断标志位清零
 }
//主函数
void main(void) {
  InitIO();
  InitKeyINT();                  //调用初始化函数
  while(1);
}
```

采用中断的程序不需要主程序循环的查询按键所连接的 GPIO 的电平状态，因此，该程序主循环 while(1){} 为空。

M01节点模块按键S6按下导致的GPIO电平状态改变将触发CC2530的外部中断，微控制器根据外部中断执行对应中断向量所指向的中断服务程序（ISR），进入中断服务程序后延时并再次判断按键所在GPIO电平，以确定按键是否确定被按下。

```
Timer1 应用程序主要代码如下：
#define LEDR_PORT_DIR          P1DIR
#define LEDR_PORT_BIT          (1<<0)
#define LEDR_PORT              P1
#define TIMER1_DIV_128         0x0C
#define TIMER1_MODULO          0x02
void Init_LED() {
  LEDR_PORT_DIR |= LEDR_PORT_BIT;  // 设置端口输出状态
  LEDR_PORT &= ~(LEDR_PORT_BIT);    // 默认状态：点亮
}
void Init_Timer1() {
  T1CTL = 0x00;                    // 停止运行
  T1CCTL0 |= 0x04;                 //Timer1 通道 0 输出比较模式
  T1CC0L = 0x24;
  T1CC0H = 0xF4;                   //0xF424
  IRCON &= ~0x02;
  T1CTL |= (TIMER1_DIV_128 | TIMER1_MODULO); //T1 开始工作
}
void Init_INT() {
  T1IE=1;                          // 允许 T1 中断
  EA = 1;                          // 开总中断
}
#pragma vector = T1_VECTOR
__interrupt void TIMER1_ISR(void) {
  if((T1STAT&0x01)==0x01) {
    LEDR_PORT ^= (LEDR_PORT_BIT);
  }
  IRCON = 0x00;
}
int main(void) {
```

```
    Init_LED();
    Init_Timer1();
    Init_INT();
    while(1){};
}
```

本实例中软件按键防止抖动的过程是程序使用定时器1的通道0完成1秒的定时，在定时时间到达后翻转LED_R的状态。本实例的代码使用了中断的形式，当定时器发生中断后，CPU将执行中断服务程序“TIMER1_ISR(void)”。在中断服务程序中，首先判定T1STAT中的CH0IF标志位是否置位，以决定是否执行LED_R翻转的功能。本实例全部代码存放于电子文档“裸机程序\定时器T1控制”中。

### 2.2.5 思考实践

在实际应用中，如果定时器工作在查询方式下，程序需要一直占用CPU或者定期进行查询，这将占用大量的处理器资源。而采用中断的方式可以解决占用大量处理器资源的问题，用户只需要在代码中为中断服务程序设置正确的入口地址。在发生中断后，CPU将自动执行对应的中断服务程序。

修改程序，通过Timer1中的0、1和2三个通道，分别控制DS6、DS7、DS8三个LED指示灯，使它们的定时周期分别为1秒、0.5秒、0.25秒，通过中断的方式实现。

## 2.3 模拟/数字转换器（ADC）的应用

### 2.3.1 实例内容与应用设备

本实例的目的是进一步熟练PC机中IAR集成开发环境软件的操作和基于中断断点的程序调试方法，并学习如何通过PC机IAR环境中“Watch”窗口观察程序中的变量。还将学习到CC2530内部模/数转换器（ADC）的使用方法，以及所涉及的各个寄存器的设置和相关参数的定义。本实例首先对系统平台底板上电位器R10所产生的模拟电压，通过根节点CC2530中的ADC进行转换处理显示，以及对CC2530内部温度进行采集、转换和显示。本实例所应用的操作设备如下所示：

（1）安装有Microsoft Windows XP或更高版本的操作系统，同时具备USB2.0或以上端口和不低于Intel Core2Duo 2GHz、2GB RAM的PC机，在软件方面需要有IAR集成开发环境等相应软件。

（2）物联网综合教学实验平台、根节点模块、SmartRF04EB调试器，以及USB连接线和扁平排线连接电缆。

### 2.3.2 实例原理与相关知识

自然界大部分物理量都属于模拟量信号，所以需要一种转换器件来将模拟量转换成数字量，这种器件就是模/数转换器（简称ADC）。模/数转换器一般常用于信号的检测系统中，而数/模转换器（简称DAC）与之正好相反，一般用于控制系统的输出电路中。

目前，按照ADC的工作原理分为逐位比较型、积分型、计数型、并行比较型、电压-频率型等几种类型。在实际应用中，主要根据使用场合的具体要求，按照转换速度、精度、价格、功能以及接口条件等因素来决定选择何种类型。在目前应用的大部分嵌入式微处理器中，通常配置逐次比较型的模/数转换器。

#### 1. CC2530内部ADC简介

CC2530内部具有逐位比较型模拟/数字转换器，支持14位转换精度，有效转换结果达到12位。CC2530中的ADC与一般单片机内部的ADC有所不同，其内部结构如图2.14所示。图2.14中ADC包括一个参考电压发生器，8个独立可配置通道，电压发生器可通过DMA模式把转换结果写入内存控制器。同时，还具备多种操作方法和模式。CC2530片上系统的ADC主要有以下特征：

（1）支持多种转换结果分辨率：7位、9位、10位和12位。

（2）可以配置8路输入信道，允许单端输入或差分输入。

（3）参考电压可以有多种选择：可选为内部参考电压、外部单端输入、外部差分输入或外部AVDD5。

（4）转换结果时可以触发中断或DMA控制器操作。

（5）支持内部温度传感器的输入。

（6）支持检测电池电压的能力。

在实际应用中，首先应对ADC相关的寄存器组进行初始化设置，然后ADC才能正常工作。与ADC相关的寄存器包括ADCL(ADC数据低位)、ADCH(ADC数据高位)、ADCCON1（ADC控制寄存器1）、ADCCON2（ADC控制寄存器2）和ADCCON3（ADC控制寄存器3）。在本实例的编程过程中，也会涉及这些寄存器。下面，将逐一介绍这些寄存器。

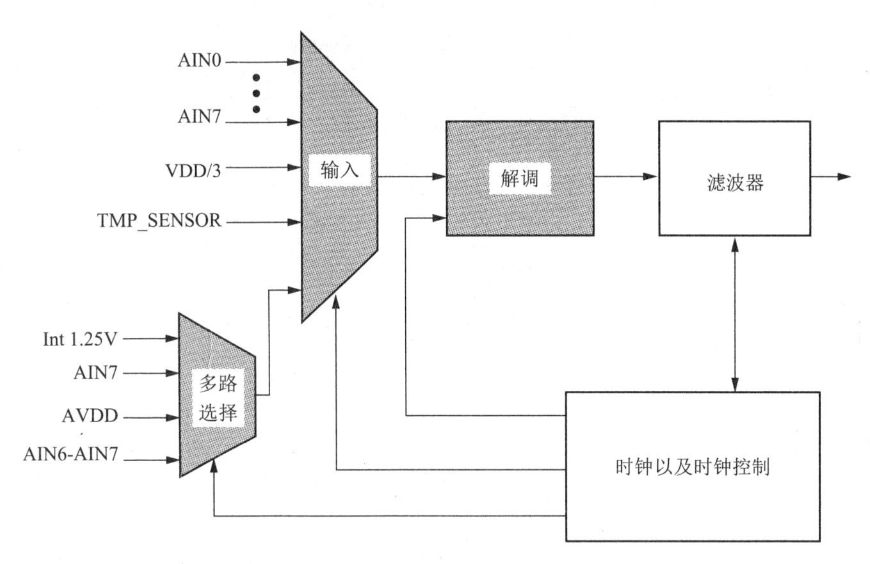


图 2.14 CC2530 内部 ADC 结构原理框图

（1）ADC 低字节数据寄存器 ADCL，第 7 ：2 位保存 ADC 转换结果的第 5 ：0 位，详见表 2.1。

表 2.1 ADCL 寄存器内容说明

| 位 | 寄存器 | 默认值 | 读 / 写 | 描 述 |
|---|---|---|---|---|
| 7:2 | ADC[5:0] | 0000 00 | 读 | 保存 ADC 转换结果的低 5 位 |
| 1:0 | -- | 00 | 读 | 始终为 0 |

（2）ADC 高字节数据寄存器 ADCH，其第 7 ：0 位保存 ADC 转换结果的第 13 ：6 位，详见表 2.2 所示。

表 2.2 ADCH 寄存器内容说明

| 位 | 寄存器 | 默认值 | 读 / 写 | 描 述 |
|---|---|---|---|---|
| 7:0 | ADC[13:6] | 0x00 | 读 | 保存 ADC 转换结果的高 8 位 |

（3）ADC 控制寄存器 1（ADCCON1），其内容介绍见表 2.3。

表 2.3 ADCCON1 内容说明

| 位 | 寄存器 | 默认值 | 读/写 | 描 述 |
| --- | --- | --- | --- | --- |
| 7 | EOC | 0 | 读 | 转换结束标志位<br>0：ADC 转换尚未结束<br>1：ADC 转换已经结束<br>EOC 位在软件读取 ADCH 寄存器后自动复位清零<br>当一次转换结束而前次转换结果依旧没有被访问时，EOC 位依然保持置位状态 |
| 6 | ST | 0 | 读/写 | 转换开始标志位，只有在转换结束后自动复位清零<br>0：当前没有正在进行的 ADC 转换<br>1：当前没有正在进行的 ADC 转换，并且 ADCCON1 寄存器的 STSEL=11 时，写入 1 以开始一次转换 |
| 5:4 | STSEL[1:0] | 11 | 读/写 | ADC 转换开始方式设定<br>00：选择外部输入引脚 P2.0 触发<br>01：全速，不等待触发<br>10：定时器 1 通道 0 的比较结果<br>11：ADCCON1.ST=1 |
| 3:2 |  | 00 | 读/写 | 在后面将进行介绍 |
| 1:0 |  | 11 | 读/写 | 保留，应始终为 11 |

（4）ADC 控制寄存器 2（ADCCON2），其内容介绍见表 2.4。

表 2.4 ADCCON2 内容说明

| 位 | 寄存器 | 默认值 | 读/写 | 描 述 |
| --- | --- | --- | --- | --- |
| 7:6 | SREF[1:0] | 00 | 读/写 | 选择转换过程中使用的参考电压来源<br>00：内部参考电压源，1.25V<br>01：外部输入 AIN7 引脚<br>10：AVDD5 引脚<br>11：外部输入 AIN6-AIN7 的输入差 |
| 5:4 | SDIV[1:0] | 01 | 读/写 | 设置 ADC 采样的精度<br>00：7 位采样精度<br>01：9 位采样精度<br>10：10 位采样精度<br>11：12 位采样精度 |
| 3:0 | SCH[3:0] | 0000 | 读/写 | ADC 采样通道选择，选择连续采样模式下的结束采样输入<br>0000~0111：对应 AIN0~AIN7<br>1000：AIN0-AIN1 的差分输入<br>1001：AIN2-AIN3 的差分输入<br>1010：AIN4-AIN5 的差分输入<br>1011：AIN6-AIN7 的差分输入<br>1100：GND<br>1101：保留<br>1110：内部温度传感器<br>1111：VDD/3 |

（5）ADC 控制寄存器 3（ADCCON3），其内容说明见表 2.5。

表 2.5 ADCCON3 内容说明

| 位 | 寄存器 | 默认值 | 读 / 写 | 描 述 |
| --- | --- | --- | --- | --- |
| 7:6 | SREF[1:0] | 00 | 读 / 写 | 选择转换过程中使用的参考电压来源<br>00：内部参考电压源，1.25V<br>01：外部输入 AIN7 引脚<br>10：AVDD5 引脚<br>11：外部输入 AIN6-AIN7 的输入差 |
| 5:4 | SDIV[1:0] | 01 | 读 / 写 | 设置 ADC 采样的精度<br>00：7 位采样精度<br>01：9 位采样精度<br>10：10 位采样精度<br>11：12 位采样精度 |
| 3:0 | SCH[3:0] | 0000 | 读 / 写 | ADC 采样通道选择，选择单通道模式下的采样输入<br>0000~0111：对应 AIN0~AIN7<br>1000：AIN0-AIN1 的差分输入<br>1001：AIN2-AIN3 的差分输入<br>1010：AIN4-AIN5 的差分输入<br>1011：AIN6-AIN7 的差分输入<br>1100：GND<br>1101：保留<br>1110：内部温度传感器<br>1111：VDD/3 |

（6）测试寄存器 0TR0，其内容说明见表 2.6。

表 2.6 TR0 内容说明

| 位 | 寄存器 | 默认值 | 读 / 写 | 描 述 |
| --- | --- | --- | --- | --- |
| 7:1 | -- | 0000 000 | 读 0 | 读，只能写 0 |
| 0 | ADCTM | 0 | 读 / 写 | 设置为 1 用以连接 ADC 至内部温度传感器 |

### 2. ADC 相关连接电路

在本实例应用中，ADC 的模拟电压输入信号是由综合实验平台底板上的电位器 R10 产生的。通过电位器旋钮，可以调整输出电压的大小。模拟电压调节电路如图 2.15 所示。电位器电压输出端连接至根节点中 CC2530 的 P0.1 引脚（A1/AIN1），ADC 连接端口示意图如图 2.16 所示。

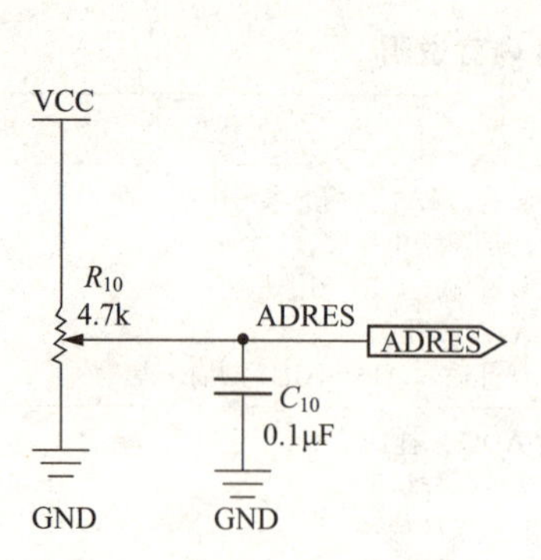


图 2.15 模拟电压调节电路

P22

| 信号 | 端口 | 引脚 |
|---|---|---|
| LCE_CS | P12 | 1 |
| LED2 | P11 | 2 |
| LED1 | P10 | 3 |
|  | P07 | 4 |
| JOY_LEVEL | P06 | 5 |
| CC2530_UART1_RX | P05 | 6 |
| CC2530_UART1_TX | P04 | 7 |
| CC2530_UART0_TX | P03 | 8 |
| CC2530_UART0_RX | P02 | 9 |
| ADRES | P01 | 10 |
| LCE_A0 | P00 | 11 |
|  | RESETN | 12 |

图 2.16 ADC 连接端口示意图

### 2.3.3 实例步骤

（1）将 SmartRF04EB 调试器的 USB 端连接到 PC 机的 USB 口，另一端通过排线连接到实验平台上的根节点模块。然后，打开实验箱的电源开关进行供电。

（2）启动 IAR 开发环境，打开“裸机程序 / 内部模数转换”中的“工程”，在 IAR 开发环境中编译、运行、调试程序。

#### 1. 外部模拟电压采集

通过在程序代码中设置断点的方法，调节实验平台底板上 R10 电位器，并观察根节点模块中 CC2530 内部 ADC 转换的结果。在主函数中首先设置 ADC 相关的各个寄存器，以确定 ADC 的工作模式。

（1）ADCCON3：设置 ADC 的参考电压为 AVDD5 输入电压（3.3V），12 位 AD 转换结果精度、AIN1 输入。

（2）ADCCON1：设置 ADCCON.ST 位，并设置 ADC 开始执行一次。ADC 开始工作后，通过判断 ADCCON1 中的最高位，即 EOC（End of Conversion），以判定转换是否结束。转换结束后，从 ADCL 和 ADCH 寄存器中获取转换结果。ADCL 中的高 6 位作为转换结果的低 6 位，ADCH 中的全部 8 位作为结果的高 8 位，存储于变量 ADCValue 中。

（3）在“Delays()”函数处添加断点。进入“Debug”模式后，点击菜单栏“View”→“Watch”，默认在主窗口右侧打开“Watch”观察窗口。双击“Watch”观察窗口中“Expression”下面的空白行，输入要观察的变量名“ADCValue”即可。

（4）通过“F5”快捷键全速运行程序，至断点处，观察 ADCValue 的结果。调整电位器位置，再次通过“F5”快捷键运行程序至断点处，观察 ADCValue 的结果。再多次运行程序，观察每次运行结果并作比较。

（5）调整电位器的位置，运行程序，在 PC 机 IAR 环境下观察 ADCValue

的结果。

### 2. 根节点 CC2530 内部温度的采集

CC2530 内部温度传感器的程序只需要在前一个“工程”基础上做简单的修改即可。

（1）内部温度传感器采集温度时，使用的参考电压是 CC2530 内部的 1.25V 基准电压源。

（2）内部温度传感器位于 ADC 输入的“Temperature Sensor”通道，对应 ADCCON3 寄存器第 3 ~ 0 位的值为“1110”。

以上两部分的内容已经在“工程”中做出了定义，因此在本实例应用中，需要修改 ADCCON3 初始化时的定义。另一方面，使用内部温度传感器时，还有一些与普通的 AD 输入不同的地方和需要注意的地方。

（1）内部温度传感器采集温度前，需要设置 CC2530 的 ADC 中的 TR0（Test Register）寄存器。该寄存器的第 0 位若置位时，表示将内部温度传感器连接至 ADC 模块中。

（2）内部温度传感器采集温度前，还需要设置 CC2530 中的 ATEST 寄存器，该寄存器的第 5~0 位用于控制是否使能内部温度传感器。当它的值为二进制“00 0001”时，表示使能。

（3）关于 TR（IAR 中命名为 TR0）和 ATEST 设置，可以参考“CC2530UserGuide.pdf”文件中 Secion12.2.10 和 Section23.15.3 的介绍。

（4）内部温度传感器并不十分精确，对于转换结果的判断经验而言，在室温为 25℃时，ADC 转换结果约为 1280。室温每变化 1℃，ADC 转换结果变化约为 4.5。因此，存在较大的误差。此外，由于芯片内部会产生一部分热量，也会影响芯片内部温度传感器的测量准确性。

至此，完成以上 4 个步骤的修改和增加内容，并且 TR 和 ATEST 寄存器的设置在 ADCCON3 之前完成，即可完成内部温度传感器的设定和使用。

## 2.3.4 程序编写

### 1. 外部模拟电压采集程序

ADC 转换实例程序部分代码如下：

```
#define ADC_REF_AVDD5        0x80
#define ADC_REF_125_V        0x00
#define ADC_14_BIT           0x30
#define ADC_AIN1_SENS        0x01
```

```
#define ADC_TEMP_SENS       0x0E

unsigned int ADCValue;
int main(void) {
  while(1) {
     //设置ADCCON3，参考电压AVDD5，位，AIN1输入
     ADCCON3 = (ADC_REF_AVDD5 | ADC_14_BIT | ADC_AIN1_SENS);
     //设置ADCCON1，转换模式
     ADCCON1 |= 0x30;
     //开始单次转换
     ADCCON1 |= 0x40;
     //等待AD转换完成
     while(!(ADCCON1 & 0x80));
     //保存ADC转换结果
     ADCValue =  ADCL>> 2;
     ADCValue |= (((unsigned int)ADCH) << 6);
     //在下面设置断点
     Delays();
  }
}
```

### 2. CC2530中内部温度检测程序

ADC内部温度检测程序部分代码如下，用户可在上一节程序的基础上进行修改。

```
#define ADC_REF_AVDD5        0x80
#define ADC_REF_125_V        0x00
#define ADC_14_BIT           0x30
#define ADC_AIN1_SENS        0x01
#define ADC_TEMP_SENS        0x0E
unsigned int ADCValue;
int main(void) {
  TR0 |= 0x01;
  ATEST |= 0x01;
```

```
while(1) {
  // 设置 ADCCON3，参考电压 AVDD5，位，AIN1 输入
  ADCCON3 = (ADC_REF_125_V | ADC_14_BIT | ADC_TEMP_SENS);
  // 设置 ADCCON1，转换模式
  ADCCON1 |= 0x30;
  // 开始单次转换
  ADCCON1 |= 0x40;
  // 等待 AD 转换完成
  while(!(ADCCON1 & 0x80));
  // 保存 ADC 转换结果
  ADCValue =  ADCL>> 2;
  ADCValue |= (((unsigned int)ADCH) << 6);
  Delays();
  }
}
```

### 2.3.5 思考实践

（1）在本例中，通过观察比较可以发现，即使在不旋转电位器的情况下，每次 ADC 转换的结果也会存在微小的变化，用何种方法处理 ADC 转换结果可以减小这种微小变化带来的问题，如何修改源代码?

（2）分析参考程序的功能，考虑如何修改程序来改变 ADC 采样通道，实现对模拟电压信号的采样。

（3）完善并修改 CC2530 内部温度传感器的程序，使得程序能够观察到 ADC 的转换结果，同时能够完成数值到温度的转换。

## 2.4 基于单线制通信的温湿度传感器节点的设计与应用

### 2.4.1 实例内容与应用设备

通过本实例的操作，首先掌握 M02 节点模块中温湿度传感器与 CC2530 的 GPIO 单线制串行接口通信的模式与流程。将从传感器获取的温度和湿度值，保存在对应变量中。然后，通过与 2.3 节相同的断点观察方式在 PC 机 IAR 环境中查看该变量值。本实例所应用的操作设备如下所示：

（1）安装有 Microsoft Windows XP 或更高版本的操作系统，同时具备

USB2.0或以上端口和不低于Intel Core2Duo 2GHz、2GB RAM的PC机，在软件方面需要有IAR集成开发环境等相关软件。

（2）物联网综合教学实验平台、M02无线温湿度传感器节点模块、SmartRF04EB调试器，以及USB连接线和扁平排线连接电缆。

### 2.4.2 实例原理与相关知识

本实例使用M02节点模块中的CC2530与数字温湿度传感器DHT11进行通信，并获取相应的温度数据和湿度数据。在调试过程中，通过PC机IAR环境中程序断点的形式来观察数据。

#### 1. DHT11数字温湿度传感器简介

DHT11数字温湿度传感器是一款含有已校准数字信号输出的温湿度复合传感器，其内部数字模块采集技术和温湿度传感技术确保产品具有极高的可靠性和卓越的长期稳定性。传感器包括一个电阻式感湿元件和一个NTC测温元件，并与一个高性能8位单片机相连接。因此，该产品具有品质卓越、超快响应、抗干扰能力强、性价比极高等优点。每个DHT11传感器都在极为精确的湿度校验室中进行校准。校准系数以程序的形式存储在OTP内存中，传感器内部在检测型号的处理过程中要调用这些校准系数。在测量效率方面，DHT11湿度的分辨率可以达到1%RH，温度的测量分辨率为1℃。这样的分辨率能够满足大多数日常的使用需要以及实验中的数据需要，另外在器件供电方面，DHT11工作电压范围为3 ~ 5.5V。DHT11数字温湿度传感器与CC2530连接电路如图2.17所示。

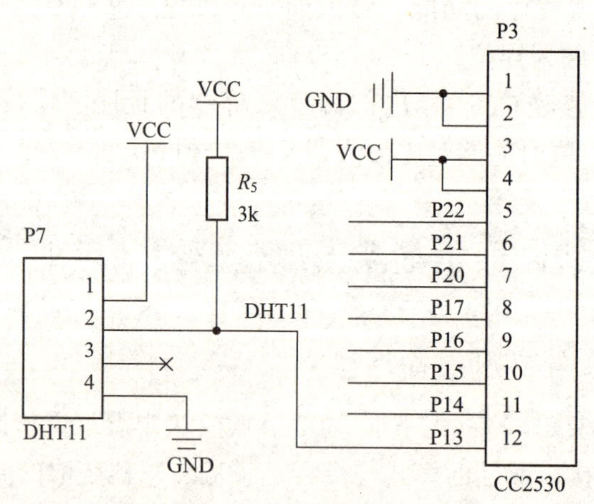


图2.17 DHT11电路连接原理图

#### 2. DHT11的通信方式

单线制通信电路是指由单线输入和单线输出所构成的通信电路。从整体上看，也可以把“单线制通信电路”理解为串联式电路单元。单线制串行接口使系统集成变得简易快捷，具有超小的体积、极低的功耗。该产品为 4 针单排引脚封装，连接更加方便。

DHT11 采用单线制串行通信接口，通过 DATA 引脚实现。每次通信时间在 4ms 左右，数据分小数部分和整数部分，其中，小数部分用于以后扩展，本实例中读出为零。具体格式说明如下：

每次完整的数据传输为 40bit，高位先出。数据格式为“8bit 湿度整数数据 +8bit 湿度小数数据 +8bit 温度整数数据 +8bit 温度小数数据 +8bit 校验和”。其中正确的校验和数据等于“8bit 湿度整数数据 +8bit 湿度小数数据 +8bit 温度整数数据 +8bit 温度小数数据”所得结果的末 8 位。

DHT11 接收到用户 MCU 发送的开始信号后，就会从低功耗模式切换到高速模式。然后等待 CC2530 开始信号结束，DHT11 会发送响应信号给 CC2530。发送方式是送出长度为 40bit 的数据信息，并触发一次采集信号，这样用户可选择读取所需的部分数据。在此模式下，DHT11 在接收到开始信号后会触发一次采集温湿度信号，如果 DHT11 没有接收到来自 CC2530 的开始信号，DHT11 就不会主动采集温湿度信号。图 2.18 所示是温湿度信号采集过程中电平的变化过程。

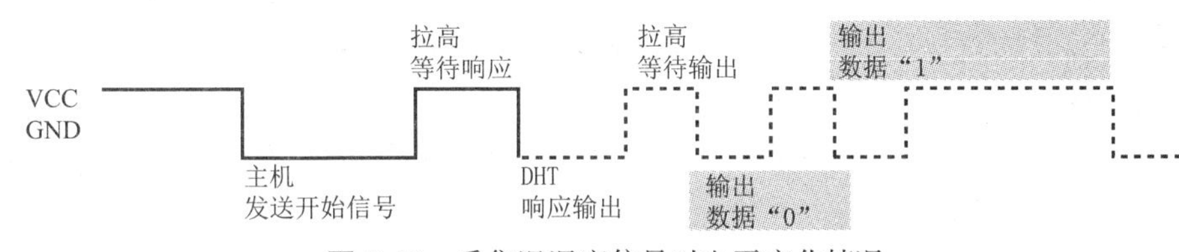


图 2.18 采集温湿度信号时电平变化情况

总线处于空闲状态时为高电平，主机拉低总线等待 DHT11 的响应，主机把总线拉低的时长必须大于 18ms，以保证 DHT11 能够检测到主机发送的开始信号。

DHT11 在接收到主机发送的开始信号后，等待主机 (CC2530) 发送的开始信号结束，然后会发送 80μs 低电平作为响应信号。主机在发送开始信号后，会延时等待 20 ~ 40μs，去读取 DHT11 传感器的响应信号，在主机发送开始信号后，主机可以从输出模式切换到输入模式，也可以输出高电平，总线的电平会由上拉电阻拉高。图 2.19 给出了总线的电平变化过程。

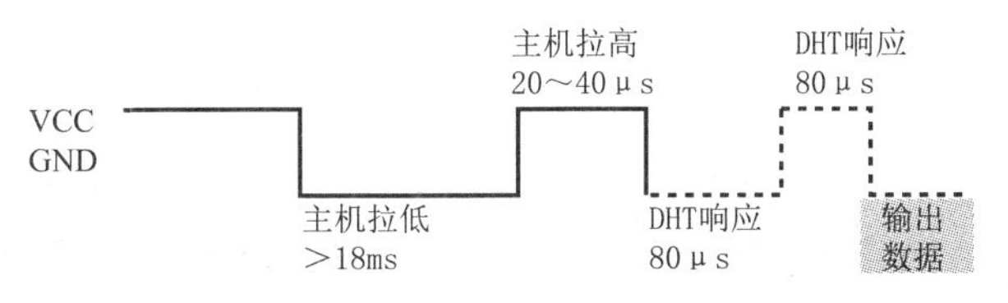


图 2.19 读取温湿度数据过程

起始状态总线为低电平，说明 DHT11 在向主机发送响应信号。DHT11 发送响应信号后，再把总线电平拉高 80μs，进入准备发送数据状态，每一位数据都是以 50μs 低电平时信号的间隙开始，高电平持续时间的长短决定了数据位是 0 或者 1。如果主机读取的响应信号是高电平，则说明 DHT11 没有做出响应，这时就需要检查线路的连接是否正常。当最后一位数据传送完毕以后，DHT11 会将总线电平拉低 50μs，然后总线会由上拉电阻拉高从而进入空闲状态。

对于 DHT11 输出的数据而言，其二进制输出“0”和“1”的方式如图 2.20 所示。

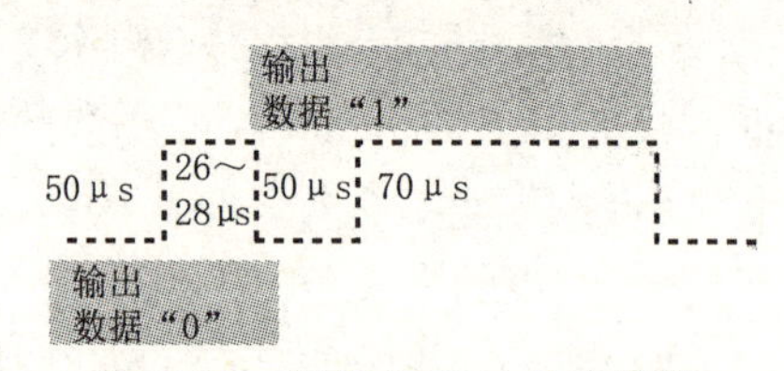


图 2.20 解析 DHT11 输出数据

温湿度数据采集的实现过程是，根据 DHT11 温湿度传感器工作原理，设置好数据位后，CC2530 拉低电平并保持低电平不少于 18ms，然后拉高电平触发 DHT11 采集温湿度信息。

```
P1DIR |= (1<<2);
DATA_PIN=0;
Delay_ms(19);     //主机拉低 18ms
DATA_PIN=1;       //总线由上拉电阻拉高主机延时 40μs
```

### 2.4.3 实现步骤

（1）将 SmartRF04EB 调试器的 USB 端连接到 PC 机的 USB 口，另一端通过排线连接到实验平台上 M02 温湿度节点模块。然后，分别打开实验箱和 M02 节点模块上的电源开关进行供电。

（2）启动 IAR 开发环境，打开“裸机程序\PHT11”中的“工程”，在 IAR 开发环境中编译、运行、调试程序。

（3）运行程序一定时间后，点击 IAR 停止运行按钮，在 IAR 开发环境中“Watch”窗口输入“WenDu”和“ShiDu”，可以查看温度和湿度数值。

### 2.4.4 程序编写

M02 节点模块中 CC2530 通过 P1.2 与 DHT11 的 DATA 引脚连接，发送控制电平，并检测 DATA 数据线的高低电平变化，根据时间来判定当前传输的数据是“0”或者是“1”。

在本例中，“COM(void)”函数负责从 DATA（P1.2 口）接收并保存 8 位数据，而“DHT11(void)”函数则负责一次与DHT11数字温湿度传感器通信的完整过程。具体包括CC2530发出开始指令、等待DHT11响应、接收DHT11发送的8bit湿度整数数据、8bit无效的湿度小数数据、8bit温度整数数据、8bit无效的温度小数数据和8bit校验和，对数据进行校验和校验结果判定等工作。当结果正确时，将温度和湿度数据分别保存至变量“WenDu”和“ShiDu”中。

注意，在使用DHT11测量环境温度时，由于一般环境参数的变化非常缓慢，因此，在处理DHT11检测环境数据时，可以采用多次测量取平均值的方法，以减少测量所带来的误差。

本实例程序部分代码如下：

```
...
void COM(void) {
  U8 i;
  for(i=0;i<8;i++){
    U8FLAG=2;
    DATA_PIN=0;
    DATA_PIN=1;
    while((!DATA_PIN)&&U8FLAG++);
    Delay_10us();
    Delay_10us();
    Delay_10us();
    U8temp=0;
    if(DATA_PIN)U8temp=1;
    U8FLAG=2;
    while((DATA_PIN)&&U8FLAG++);
    if(U8FLAG==1)break;
    U8comdata<<=1;
    U8comdata|=U8temp;
  }
}
...
void DHT11(void){
  P1DIR |= (1<<2);
  DATA_PIN=0;
```

```
Delay_ms(19);                    //主机（CC2530）拉低18ms
DATA_PIN=1;                      //总线由上拉电阻拉高 主机延时40μs
P1DIR &= ~(1<<2);                //重新配置I/O口方向
Delay_10us();Delay_10us();
Delay_10us();Delay_10us();
//判断从机是否有低电平响应信号 如不响应则跳出，响应则向下运行
if(!DATA_PIN){
  U8FLAG=2;                      //判断从机（温湿度传感器）是否发出80μs
                                   的低电平响应信号是否结束
  while((!DATA_PIN)&&U8FLAG++);
  U8FLAG=2;                      //如发出80μs高电平则进入数据接收状态
  while((DATA_PIN)&&U8FLAG++);
  COM();                                      //数据接收状态
  U8RH_data_H_temp=U8comdata;
  COM();
  U8RH_data_L_temp=U8comdata;
  COM();
  U8T_data_H_temp=U8comdata;
  COM();
  U8T_data_L_temp=U8comdata;
  COM();
  U8checkdata_temp=U8comdata;
  DATA_PIN=1;
  U8temp=(U8T_data_H_temp+U8T_data_L_temp
   +U8RH_data_H_temp+U8RH_data_L_temp);//数据校验
  if(U8temp==U8checkdata_temp){
     U8RH_data_H=U8RH_data_H_temp;
     U8RH_data_L=U8RH_data_L_temp;
     U8T_data_H=U8T_data_H_temp;
     U8T_data_L=U8T_data_L_temp;
     U8checkdata=U8checkdata_temp;
  }
WenDu=U8T_data_H;
ShiDu=U8RH_data_H;
```

```
      Delay_10us();                          //增加断点观察数据
    }
      else{
      WenDu=0;
      ShiDu=0;
    }
  }
```

### 2.4.5 思考实践

（1）利用定时器 T1，实现每隔 30 秒采集一次温度和湿度数据。

（2）利用定时器 T1，实现每隔 5 秒采集一次温度和湿度数据，并对采集到的温度和湿度数据采用平均值的方式处理后，每分钟输出一次这一分钟内采集到的结果的平均值。

## 2.5 基于 I²C 通信的光照传感节点的设计与应用

### 2.5.1 实例内容与应用设备

通过本实例的操作，首先学习 M03 光照传感节点模块中 BH1750FVI 光照传感器的工作原理，掌握该传感器与 CC2530 之间的通信。同时理解 I²C 总线通信时序关系以及编程方法。本实例内容是使用 M03 模块中 CC2530 的 GPIO，通过软件模拟的方式实现 I²C 总线与外部光照传感器之间的通信。通过传送 I²C 总线命令实现设备的选择和控制，以及采集结果和数据的获取。获取到的采集结果数据，通过 PC 机 IAR 环境下的 Watch 窗口来观察。本实例所应用的操作设备如下所示：

（1）安装有 Microsoft Windows XP 或更高版本的操作系统，同时具备 USB2.0 或以上端口和不低于 Intel Core2Duo 2GHz、2GB RAM 的 PC 机，在软件方面需要有 IAR 集成开发环境等相关软件。

（2）物联网工程实验平台、M03 光照感知传感节点、SmartRF04EB 调试器，以及 USB 连接线和扁平排线连接电缆。

### 2.5.2 实例原理与相关知识

在本实例中，CC2530 与 BH1750FVI 光照强度传感器之间采用 I²C 通信总线进行数据采集通信，电路连接如图 2.21 所示。在电路连接方面，光照传感器节点模块使用 CC2530 的 GPIO 模拟 $I^2C$ 总线时序进行通信，其中，使用 P1_7 作为串行时钟线 SCL，P1_3 作为数据线 SDA。首先 CC2530 通过 GPIO 对传感器发送控制、采集数据等命令，然后通过 PC 机 IAR 环境下的 Watch 窗口实现数据观察。下面，将分别对光照强度传感器、$I^2C$ 总线和 CC2530 采集过程进行简单介绍。

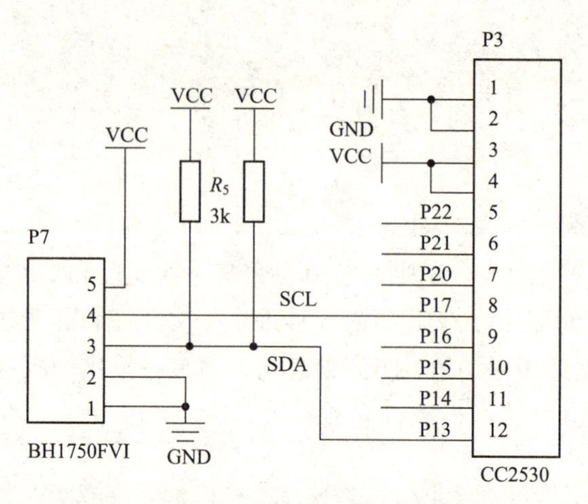


图 2.21 CC2530 与 BH1750 传感器连接电路

1. BH1750 光照强度传感器简介

BH1750FVI 是一种用于两线式 $I^2C$ 串行总线接口的数字型光强度传感器集成电路，其高分辨率可以探测较大范围的光强度变化（1 ~ 65535lx）。BH1750FVI 传感器可以应用在移动电话、液晶电视、笔记本电脑、便携式游戏机、数码相机、数码摄像机、汽车定位系统、液晶显示器等器件中。

BH1750FVI 光照强度传感器特点如下所示：

（1）支持 $I^2C$ 总线接口。

（2）接近视觉灵敏度的光谱灵敏度特性（峰值灵敏度波长为 560nm）。

（3）输出对应亮度的数字值。

（4）广泛的输入光范围（相当于 1 ~ 65535lx），光源依赖性弱（白炽灯、荧光灯、卤素灯、白光 LED、日光灯）。

（5）能计算 0.1 lx 到 100000 lx 的光强范围。最小误差变动在 ±20%，受红外线影响很小。

在使用 BH1750FVI 时，CC2530 需要通过 $I^2C$ 通信总线发送控制指令，以决定传感器当前的状态和需要执行的功能。BH1750FVI 光照传感器的指令集见表 2.7。

表 2.7 光照传感器的指令集

| 指 令 | 操作码 | 描 述 |
| --- | --- | --- |
| 关断 | 0000 0000 | 不返回任何状态 |
| 开始 | 0000 0001 | 等待测量指令（Measurement Command） |
| 复位 | 0000 0111 | 复位数据寄存器的值 |
| 连续高分辨率模式 | 0001 0000 | 以 1lx 分辨率开始连续测量，测量周期约 120ms |
| 连续高分辨率模式 2 | 0001 0001 | 以 0.5lx 分辨率开始连续测量，测量周期约 120ms |
| 连续低分辨率模式 | 0001 0011 | 以 4lx 分辨率开始连续测量，测量周期约 16ms |
| 单次高分辨率模式 | 0010 0000 | 以 1lx 分辨率开始单次测量，测量时间约 120ms，测量完成后自动进入关闭（Power Down）模式 |
| 单次高分辨率模式 2 | 0010 0001 | 以 0.5lx 分辨率开始单次测量，测量时间约 120ms，测量完成后自动进入关闭（Power Down）模式 |
| 单次低分辨率模式 | 0010 0011 | 以 4lx 分辨率开始单次测量，测量时间约 16ms，测量完成后自动进入关闭（Power Down）模式 |
| 改变测量周期高位 | 01000[7,6,5] | 更改测量时间的高 3 位，需要根据硬件参数修改 |
| 改变测量周期低位 | 011[4,3,2,1,0] | 更改测量时间的低 5 位，需要根据硬件参数修改 |

BH1750FVI 的正常工作电压范围为 2.4 ~ 3.6V，当处在高分辨率模式下，分辨率甚至可以达到 1lx。BH1750FVI 光照传感器的采集流程如图 2.22 所示。

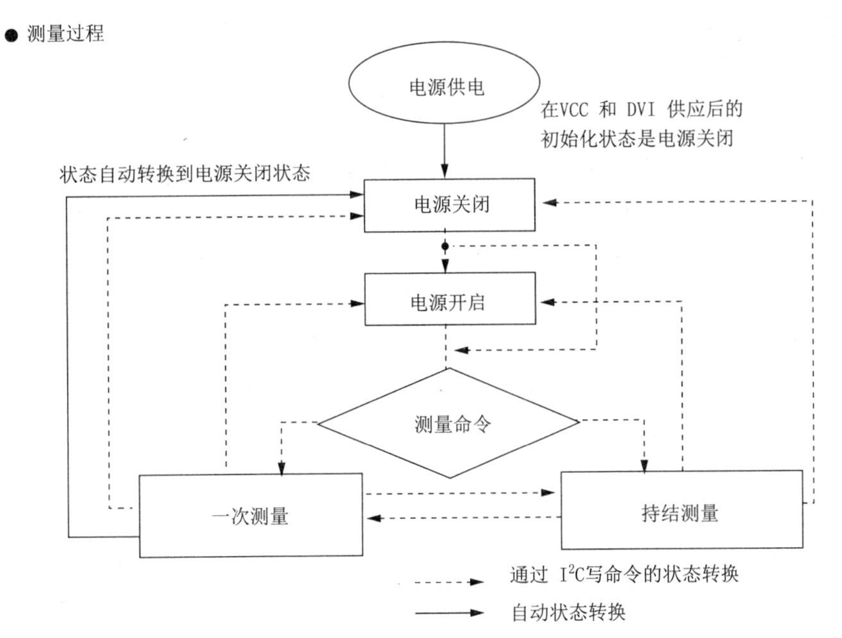


图 2.22 BH1750FVI 采集流程图

在流程图中，当接通电源后 BH1750FVI 默认进入“Power Down“模式。在接收到用户发送的“Power On”指令后，传感器启动，并等待接收测量指令，以决定以何种模式和精度测量当前的光照强度。

### 2. $I^2C$ 总线简介

$I^2C$ (Inter-Integrated Circuit) 总线是一种由 Philips 公司开发的两线式串行总线，用于连接微控制器及其外围设备。

$I^2C$ 总线是由数据线 SDA 和时钟 SCL 构成的串行总线，可发送和接收数据，在 CPU 与被控 IC（集成模块）之间、IC 与 IC 之间进行双向传送，最高传送速率达 3.4Mbps。多种被控制部件均并联在这条总线上，就像电话机一样只有拨通各自的号码才能工作。所以，每个部件和模块都有唯一的地址。在信息的传输过程中，$I^2C$ 总线上并联的每一模块电路既是主控器或被控器，又是发送器或接收器，这取决于它所要完成的功能。CPU 发出的控制信号分为地址码和控制量两部分。地址码用来选址，即接通需要控制的电路，确定控制的种类。控制量决定该调整的类别，如对比度、亮度等需要调整的量。这样各控制电路虽然挂在同一条总线上，却彼此独立互不相关。

$I^2C$ 总线在传送数据过程中共有 3 种类型信号，它们分别是开始信号、结束信号和应答信号。

（1）开始信号：SCL 为高电平时，SDA 由高电平向低电平跳变，开始传送数据。

（2）结束信号：SCL 为高电平时，SDA 由低电平向高电平跳变，结束传送数据。

（3）应答信号：接收数据的从控器在接收到 8 位数据后，向发送数据的主控器发出特定的低电平脉冲，表示已收到数据。CPU 向从控器发出一个信号后，等待从控器发出一个应答信号。CPU 接收到应答信号后，根据实际情况做出是否继续传递信号的判断。若未收到应答信号，判断该受控单元出现故障。

在以上这些信号中，开始信号是必需的，结束信号和应答信号都可以不要。目前，有很多半导体集成模块上都集成了 $I^2C$ 接口。

$I^2C$ 总线规程运用主 / 从方式双向进行通信。如某器件发送数据到总线上则定义为发送器，如某器件在接收数据则定义为接收器。其中，主控器件和从控器件都可以工作于接收和发送状态。总线必须由主控器件（通常由微控制器担任）控制，主控器件产生串行时钟（SCL）控制总线的传输方向，并产生起始和停止条件。SDA 线上的数据状态仅在 SCL 为低电平时才能改变，在 SCL 为高电平时，SDA 状态的改变被用来表示起始和停止条件。基于 $I^2C$ 总线的器件通信时序如图 2.23 所示。

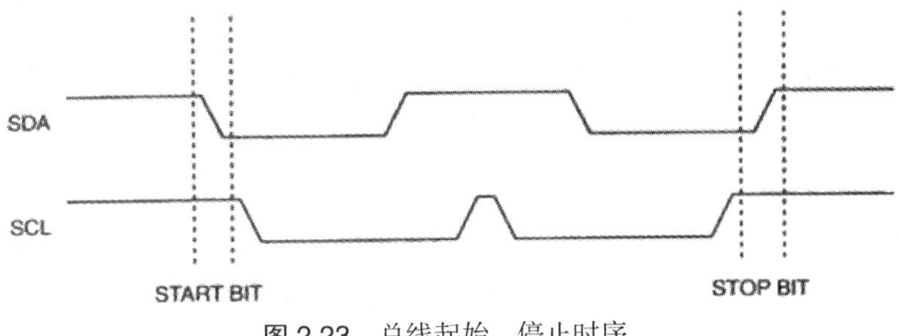


图 2.23 总线起始、停止时序

3. CC2530信息采集工作过程

以BH1750FVI传感器中地址控制线ADDR为0的情况为例，图2.24介绍了向传感器发送控制命令、等待传感器测量完成、读取传感器测量结果的一次“连续高分辨率模式”的过程。

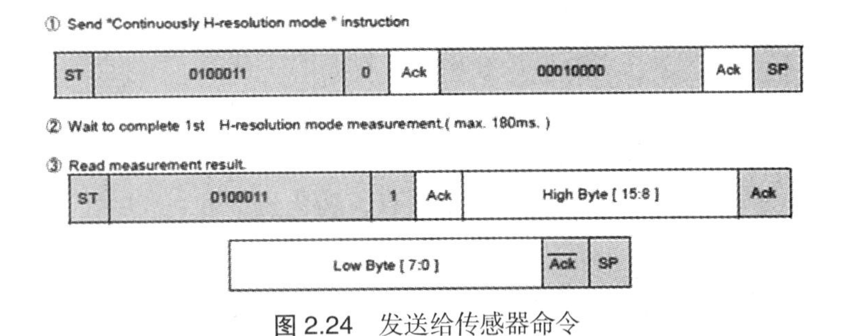


图 2.24 发送给传感器命令

通过I$^2$C通信总线，CC2530首先向BH1750FVI发送起始位（ST），接着是BH1750FVI的地址（“0100011”，地址的设置将在后面介绍），然后是R/W控制位“0”，等待BH1750FVI响应“Ack”后，继续发送“连续高分辨率模式”的控制命令“00010000”，等待BH1750FVI响应“Ack”后，发送停止位（SP）。

BH1750FVI一次高精度转换的时间一般需要120ms，因此CC2530在延时等待超过120ms后，再次与BH1750FVI通信。首先发送起始位（ST），随后是BH1750FVI的地址（“0100011”），然后是R/W控制位“1”。在得到BH1750FVI响应“Ack”后，从BH1750FVI读取转换结果高8位，并发送“Ack”至BH1750FVI，继续接收转换结果的低8位，再次发送对应的Ack响应，并发送结束位，表示此次转换结果的读取结束。由于使用的是连续模式，因此CC2530在再次等待一段时间(>120ms)后，可以继续从BH1750FVI读取转换结果。

## 2.5.3 实例步骤

（1）将SmartRF04EB调试器的USB端连接到PC机的USB口，另一端通过排线连接到实验平台上M03光照传感模块节点。然后，分别打开实验箱和

M03节点模块上的电源开关进行供电。

（2）启动PC机中IAR开发环境，打开“裸机程序/数字光照传感器捕获实践”中的“工程”，在IAR开发环境中编译、运行、调试程序。

（3）运行程序一定时间后，点击IAR停止运行按钮，在“Watch”窗口输入“Light”可以查看光照数值。

### 2.5.4 程序编写

本例使用BH1750FVI传感器采集环境光照强度，程序中通过断点观察采集回的数据。由于CC2530不具有硬件$I^2C$功能模块，因此在与设备通信时，需要通过程序控制GPIO的输入输出状态以及输出电平状态等。程序中BH1750_Start()、BH1750_Stop()、 BH1750_SendByte(BYTE dat) 和 BH1750_RecvByte()4个底层函数都是通过GPIO控制时序的方式实现$I^2C$通信功能和协议。

BH1750FVI中地址控制线ADDR地址，用以设置其$I^2C$地址：

（1）ADDR为高电平时，传感器地址为“1011100”。

（2）ADDR为低电平时，传感器地址为“0100011”。

在默认配置下，BH1750FVI返回的数值由高字节和低字节两部分组成，其处理方式也较为简单，高字节与低字节组合，转化为十进制数后，除以1.2即可得到当前的光照强度。

例如，CC2530接收到的高字节数据为“10000011”，低字节数据为“10010000”，则光照强度数据为1000001110010000B=33680，33680/1.2≈28067lx。

光照传感器的实现方法如下，首先需要初始化，下面是实现初始化BH1750FVI传感器的基本代码：

```
Single_Write_BH1750(0x02);
```

其中调用了Single_Write_BH1750函数，Single_Write_BH1750的具体实现如下：

```
void Single_Write_BH1750(ucharREG_Address)
{
  BH1750_Start();                          //开始信号
  BH1750_SendByte(SlaveAddress);           //发送设备地址+写信号
  BH1750_SendByte(REG_Address);            //内部寄存器地址
  BH1750_Stop();                           //发送停止信号
}
```

本项目程序部分代码如下：

```
void BH1750_Start() {
  P1DIR=0x03;
  SDA = 1;                         //拉高数据线
  SCL = 1;                         //拉高时钟线
  Delay5us();                      //延时
  SDA = 0;                         //产生下降沿
  Delay5us();                      //延时
  SCL = 0;                         //拉低时钟线
}
void BH1750_Stop() {
  P1DIR=0X03;
  SDA = 0;                         //拉低数据线
  SCL = 1;                         //拉高时钟线
  Delay5us();                      //延时
  SDA = 1;                         //产生上升沿
  Delay5us();                      //延时
}
void BH1750_SendByte(BYTE dat) {
  P1DIR=0x03;
  BYTE i;
  for (i=0; i<8; i++) {            //8位计数器
     dat <<= 1;                    //移出数据的最高位
     SDA = CY;                     //送数据口
     SCL = 1;                      //拉高时钟线
     Delay5us();                   //延时
     SCL = 0;                      //拉低时钟线
     Delay5us();                   //延时
  }
  SCL = 1;                         //拉高时钟线
  P1DIR=0x01;                      //改变SDA方向
  Delay5us();                      //延时
  CY = SDA;                        //读应答信号
  SCL = 0;                         //拉低时钟线
  Delay5us();                      //延时
```

```
    P1DIR=0x03;
  }
  BYTE BH1750_RecvByte() {
    P1DIR=0x01;
    BYTE i;
    BYTE dat = 0;
    SDA = 1;                          //使能内部上拉，准备读取数据
    for (i=0; i<8; i++){              //8位计数器
       dat<<= 1;
       SCL = 1;                       //拉高时钟线
       Delay5us();                    //延时
       dat |= SDA;                    //读数据
       SCL = 0;                       //拉低时钟线
       Delay5us();                    //延时
  }
    P1DIR=0x03;
    return dat;
  }
  void Single_Write_BH1750(uchar REG_Address) {
    BH1750_Start();                   //开始信号
    BH1750_SendByte(SlaveAddress);    //发送设备地址+写信号
    BH1750_SendByte(REG_Address);     //内部寄存器地址
    BH1750_Stop();                    //发送停止信号
  }
  uchar Single_Read_BH1750(uchar REG_Address){
    uchar REG_data;
    BH1750_Start();                   //开始信号
    BH1750_SendByte(SlaveAddress);    //发送设备地址+写信号
    BH1750_SendByte(REG_Address);     //发送存储单元地址，从0开始
    BH1750_Start();                   //起始信号
    BH1750_SendByte(SlaveAddress+1); //发送设备地址+读信号
    REG_data=BH1750_RecvByte();       //读出寄存器数据
      BH1750_SendACK(1);
      BH1750_Stop();                  //停止信号
```

```
        return REG_data;
    }
```

### 2.5.5 思考实践

利用定时器Timer1，实现每隔5秒采集一次光照强度数据，并对采集到的光照强度数据采用平均值的方式处理后，每分钟输出一次这一分钟内采集到的结果平均值。

## 2.6 基于SPI总线的外扩存储器节点的设计与应用

### 2.6.1 实例内容及应用设备

本实例在M17节点模块中通过CC2530对外扩大EEPROM存储芯片93C46的使用方式，掌握四线制串行同步总线（SPI）的通信方式，以及模块内部CC2530通过GPIO模拟时序的方式实现SPI通信的过程。具体过程是通过程序向存储芯片的某一个地址单元写入一个字节的数据，并在稍后读出这个地址单元中的数据，用户可以通过在PC机IAR开发环境中设置断点的方法观察程序执行的结果。本实例所使用的操作设备和软件如下：

（1）安装有Microsoft Windows XP或更高版本操作系统，同时具备USB2.0或以上端口和不低于Intel Core2Duo 2GHz、2GB RAM的PC机，在软件方面需要安装IAR集成开发环境等软件。

（2）物联网综合教学实验平台、M17存储器扩展节点模块、SmartRF04EB调试器，以及USB连接线和扁平排线连接电缆。

### 2.6.2 实例原理与相关知识

93C46存储芯片是一款经典的EEPROM，具有较低的功耗、较宽的工作电压范围和1024 bits的存储空间。同时，还可以按照芯片的引脚设置，配置为128×8位或者64×16位的组织形式。在使用时，93C46存储芯片支持高达100万次的写入，写入数据可以保持100年，更多关于93C46的内容可以查阅有关技术资料。93C46存储芯片与CC2530的电路连接如图2.25所示。

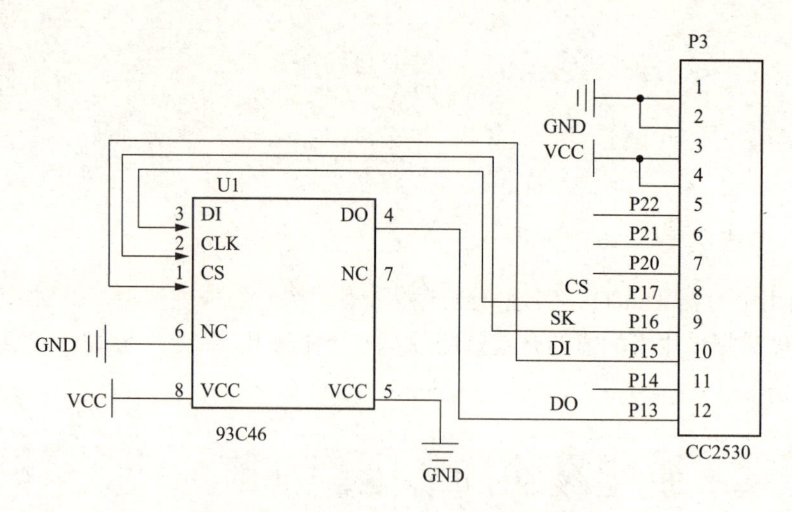


图 2.25 CC2530 与 93C46 的电路连接图

该存储节点的通信与 I²C 总线通信类似，CC2530 通过 GPIO 模拟总线的时序实现与 93C46 的通信功能，包括读（READ）、擦除和写入使能（EWEN）、擦除和写入禁止（EWDS）、擦除（ERASE）、写入（WRITE）、全部擦除（ERAL）、全部写入（WRAL），以及数据的传入和读出等功能。

以读（READ）为例，该指令中需要包含欲读取数据的保存地址——地址码。93C46 在 8 位模式下，地址码长度为 7 位，N=6 即地址码为 $A_6$~$A_0$。根据 93C46 芯片数据手册的介绍，读取某一个地址中数据的 READ 指令格式为 SB+OPCode+Address，其中，SB 为一位高电平“1”，OPCode 为两位值“10”，Address 为 $A_6$~$A_0$ 共计 7 位，即从 0000000 到 1111111。当 CS 片选信号有效时（为高电平“1”），93C46 会在每一个时钟 SK 的上升沿从 DI 读入指令和数据。对于 READ 指令而言，在读完指令和地址数据之后，在每一个 SK 的上升沿将读取到的指定地址的数据从高位到低位依次从 DO 输出。最终完成一次 READ 后，需要将 CS 片选信号复位。93C46 存储芯片的时序关系如图 2.26 所示。

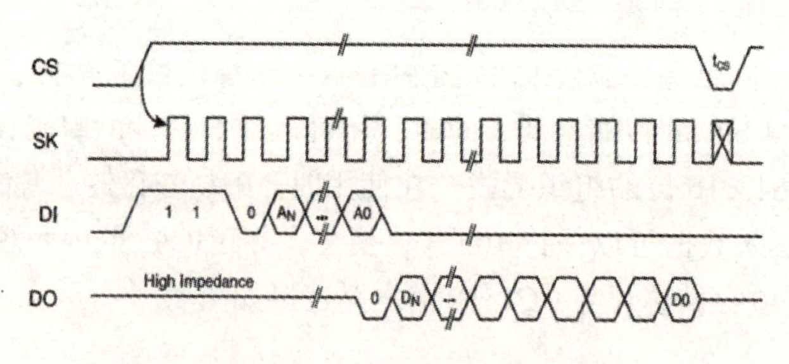


图 2.26 93C46 总线时序关系图

### 2.6.3 实例步骤

本实例通过 CC2530 中 GPIO 模拟 SPI 时序的方式，分别使用 P1_3、P1_5、P1_6 和 P1_7 作为 SPI 的 DO、DI、SK 和 CS。实例执行时在完成 CC2530 的 GPIO 初始化后，向 93C46 芯片某一内存地址中写入一个字节，并在延时后再将其读取。通过在 PC 机 IAR 环境中设置断点并通过在 Watch 窗口观察的方式判定读取的数据是否与写入的一致。

（1）将调试器的 USB 端连接到 PC 机的 USB 口，另一端通过排线连接到实验平台上的 M17 存储器模块。然后，打开实验平台和 M17 存储器模块上的电源开关进行供电。

（2）启动 IAR 开发环境，打开电子文档“裸机程序 \ 外部 EEPROM 实践”中的工程。在 IAR 开发环境中编译、运行、调试程序。

### 2.6.4 程序编写

首先对 93C46 存储芯片所使用的 GPIO 进行定义：

```
#define CS_93C46 P1_7
#define SK_93C46 P1_6
#define DI_93C46 P1_5
#define DO_93C46 P1_3
```

程序除了基本的延时函数和 main() 函数外，还定义了如下函数：

```
// 读 93C46 内部指定地址的 1 个字节数据
unsigned char RD_93C46_byte(unsigned char addr);
// 向 93C46 内部指定地址写 1 个字节数据
void WR_93C46_byte(unsigned char addr,unsigned char dat);
void EWEN_93C46(void);                          // 擦写允许
void EWDS_93C46(void);                          // 擦写禁止
void ERASE_93C46(unsigned char addr);          // 擦除指定地址的数据
```

在本实例中主要使用了 WR_93C46_byte(unsigned char addr,unsigned char dat) 函数，用于向特定的地址 addr 中写入一个字节的数据 dat，而 RD_93C46_byte(unsigned char addr) 函数则用于从特定的地址 addr 中读取一个字节的数据并返回。

程序的部分代码如下：

```
void main() {
  unsigned char temp;
  WR_93C46_byte(0x01,123);
  delaynms(200);
  delaynms(200);
  temp=RD_93C46_byte(0x01);
  while(1);
}

unsigned char RD_93C46_byte(unsigned char addr){
unsigned char dat=0,i;
  SK_93C46=0;
  CS_93C46=0;
  CS_93C46=1;
  DI_93C46=1;SK_93C46=1;SK_93C46=0;
  DI_93C46=1;SK_93C46=1;SK_93C46=0;
  DI_93C46=0;SK_93C46=1;SK_93C46=0;      // 读数据指令：110
  for(i=0;i<7;i++){                     // 写7位地址
    addr<<=1;
    if((addr&0x80)==0x80)
      DI_93C46=1;
      else
      DI_93C46=0;
    SK_93C46=1;
    SK_93C46=0;
  }
  DO_93C46=1;                            // DO=1，为读取做准备
  for(i=0;i<8;i++)  {                    // 读8位数据
    dat<<=1;
    SK_93C46=1;
    if(DO_93C46) dat+=1;
      SK_93C46=0;
```

```
    }
    CS_93C46=0;
    return(dat);
}
void WR_93C46_byte(unsigned char addr,unsigned char dat){
    unsigned char i;
    EWEN_93C46();                              // 擦写允许
    CS_93C46=0;
    SK_93C46=0;
    CS_93C46=1;
    DI_93C46=1;SK_93C46=1;SK_93C46=0;
    DI_93C46=0;SK_93C46=1;SK_93C46=0;
    DI_93C46=1;SK_93C46=1;SK_93C46=0;      // 写数据指令：101
    for(i=0;i<7;i++) {                          // 写7位地址
      addr<<=1;
      if((addr&0x80)==0x80)
        DI_93C46=1;
      else
        DI_93C46=0;
      SK_93C46=1;
      SK_93C46=0;
    }
    for(i=0;i<8;i++)                            // 写8位数据
    {
      if((dat&0x80)==0x80)
        DI_93C46=1;
      else
        DI_93C46=0;
      SK_93C46=1;
      SK_93C46=0;
      dat<<=1;
    }
    CS_93C46=0;
    DO_93C46=1;
```

```
    CS_93C46=1;
    while(DO_93C46==0);                        // 检测忙闲
    SK_93C46=0;
    CS_93C46=0;
    EWDS_93C46();                              // 擦写禁止
}
```

## 2.7 基于查询模式的烟雾感知节点的设计与应用

### 2.7.1 实例内容与应用设备

通过本实例的操作，首先掌握M07节点模块中烟雾传感器与CC2530之间的通信原理。同时熟悉CC2530采用外部查询模式进行烟雾信息获取的编程方法。实例内容是通过节点模块上CC2530的GPIO接收烟雾传感器输出开关量信号，并进行相应处理，用户在PC机IAR环境中通过设置断点的方式观察结果。本实例的工作原理与2.6节实例类似。本实例所应用的操作设备如下所示：

（1）安装有Microsoft Windows XP或更高版本操作系统，同时具备USB2.0或以上端口和不低于Intel Core2Duo 2GHz、2GB RAM的PC机，在软件方面需要有IAR集成开发环境。

（2）物联网综合教学实验平台、M07无线烟雾感知传感器节点、SmartRF04EB调试器，以及USB连接线和扁平排线连接电缆。

### 2.7.2 实例原理与相关知识

本传感器节点模块中使用了MQ2烟雾传感器，该传感器是采用电阻控制型的气敏元件，其阻值随被控气体的浓度成分而变化，这是一种典型的气-电传感器件。该传感器可用于测量与判别甲烷等可燃气体和烟雾。MQ2烟雾传感器电路原理图如图2.27所示。

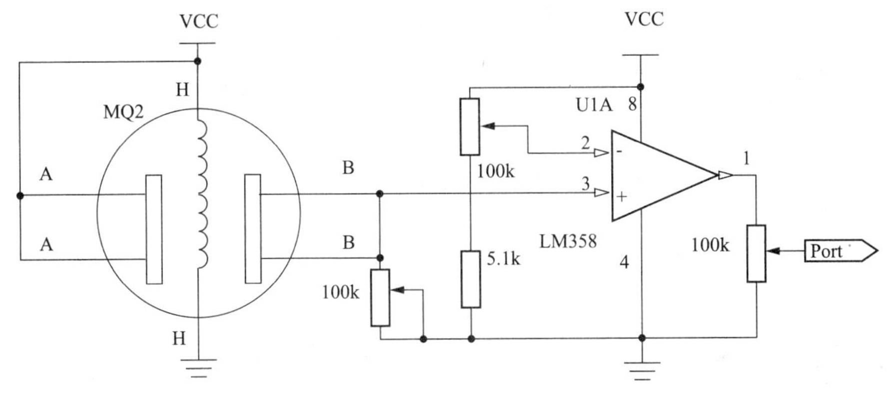


图 2.27 MQ2 烟雾传感器电路原理图

## 2.7.3 实践步骤

（1）将调试器的 USB 端连接到 PC 机的 USB 口，另一端通过排线连接到实验平台上的 M07 烟雾传感器模块。然后，打开实验平台和 M07 节点模块上的电源开关进行供电。

（2）启动 IAR 开发环境，打开“裸机程序 / 烟雾气体判别实践”中的“工程”，待预热结束后预热 LED 灯熄灭，此时方可正确使用。

注意：广谱气体传感器通电后，需要一段时间来给硬件预热。

## 2.7.4 程序编写

根据 M07 节点模块硬件电路可知 CC2530 检测烟雾信息的引脚为 P1_3，需要将 P1_3 引脚设置为输入模式，然后根据 P1_3 引脚的电平变化得到烟雾浓度的测量数值。编程代码如下：

```
#define PORT1  P1_3
uint ISmoke=0;
uchar pvalue = 0 ;
//延时函数
void Delayms(uint xms)
{
  uint i,j;
  for(i=xms;i>0;i--)
    for(j=587;j>0;j--);
}
//初始化端口
```

```
void Init_port(void)
{
  P1SEL &= ~0X08;
  P1DIR &= ~0X08;     //按键在 P1_3 口，设置为输入模式
  P1INP |= 0x08;      //上拉
}
//扫描端口
uchar portScan(void)
{
   if(PORT1 == 1)      //高电平有效
  {
    Delayms(1000);
    if(PORT1 == 1)
    {
       return(1);
    }
  }
  return(0);
}
//主函数
void main()
{
   Init_Port();
   while(1){
      pvalue = Port_Scan();
      if(pvalue == 1){
      iSmock=1;
      }
      Delayms(5000);
    }
  }
```

## 2.8 基于 UART 通信模式的 GPS 卫星定位节点的设计与应用

### 2.8.1 实践内容与应用设备

本实例首先通过 M06 节点模块学习 CC2530 内部 UART 的使用方法，以及相关寄存器的设置。然后通过配置 UART 的波特率和数据格式等参数，从全球定位系统 GPS 中读取卫星定位应用的 NMEA0183 数据格式中的信息。本实例所应用的操作设备如下所示：

（1）安装有 Microsoft Windows XP 或更高版本操作系统，同时具备 USB2.0 或以上端口和不低于 Intel Core2Duo 2GHz、2GB RAM 的 PC 机，在软件方面需要有 IAR 集成开发环境。

（2）物联网综合教学实验平台、M06 卫星定位 GPS 节点模块、SmartRF04EB 调试器，以及 USB 连接线和扁平排线连接电缆。

### 2.8.2 实例原理与相关知识基础知识

#### 1. 通用同步 / 异步接收发送单元 USART

CC2530 内部包含 USART0 和 USART1 两个串行通信接口，并且都可以独立地工作在异步通信的 UART 模式或者同步通信的 SPI 模式。在异步通信的 UART 模式下，UART 接口可以使用二线的 RXD\TXD 或者是四线的 RXD\TXD 和 RTS\CTS。在 UART 模式下其特性如下：

（1）支持 8 位或者 9 位数据。

（2）支持奇校验、偶校验和无校验。

（3）可以配置的起始位和结束位的电平。

（4）可以配置的 MSB 或 LSB 传输方式。

（5）独立的发送中断和接收中断。

（6）独立的发送和接收 DMA 触发。

（7）校验与帧错误标志。

CC2530 内部 USART 寄存器主要有以下几种。

（1）U0CSR：USART0 控制与状态寄存器，如表 2.8 所示。

表 2.8 USART0 控制与状态寄存器

| 位 | 寄存器 | 默认值 | 读/写 | 描 述 |
| --- | --- | --- | --- | --- |
| 7 | MODE | 0 | 读/写 | USART0 模式选择<br>0：SPI 模式；1：UART 模式 |
| 6 | RE | 0 | 读/写 | UART 接收使能，在 UART 完全配置之前不要启用接收<br>0：禁止接收；1：可以接收 |
| 5 | SLAVE | 0 | 读/写 | SPI 主模式或从模式选择<br>0：SPI 主模式；1：SPI 从模式 |
| 4 | FE | 0 | 读/写 | UART 帧错误标志位<br>0：无检测帧错误；1：接收到了不正确的停止位 |
| 3 | ERR | 0 | 读/写 | UART 校验错误标志位<br>0：无校验错误；1：检测到了校验错误的字节 |
| 2 | RX_BYTE | 0 | 读/写 | 字节接收状态标志，该位在读取 U0DBUF 后自动复位；向该位写 0 将导致 U0DBUF 中数据被丢弃<br>0：没有接收到字节数据；1：接收到了字节数据 |
| 1 | TX_BYTE | 0 | 读/写 | 字节发送状态标志<br>0：字节尚未发送；<br>1：上次写入到发送缓冲中的字节已经发送完成 |
| 0 | ACTIVE | 0 | 读 | USART 接收发送状态。<br>0：USART 空闲；1：USART 正在发送或者接收 |

（2）U0UCR：UART0 控制寄存器，如表 2.9 所示。

表 2.9 UART0 控制与状态寄存器

| 位 | 寄存器 | 默认值 | 读/写 | 描 述 |
| --- | --- | --- | --- | --- |
| 7 | FLUSH | 0 | 读/写 | 清空当前单元，停止所有操作 |
| 6 | FLOW | 0 | 读/写 | UART 硬件流控使能，允许通过 RTS 和 CTS 实现硬件流控<br>0：禁用流控；1：使用流控 |
| 5 | D9 | 0 | 读/写 | 在允许校验的情况下，选择校验的类型<br>0：奇校验；1：偶校验 |
| 4 | BIT9 | 0 | 读/写 | 设置该位为 1 以允许校验位作为第 9 位数据的传输，在校验允许的情况下，第 9 位的数据受 D9 控制位控制<br>0：8 位传输；1：9 位传输 |
| 3 | PARITY | 0 | 读/写 | 校验允许位，只有在允许 9 位数据传输的模式下才有效<br>0：禁止校验；1：使能校验 |
| 2 | SPB | 0 | 读/写 | 停止位数设定<br>0：1 位停止位；1：2 位停止位 |
| 1 | STOP | 1 | 读/写 | UART 停止位电平设定，必须与起始位不同<br>0：低电平停止位；1：高电平停止位 |
| 0 | START | 0 | 读/写 | UART 起始位电平设定，必须与空闲时的电平不同<br>0：低电平起始位；1：高电平起始位 |

（3）U0GCR：USART0 通用控制寄存器，如表 2.10 所示。

表 2.10 USART0 通用控制寄存器

| 位 | 寄存器 | 默认值 | 读 / 写 | 描 述 |
|---|---|---|---|---|
| 7 | CPOL | 0 | 读 / 写 | SPI 极性控制。0：负时钟极性；1：正时钟极性 |
| 6 | CPHA | 0 | 读 / 写 | SPI 时钟相位设定<br>0：当 SCK 从 CPOL 反向到 CPOL 时数据从 MOSI 移出；当 SCK 从 CPOL 到 CPOL 反向时数据从 MISO 移入。1：当 SCK 从 CPOL 到 CPOL 反向时数据从 MOSI 移出；当 SCK 从 CPOL 反向到 CPOL 时数据从 MISO 移入 |
| 5 | ORDER | 0 | 读 / 写 | 传输位模式<br>0：LSB<br>1：MSB |
| 4:0 | BAUD_E[4:0] | 0 0000 | 读 / 写 | 波特率设置的指数部分 |

（4）U0DBUF：USART0 接收 / 发送数据缓冲，如表 2.11 所示。

表 2.11 USART0 接收 / 发送寄存器

| 位 | 寄存器 | 默认值 | 读 / 写 | 描 述 |
|---|---|---|---|---|
| 7:0 | DATA[7:0] | 0x00 | 读 / 写 | USART0 发送和接收的数据，向该寄存器中写入数据则数据自动写入至内部的发送寄存器，从该寄存器读取数据则自动从内部的接收寄存器读取 |

（5）U0BAUD：USART0 波特率调整寄存器，如表 2.12 所示。

表 2.12 USART0 波特率调整寄存器

| 位 | 寄存器 | 默认值 | 读 / 写 | 描 述 |
|---|---|---|---|---|
| 7:0 | BAUD_M[7:0] | 0x00 | 读 / 写 | USART0 的波特率调整寄存器 |

（6）U1CSR：USART1 控制与状态寄存器，如表 2.13 所示。

表 2.13 USART1 控制与状态寄存器

| 位 | 寄存器 | 默认值 | 读 / 写 | 描 述 |
|---|---|---|---|---|
| 7 | MODE | 0 | 读 / 写 | USART1 模式选择<br>0：SPI 模式；1：UART 模式 |
| 6 | RE | 0 | 读 / 写 | UART 接收使能，在 UART 完全配置之前不要启用接收<br>0：禁止接收；1：可以接收 |
| 5 | SLAVE | 0 | 读 / 写 | SPI 主模式或从模式选择<br>0：SPI 主模式；1：SPI 从模式 |
| 4 | FE | 0 | 读 / 写 0 | UART 帧错误标志位<br>0：无检测帧错误；1：接收到了不正确的停止位 |
| 3 | ERR | 0 | 读 / 写 0 | UART 校验错误标志位<br>0：无校验错误；1：检测到了校验错误的字节 |
| 2 | RX_BYTE | 0 | 读 / 写 0 | 字节接收状态标志，该位在读取 U1DBUF 后自动复位；向该位写 0 将导致 U1DBUF 中数据被丢弃<br>0：没有接收到字节数据；1：接收到了字节数据 |

续表 2.13

| 位 | 寄存器 | 默认值 | 读 / 写 | 描　述 |
|---|---|---|---|---|
| 1 | TX_BYTE | 0 | 读 / 写 | 字节发送状态标志<br>0：字节尚未发送；1：上次写入发送缓冲中的字节已经发送完成 |
| 0 | ACTIVE | 0 | 读 | USART 接收发送状态<br>0：USART 空闲；1：USART 正在发送或者接收 |

（7）U1UCR：UART1 控制寄存器，如表 2.14 所示。

**表 2.14　UART1 控制寄存器**

| 位 | 寄存器 | 默认值 | 读 / 写 | 描　述 |
|---|---|---|---|---|
| 7 | FLUSH | 0 | 读 / 写 | 清空当前单元，停止所有操作 |
| 6 | FLOW | 0 | 读 / 写 | UART 硬件流控使能，允许通过 RTS 和 CTS 实现硬件流控<br>0：禁用流控；1：使用流控 |
| 5 | D9 | 0 | 读 / 写 | 在允许校验的情况下，选择校验的类型<br>0：奇校验；1：偶校验 |
| 4 | BIT9 | 0 | 读 / 写 | 设置该位为 1 以允许校验位作为第 9 位数据的传输，在校验允许的情况下，第 9 位的数据受 D9 控制位控制<br>0：8 位传输；1：9 位传输 |
| 3 | PARITY | 0 | 读 / 写 | 校验允许位，只有在允许 9 位数据传输的模式下才有效<br>0：禁止校验；1：使能校验 |
| 2 | SPB | 0 | 读 / 写 | 停止位数设定<br>0：1 位停止位；1：2 位停止位 |
| 1 | STOP | 1 | 读 / 写 | UART 停止位电平设定，必须与起始位不同<br>0：低电平停止位；1：高电平停止位 |
| 0 | START | 0 | 读 / 写 | UART 起始位电平设定，必须与空闲时的电平不同<br>0：低电平起始位；1：高电平起始位 |

（8）U1GCR：USART1 通用控制寄存器，如表 2.15 所示。

**表 2.15　USART1 通用控制寄存器**

| 位 | 寄存器 | 默认值 | 读 / 写 | 描　述 |
|---|---|---|---|---|
| 7 | CPOL | 0 | 读 / 写 | SPI 极性控制<br>0：负时钟极性；1：正时钟极性 |
| 6 | CPHA | 0 | 读 / 写 | SPI 时钟相位设定<br>0：当 SCK 从 CPOL 反向到 CPOL 时数据从 MOSI 移出；当 SCK 从 CPOL 到 CPOL 反向时数据从 MISO 移入。1：当 SCK 从 CPOL 到 CPOL 反向时数据从 MOSI 移出；当 SCK 从 CPOL 反向到 CPOL 时数据从 MISO 移入 |
| 5 | ORDER | 0 | 读 / 写 | 传输位模式<br>0：LSB<br>1：MSB |
| 4:0 | BAUD_E[4:0] | 0 0000 | 读 / 写 | 波特率设置的指数部分 |

（9）U1DBUF：USART1 接收 / 发送数据缓冲，如表 2.16 所示。

表 2.16　USART1 接收 / 发送寄存器

| 位 | 寄存器 | 默认值 | 读 / 写 | 描　述 |
|---|---|---|---|---|
| 7:0 | DATA[7:0] | 0x00 | 读 / 写 | USART1 发送和接收的数据，向该寄存器中写入数据则数据自动写入至内部的发送寄存器，从该寄存器读取数据则自动从内部的接收寄存器读取 |

（10）U1BAUD：USART1 波特率调整寄存器，如表 2.17 所示。

表 2.17　USART1 波特率调整寄存器

| 位 | 寄存器 | 默认值 | 读 / 写 | 描　述 |
|---|---|---|---|---|
| 7:0 | BAUD_M[7:0] | 0x00 | 读 / 写 | USART1 的波特率调整寄存器 |

在实际应用中断方式时，与 USART 相关的寄存器和标志位包括以下几种。

（1）USART0 的 RX 接收：IEN0.URX0IE 中断控制位、TCON.URX0IF 中断标志位。

（2）USART0 的 TX 发送：IEN2.UTX0IE 中断控制位、IRCON2.UTX0IF 中断标志位。

（3）USART1 的 RX 接收：IEN0.URX1IE 中断控制位、TCON.URX1IF 中断标志位。

（4）USART1 的 TX 发送：IEN2.UTX1IE 中断控制位、IRCON2.UTX1IF 中断标志位。

UART 波特率是一个非常重要的参数，在 CC2530 中，通过寄存器 UxBAUD.BAUD_E[4:0] 和寄存器 UxBAUD.BAUD_M[7:0] 控制波特率：

$$\text{Baud Rate} = \frac{256 + \text{BAUD\_M} \times 2^{\text{BAUD\_E}}}{2^{28}} \times \text{Freq}$$

其中，Freq 是系统的时钟频率，RCOSC 的 16MHz 或 XOSC 的 32MHz。

在 32MHz 情况下，常用波特率的设置值如表 2.18 所示。

表 2.18　常用波特率的设置值

| Baud Rate (bps) | BAUD_M | BAUD_E | 误差率 |
|---|---|---|---|
| 2400 | 59 | 6 | 0.14% |
| 4800 | 59 | 7 | 0.14% |
| 9600 | 59 | 8 | 0.14% |
| 14 400 | 216 | 8 | 0.03% |
| 19 200 | 59 | 9 | 0.14% |
| 28 800 | 216 | 9 | 0.03% |
| 38 400 | 59 | 10 | 0.14% |
| 57 600 | 216 | 10 | 0.03% |

续表 2.18

| Baud Rate (bps) | BAUD_M | BAUD_E | 误差率 |
|---|---|---|---|
| 76 800 | 59 | 11 | 0.14% |
| 115 200 | 216 | 11 | 0.03% |
| 230 400 | 216 | 12 | 0.03% |

### 2. GPS 简介

全球定位系统（Global Positioning System, 简称 GPS）能够为陆海空三大领域提供实时、全天候和全球性的定位与导航服务，目前已广泛应用于大地测量、工程测量、航空摄影测量、工程变形监测等学科领域。

美国全球卫星定位系统 GPS 由三个独立的部分组成，其空间部分目前有 31 颗卫星正在运行；地面支撑系统由 1 个主控站，3 个注入站，5 个监测站组成；用户设备部分接收 GPS 卫星发射的信号，以获得必要的导航和定位信息，经数据处理，完成导航和定位工作。GPS 接收机的硬件一般由主机、天线和电源组成。

GPS 卫星定位模块通过天线可以接收卫星的定位数据，经过计算可以获得包括 UTC 时间、经度、纬度、海拔、连接卫星数等数据在内的信息。GPS 模块输出的信息是一串 ASCII 字符，需要进行合理的解析。

在本例中，使用了串口的最基本操作，配置好串口后，每当串口缓冲区有数据到达时，就会引发中断，进入中断函数读取串口缓冲区数据。GPS 感知模块外接一根天线，GPS 卫星模块实物如图 2.28 所示。

图 2.28　GPS 卫星模块实物图

在测量接收卫星数据时，以空旷的地方为佳。在室内测量由于建筑物的阻挡，可能造成天线接收不到卫星的消息。GPS 指令解析后输出的数据信息包括以下 6

个数据段：GPGGA、GPGSA、GPGSV、GPRMC、GPVTG、GPGLL。在本实例中，需要提取 UTC 时间、所处地的经纬度信息、海拔以及连接卫星数和当前定位级别等信息。根据 GPS 各字段所包含的数据信息，我们需要解析的有 GPGGA 字段，其内容包含 UTC 时间、经纬度、海拔和定位级别信息，GPRMC 字段包含 UTC 时间、经纬度信息，GPGSV 字段里面包含连接卫星数信息。

GPS 模块的数据是通过串口接收的，所以需要配置串口，其中函数 initUART0(void) 就是用于配置串口的。

### 2.8.3 实例步骤

（1）将调试器的 USB 端连接到 PC 机的 USB 口，另一端通过排线连接到实验平台上的 MO6 GPS 定位模块节点。然后，打开实验平台和 M06 节点模块上的电源开关进行供电。

（2）启动 PC 机中 IAR 开发环境，打开“裸机程序 /GPS 实践”中的“工程”，在 IAR 开发环境中编译、运行、调试程序。

（3）运行程序一定时间后，点击 IAR 停止运行按钮，在 Watch 窗口中输入变量观察结果。

### 2.8.4 程序编写

本项目程序部分代码如下：

```
//初始化串口 0 函数
void initUART0(void)
{
  CLKCONCMD &= ~0x40;          //设置系统时钟源为 32MHZ 晶振
  while(CLKCONSTA & 0x40);     //等待晶振稳定
  CLKCONCMD &= ~0x47;          //设置系统主时钟频率为 32MHZ
  PERCFG = 0x00;               //位置 1  P0 口
  P0SEL = 0x3c;                //P0 用作串口
  P2DIR &= ~0XC0;              //P0 优先作为 UART0
  U0CSR |= 0x80;               //串口设置为 UART 方式
  U0GCR |= 8;
  U0BAUD |= 59;                //波特率设为 9600
  UTX0IF = 1;                  //UART0  TX 中断标志初始位置 1
  U0CSR |= 0X40;               //允许接收
  IEN0 |= 0x84;                //开总中断，接收中断
```

```
}

//主函数
void main(void)
{
    P1DIR = 0x03;                   //P1控制LED
   initUART0();
   while(1)
   {
     if(RXTXflag == 1){             //接收状态
       check=0;
       if( temp != 0) {
         //'#'被定义为结束字符，最多能接收300个字符
       if((temp!='#')&&(datanumber<300)){
         Recdata[datanumber++] = temp;
       else
       {
         RXTXflag = 3;              //进入发送状态
       }
       if(datanumber == 300)
         RXTXflag = 3;
       temp  = 0;
     }
   }
       if(RXTXflag == 3)  {         //发送状态
   check=0;
   Recdata_GPGGA_start=0;
   Recdata_GPGSV_start=0;
   Recdata_GPGSA_start=0;
   Recdata_GPRMC_start=0;
   Recdata_GPVTG_start=0;
   while(check<295)
}}
```

## 2.9 基于中断模式的声音感知节点的设计与应用

### 2.9.1 实例内容与应用设备

通过本实例的操作，首先掌握 M08 节点模块中声音传感器与 CC2530 之间的通信，熟悉通过 CC2530 外部中断模式获取声音的编程方法。声音感知传感器能感知外界周围的声音，当周边的声音大小超过一个阈值时，比较器的输出会触发中断，进而将中断标志位置位。节点模块中 CC2530 通过外部中断方式采集声音数据，然后进行相应处理，使节点模块上的 3 个 LED 指示灯状态翻转。本实例所应用的操作设备如下所示：

（1）安装有 Microsoft Windows XP 或更高版本操作系统，同时具备 USB2.0 或以上端口和不低于 Intel Core2Duo 2GHz、2GB RAM 的 PC 机，在软件方面需要有 IAR 集成开发环境。

（2）物联网综合教学实验平台、M08 声音感知传感器节点、SmartRF04EB 调试器，以及 USB 连接线和扁平排线连接电缆。

### 2.9.2 实例原理与相关知识

声音感知传感器的电路原理如图 2.29 所示。电路中，通过驻极体话筒 MK 采集外部声音信号。声音感知模块实现比较简单，麦克风就是一个信号源，$R_1$ 为麦克风的上偏电阻。信号经过 $C_1$ 偶合，进入下一级。$R_2$ 和 $R_p$ 是 $Q_1$ 的偏置电阻，以便 $Q_1$ 导通和与后面比较器进行比较。$R_4$ 和 $R_5$ 为比较器提供偏压，比较器 3 脚电位和 2 脚电位相比较。若 3 脚高于 2 脚，比较器就输出高电位，LED 不发光；若 3 脚低于 2 脚，则 1 脚输出为低电位，LED 发光。

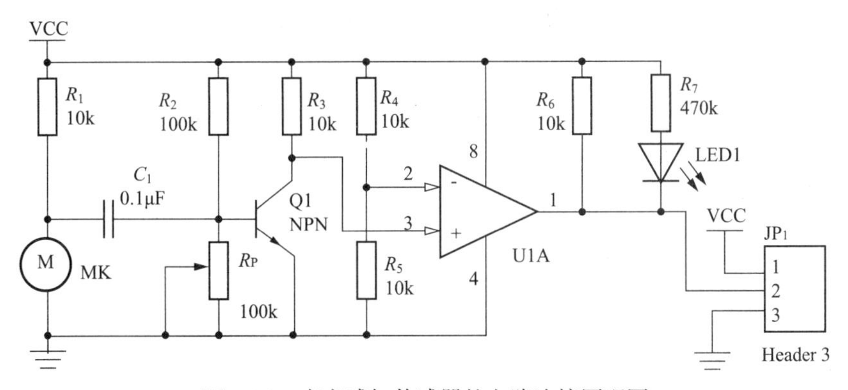


图 2.29 声音感知传感器的电路连接原理图

### 2.9.3 实例步骤

（1）将调试器的USB端连接到PC机的USB口，另一端通过排线连接到实验平台上的M08声音传感器模块。然后，打开实验箱和M08节点模块上的电源开关进行供电。

（2）启动PC机上的IAR开发环境，打开“裸机程序/声音强度判断实践”中的“工程”，在IAR开发环境中编译、运行、调试程序。

（3）在程序中对应注释处设置断点，以观察结果。

### 2.9.4 程序编写

根据工作原理可知声音传感器是麦克风采集信号经过放大触发中断实现的，所以需要开中断，并将声音传感器I/O口设置好中断，下面代码就是允许P1_3口中断。

```
void Init_int(void)
{
  P1IEN |= 0x08;
  PICTL |= 0x2;                                    // 下降沿触发
  IEN2 |= 0x10;                                    // 允许P1口中断
  P1IFG = 0x08;                                    // 初始化中断标志位
  P1DIR |= 0x13;
  EA = 1;
}
```

设置好中断后，当麦克风接收到一定强度的声音信号经放大和比较后，就会触发中断，进入中断服务函数：

#pragma vector = P1INT_VECTOR　　// 格式：#pragma vector = 中断向量，紧接着是中断处理程序

本项目程序部分代码如下：

```
...
uint isound=0;
//延时函数
void Delayms(uint xms)
{
```

```
    uint i,j;
    for(i=xms;i>0;i--)
    for(j=587;j>0;j--);
}
// 外部中断方式
void Init_int(void)
{
    P1IEN |= 0x08;
    PICTL |= 0x02;                      // 下降沿触发
    IEN2 |= 0x10;                       // 允许 P1 口中断
    P1IFG = 0x08;                       // 初始化中断标志位
    EA = 1;
}
//中断处理函数
#pragma vector = P1INT_VECTOR
    __interrupt void P1_ISR(void)
{
    Delayms(1000);                      //去除抖动
    if(P1IFG==0x08){
      isound=1;                         //设置断点
    }
    P1IFG = 0;                          //清中断标志
    P1IF = 0;                           //清中断标志
}
//主程序
void  main( )
{
    Init_int( );
    While(1);
}
```

## 2.10 基于中断模式的人体红外感知节点的设计与应用

### 2.10.1 实例内容与应用设备

本实例首先通过M12节点模块学习HC-SR501人体红外感知传感器模块的工作原理，以及与CC2530之间的通信技术。本实例所应用的操作设备如下所示：

（1）安装有Microsoft Windows XP或更高版本操作系统，同时具备USB2.0或以上端口和不低于Intel Core2Duo 2GHz、2GB RAM的PC机，在软件方面需要有IAR集成开发环境。

（2）物联网综合教学实验平台、M12人体红外感知传感节点模块、SmartRF04EB调试器，以及USB连接线和扁平排线连接电缆。

### 2.10.2 实例原理与相关知识

HC-SR501人体红外感知传感器的特性如下：

（1）全自动感应：人进入感应范围则输出高电平，人离开感应范围则自动延时关闭高电平，输出低电平。

（2）光敏控制：可设置光敏控制，白天或光线强时不感应。

（3）温度补偿：在夏天当环境温度升高至30～32℃，探测距离稍变短，温度补偿可进行一定的性能补偿。

（4）两种触发方式（可跳线选择）。

① 不可重复触发方式：即感应输出高电平后，延时时间段一结束，输出将自动从高电平变成低电平。

② 可重复触发方式：即感应输出高电平后，在延时时间段内，如果有人体在其感应范围活动，其输出将一直保持高电平，直到人离开后才延时将高电平变为低电平。其中，感应模块检测到人体的每一次活动后会自动顺延一个延时时间段，并且以最后一次活动的时间为延时时间的起始点。

（5）具有感应封锁时间（默认设置为2.5 s，封锁时间）：感应模块在每一次感应输出后（高电平变成低电平），可以紧跟着设置一个封锁时间段，在此时间段内感应器不接受任何感应信号。此功能可以实现“感应输出时间”和“封锁时间”两者的间隔工作，可应用于间隔探测产品。同时此功能可有效抑制负载切换过程中产生的各种干扰，此时间可设置为零点几秒到几十秒。

（6）工作电压范围宽：默认工作电压为DC4.5～20V。静态电流<50μA。输出高电平信号，可方便与各类电路实现对接。

HC-SR501传感器应用时的注意事项如下：

（1）感应模块通电后有一分钟左右的初始化时间，在此期间模块会间隔地输出 0 ~ 3 次，一分钟后进入待机状态。

（2）应尽量避免灯光等干扰源近距离直射模块表面的透镜，以免引进干扰信号产生误动作；使用环境尽量避免流动的风，风也会对感应器产生干扰。

（3）感应模块采用双元探头，探头的窗口为长方形。双元（A 元、B 元）位于较长方向的两端，当人体从左到右或从右到左走过时，红外光谱到达双元的时间、距离有差值。差值越大，感应越灵敏。当人体从正面走向探头或从上到下、从下到上方向走过时，双元检测不到红外光谱距离的变化，无差值，因此感应不灵敏或不工作。所以安装感应器时应使探头双元的方向与人体活动最多的方向尽量相平行，保证人体经过时先后被探头双元所感应。为了增加感应角度范围，本模块采用圆形透镜，也使得探头四面都感应，但左右两侧仍然比上下两个方向感应范围大、灵敏度强。

### 2.10.3 实例步骤

（1）将调试器的 USB 端连接到 PC 机的 USB 口，另一端通过排线连接到实验平台上的 M12 人体红外感知传感节点模块。然后，打开实验平台和 M12 节点模块上的电源开关进行供电。

（2）启动 PC 机上的 IAR 开发环境，打开“裸机程序 / 人体红外感知实践”中的工程，在 IAR 开发环境中编译、运行、调试程序。

（3）本实例效果可直接通过 M12 节点模块上的 LED 指示灯显示。

### 2.10.4 程序编写

```
uint isPIR=0;
//延时函数
void Delayms(uint xms)
{
  uint i,j;
  for(i=xms;i>0;i--)
      for(j=587;j>0;j--);
}
void Init_Port(void)
{
  P1IEN |= 0X08;
  PICTL |= 0X2;           // 下降沿触发
```

```
    IEN2 |= 0X10;            // 允许 P1 口中断
    P1IFG = 0x08;            // 初始化中断标志位
    EA = 1;
}
//中断处理函数
#pragma vector = P1INT_VECTOR
    __interrupt void P1_ISR(void)
{
    Delayms(1000);          //去除抖动
    if(P1IFG==8){
      isPIR=1;
    }
    P1IFG = 0;               //清中断标志
    P1IF = 0;                //清中断标志
}
void main()
{
    Init_Port();
    while(1) {}
}
```

## 2.11 基于中断模式的超声波测距节点的设计与应用

### 2.11.1 实例内容与应用设备

通过本实例的操作，首先学习 M05 节点模块中超声波距离识别传感器的工作原理，同时熟悉通过 CC2530 中断和定时器模式进行距离信息获取的编程方法。实例内容是通过节点模块中 CC2530 对测距传感器 HC-SR04 的 TRIG 进行触发并检测 ECHO 回响时间，然后通过计算获取距离数据。最后，在程序中采用设置断点的方式获得测量结果。本实例所应用的操作设备如下所示：

（1）安装有 Microsoft Windows XP 或更高版本操作系统，同时具备 USB2.0 或以上端口和不低于 Intel Core2Duo 2GHz、2GB RAM 的 PC 机，在软件方面需要有 IAR 集成开发环境。

（2）物联网综合教学实验平台、M05 无线超声波感知传感节点模块、SmartRF04EB 调试器，以及 USB 连接线和扁平排线连接电缆。

### 2.11.2 实例原理与相关知识

在使用 M05 节点模块中的 HC-SR04 传感器时，首先要求 CC2530 的 $P_1$ ~ $P_7$ 端发出至少 10μs 的高平信号到传感器触发信号输入端（TRIG），然后由传感器自动发出测距信号，并检测是否有回波。如果有信号返回，HC-SR04 传感器在回响信号输出端（ECHO）输出高电平给 CC2530 的 $P_1$ ~ $P_3$ 端，高电平持续的时间就是超声波从发射到返回的时间。根据在室温下声波传输的速度，可以计算出与被测目标的距离。M05 节点模块中 CC2530 与 HC-SR04 传感器连接电路如图 2.30 所示。图中 $R_5$ 是 $Q_1$ 的上拉电阻，起到 CC2530 的 GPIO 与传感器电平（5V）匹配的作用。超声波传感器输出的回响信号经 $R_6$ 和 $R_7$ 电阻分压后传送到 CC2530 的 P1_3 端（3.3V 电平）。

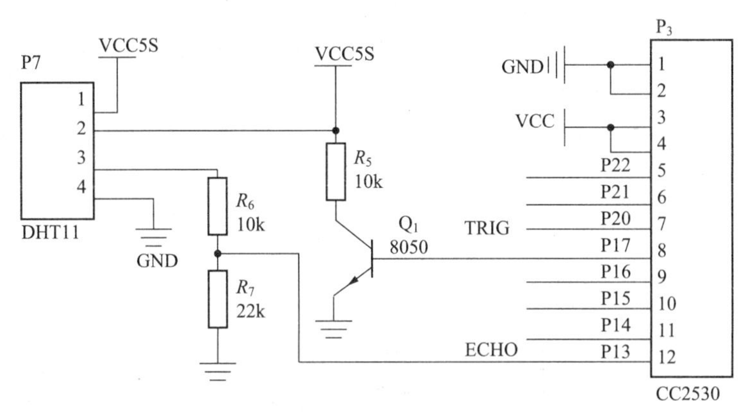


图 2.30 CC2530 与 HC-SR04 传感器连接电路

#### 1. 关于超声波距离传感器

HC-SR04 超声波距离传感器可以实现 2~400cm 的非接触式的距离测量。测距精度可达到 3mm，模块包括超声波发射器、接收器与控制电路。

在室温情况下，声波的传输速度约为 340m/s。因此，根据发出超声波的时刻与到接收到超声波的时刻之间的时间差，即可得到声波传输的距离，此距离的一半即为传感器到被测物体之间的距离。

测试距离 =（高电平时间 × 声速（340m/s））/2

节点模块所使用的超声波传感器共有 4 个引脚，分别是 +5V 供电、触发信号输入 TRIG、回响信号输出 ECHO 和 GND。在使用超声波传感器时，CC2530 的工作电压是 3.3V，超声波传感器的供电电压、触发信号输入和回响信号输出的高电平都是 5V。因此，在使用超声波传感器时，节点模块中 CC2530 的输出端使用了三极管进行电平转换驱动触发信号，并对回响信号输出进行分压后传递给节点模块中 CC2530 进行检测。

HC-SR04 超声波模块的电气参数包括工作电压、工作电流和工作频率等，详见表 2.19。

表 2.19 HC-SR04 超声波模块的电气参数

| 电气参数 | HC-SR04 超声波模块 | 电气参数 | HC-SR04 超声波模块 |
|---|---|---|---|
| 工作电压 | DC 5 V | 工作电流 | 15 mA |
| 工作频率 | 40kHz | 最远射程 | 4 m |
| 最近射程 | 2 cm | 测量角度 | 15° |
| 输入触发信号 | 10 μs 的 TTL 脉冲 | 输出回响信号 | 输出 TTL 电平信号，与射程成比例 |
| 规格尺寸 | 45 mm × 20 mm × 15 mm | — | — |

如图 2.31 所示，本实例开始阶段需要提供一个 10 μs 以上的脉冲触发信号，超声波模块内部将发出 8 个 40kHz 周期电平并检测回波。一旦检测到有回波信号则输出回响信号，回响信号的脉冲宽度与所测的距离成正比，由此通过发射信号到收到回响信号的时间间隔可以计算得到距离。

μs/58= 厘米或者 μs/148= 英寸

距离 = 高电平时间 × 声速 /2

测量周期要在 60ms 以上，以防止发射信号对回响信号产生影响。

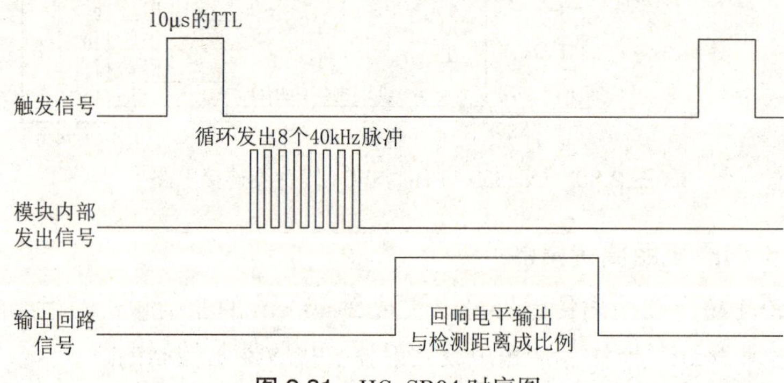


图 2.31 HC-SR04 时序图

## 2. CC2530 定时器 1 的使用

在本实例中，CC2530 为了能够采集节点模块中 HC-SR04 传感器输出的回响时间，使用了 CC2530 中定时器 1 的最基本的定时器模式。通过定时器中计数器的数值得到超声波所传播的时间，即在发出触发信号时后，打开回响信号对应 I/O 口的外部中断。当回响信号触发外部中断并进入中断服务程序，初始化并打开定时器。当检测到回响信号已经变为低电平后，则从定时器 1 的计数器寄存器中读取当前的计数器值，经过计算取得超声波传感器与被测物体之间的距离。

### 2.11.3 实例步骤

（1）将调试器的USB端连接到PC机的USB口，另一端通过排线连接到实验平台上的MO5超声波测距传感器节点模块。然后，打开实验平台和M05节点模块上的电源开关进行供电。

（2）启动PC机上的IAR开发环境，打开“裸机程序/超声波”中的“工程”，在IAR开发环境中编译、运行、调试程序。

（3）在超声波传感器前一定距离设置一遮挡物（纸张或物品），然后暂停程序运行，在IAR环境Watch窗口加入变量“dis”观察测量结果。

### 2.11.4 程序编写

本实例程序部分代码如下：

```
//初始化定时器T1
void Init_T1(void){
  T1CTL = 0x05;
  T1STAT= 0x21;                    //通道0，中断有效，8分频，自动重装
  T1CNTL=0x0000;
  T1CNTH=0x0000;
}
//外部中断方式中断配置
void Init_Port1(){
  P0IEN |= 0x40;
  PICTL &= ~0x01;                  //上升沿触发
  IEN1 |= 0x20;                    //允许P0口中断
  P0IFG = 0x40;                    //初始化中断标志位
  EA = 1;
}
//中断处理函数
#pragma vector = P0INT_VECTOR
__interrupt void P0_ISR(void) {
  Init_T1();
  while(ECHO);
  L=T1CNTL;
```

```
    H=T1CNTH;
    S=256*H;
    distance=((s+L)*340)/30000.0;
    dis=distance;
    T1CNTL=0x0000;
    T1CNTH=0x0000;
    P0IFG = 0;                          //清中断标志
    P0IF = 0;                           //清中断标志
  }
  //主函数
  void main(void){
    SysClkSet32M();
    Init_GPIO();
    Init_Port();
    while(1){
      TRIG =0;                          //TRIG触发测距
      Delay_10us();                     //至少10μs的高电平信号
      TRIG =1;                          //TRIG触发终止
      Delayms(5000);                    //延时周期
    };
  }
```

本实例使用了中断的方式，因此在主程序中，只需要完成触发信号的发出工作即可，回响信号的检测和时间的测量都在中断服务程序中完成。

## 2.12 继电器节点的设计与应用

### 2.12.1 实例内容与应用设备

通过本实例的操作，掌握基于M16节点模块中的CC2530通过GPIO控制继电器的方法。实例内容是通过对CC2530编程，完成对继电器的控制。本实例所应用的操作设备如下所示：

（1）安装有Microsoft Windows XP或更高版本操作系统，同时具备USB2.0或以上端口和不低于Intel Core2Duo 2GHz、2GB RAM的PC机，在软件方面需要有IAR集成开发环境。

（2）物联网综合教学实验平台、M16 继电器节点模块、SmartRF04EB 调试器，以及 USB 连接线和扁平排线连接电缆。

### 2.12.2 实例原理与相关知识

本次实例所使用的相关电路图如图 2.32 所示。CC2530 当 P1_0（P1 口第 0 位）输出为高电平时，继电器闭合，当 P1_0 输出为低电平时继电器断开。继电器的控制方式与 LED 指示灯的控制方式相同，但通常继电器的工作电源为 5V 而 CC2530 的 GPIO 工作电源为 3.3V，所以在这两者之间需要加入电平匹配电路后才能使其正常工作。

在实例中，匹配电路采用了三极管转换形式。另外，继电器内部使用了电磁铁，这样在断开时会产生较大的瞬间反向电压。为了对三极管 $Q_2$ 进行保护，通常需要加入一个反向泄放电流二极管 $D_3$。

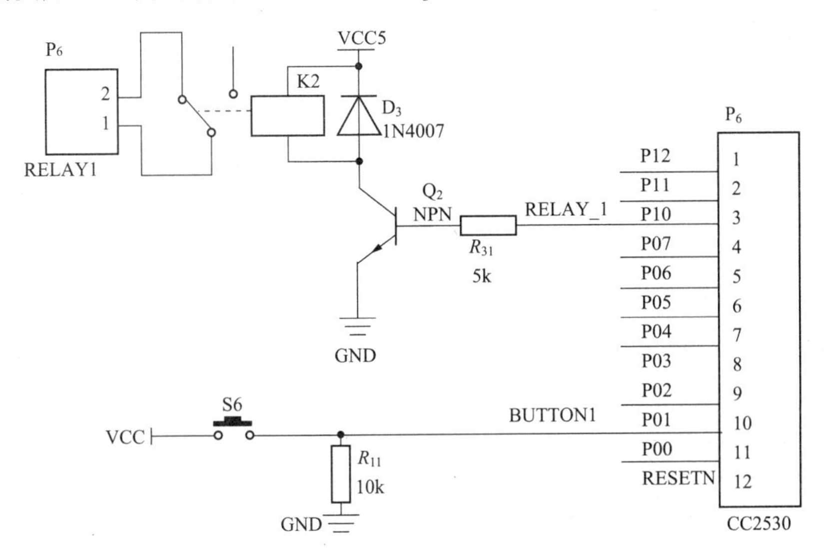


图 2.32 继电器及按键接口电路连接图

### 2.12.3 实例步骤

（1）将 SmartRF04EB 调试器的 USB 端连接到 PC 机的 USB 口，另一端通过排线连接到实验平台上的 M16 继电器节点模块。然后，打开实验平台和 M16 节点模块上的电源开关进行供电。

（2）启动 PC 机上的 IAR 开发环境，打开“裸机程序 / 继电器开关实例”中的“工程”，在 IAR 开发环境中编译、调试、运行程序。

（3）本实例可直接在 M16 节点模块上显示效果。

### 2.12.4 程序编写

在本实例中，采用按键中断方式来控制继电器的通断状态。

```
//初始化按键功能
void InitKeyINT(void) {
   P0IEN |= 0x02;                 //P0-1 设置为中断方式
   PICTL |= 0x02;                 //下降沿触发
   EA = 1;                        //中断允许
   IEN1 |= 0x20;                  // P0 设置为中断方式
   P0IFG |= 0x00;                 //初始化中断标志位
}

//初始化程序，将 P10 定义为输出口，并初始化继电器
void InitIO(void) {
   P1DIR |= 0x01;                 //P0-1 定义为输出
   RELAY = 1;                     //继电器断开
}

//中断处理函数
#pragma vector = P0INT_VECTOR
 __interrupt void P0_ISR(void) {
   if(P0IFG&(1<<1)) {             //按键中断
     P0IFG = P0IFG & 0xfb;        //P1IFG 手动清零
     Delay(1500);
    if(P0_1=~P0_1) ;              //按键中断继电器状态翻转
   }
   IRCON = IRCON& 0xef;           //中断标志位清零
}
//主函数
void main(void) {
   InitIO();
   InitKeyINT();                  //调用初始化函数
   while(1);
}
```

# 2.13 直流电动机节点的设计与应用

## 2.13.1 实例内容与应用设备

通过本例的操作可以加深对M10节点模块CC2530中GPIO脉宽调制（PWM）产生原理和直流电动机工作原理的理解。实例内容是节点模块CC2530对直流电动机采用PWM方式编写其驱动程序，然后观察电动机旋转情况。

本实例要求掌握CC2530通过外部接口控制直流电动机转动速度的方法。本实例所应用的操作设备如下：

（1）安装有Microsoft Windows XP或更高版本操作系统，同时具备USB2.0或以上端口和不低于Intel Core2Duo 2GHz、2GB RAM的PC机，在软件方面需要有IAR集成开发环境。

（2）物联网综合教学实验平台、M10直流电动机节点模块、SmartRF04EB调试器，以及USB连接线和扁平排线连接电缆。

## 2.13.2 实例原理与相关知识

PWM信号只有高电平和低电平两种状态，对于一个给定的周期来说，高电平所占的时间与一个周期时间之比叫做占空比。直流电动机的速度与其被施加的平均电压成正比，输出转矩则与电流成正比。直流电动机高效运行的最常见方法是施加一个PWM矩形波，其占空比对应直流电动机的转速，即直流电动机的转速正比于在一个周期内PWM的电压有效值。

本实例是在M10节点模块中，由CC2530采用脉冲宽度调制技术来控制电动机调速，其工作原理是通过改变“接通脉冲”的宽度，改变直流电动机电枢上电压的“占空比”，即通过改变电枢电压的平均值，控制电动机的转速。

运动控制系统是以机械运动的驱动设备（电动机）为控制对象，以控制器为核心，以电力电子器件及功率变换装置为执行机构。电动机驱动器由功率电子器件和集成电路等构成，其功能是接收电动机的启动、停止等信号以控制电动机的启动、停止。PWM信号和正反转信号被用来控制逆变桥各功率管的通断，产生连续转矩。电动机驱动器接受速度指令和速度反馈信号由此来控制和调整转速，同时还可提供保护和显示等功能。

在M10节点模块中，包含有CC2530和工作电压为5V的直流电动机模块。该模块内部使用L298芯片作为电动机驱动电路，芯片L298的引脚分配如图2.33所示，连接电路如图2.34所示。其中通过L298的8脚输出PWM控制信号，通过L298的9脚输入控制电动机的旋转方向。目前，PWM技术在直流电动机控制及开关电源等领域有广泛的应用。

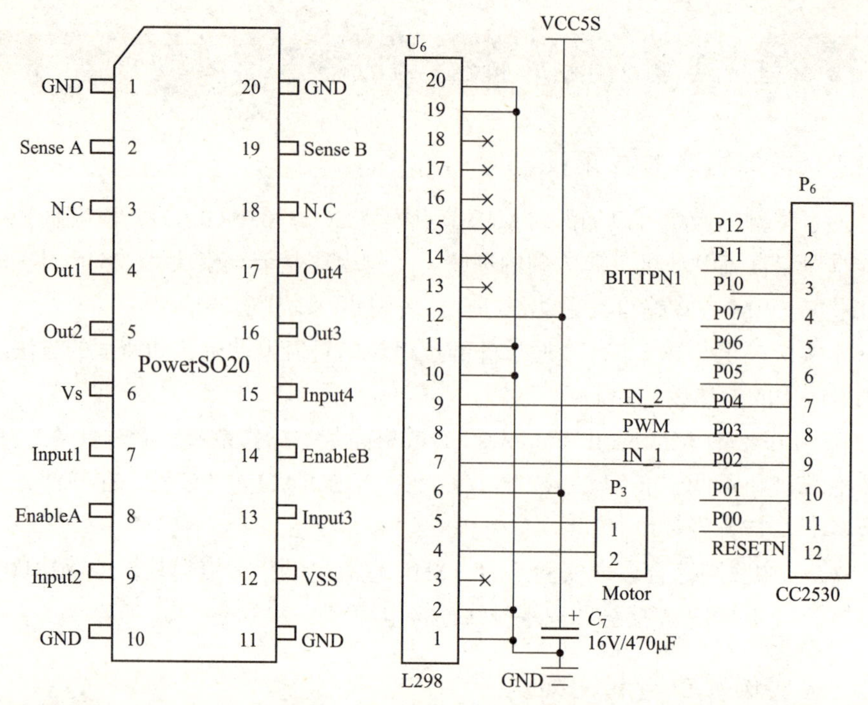


图 2.33　L298 芯片引脚图

图 2.34　L298 引脚与 CC2530 的连接电路

## 2.13.3　实例步骤

（1）将调试器的 USB 端连接到 PC 机的 USB 口，另一端通过排线连接到实验平台上的 M10 直流电动机节点。然后，打开实验箱和 M10 节点模块上的电源开关进行供电。

（2）启动 PC 机上的 IAR 开发环境，打开“裸机程序 / 直流电动机调速”中的“工程”，在 IAR 开发环境中编译、调试、运行程序。

（3）本实例可直接在 M10 节点模块上显示电动机旋转效果。

## 2.13.4　程序编写

本实例中，节点模块 M10 的 CC2530 使用了通用定时器 Timer1 的输出模式，并通过 CC2530 的 P0_3 输出 PWM 信号。在程序中，设定 PWM 信号的频率为 1kHz。为了改变电动机的转速，通过编程方式调整输出的 PWM 的占空比。实例中使用了 M10 节点模块的按键 S6 作为启动信号，CC2530 的 P0_1 以外部中断的方式进行执行操作，用于调整 PWM 的占空比每次以 10% 递增，最大至 90%，然后回归 10%。本实例的部分代码如下：

```
#include <ioCC2530.h>
```

```
#define uint unsigned int
#define uchar unsigned char
//对应占空比分别为：10%，20%，30%，40%，50%，60%，70%，80%，90%
uint Duty_array[] = {0xe1,0xc8,0xaf,0x96,0x7d,0x64,0x4b,0x32
,0x19};
uint i = 0;                              //记录按键次数
void Delayms(uint xms);
void Exit_Init();
void Timer1_Init();
//主函数
void main()
{
  Timer1_Init();
  Exit_Init();
  //设置直流电动机旋转方向
  P0DIR |= 0x12;
  P0OUT |= 0x10;
  P0OUT &= ~0x02;
  while(1){}
}
//设置定时器1
void Timer1_Init()
{
  //设置系统时钟
  CLKCONCMD &= ~0X40;                  //设置时钟源为32MHz晶振
  while(!(SLEEPSTA & 0X40));           //等待晶振稳定为32MHz
  CLKCONCMD &= ~0X07;                  //设置系统主频为32MHz
  CLKCONCMD |=0X38;             // Time1的定时时钟为 250kHz
  SLEEPCMD  |=0X04;             //关闭不用的RC振荡器
  P0DIR   |= 0x08;              //设置P0_3为输出
  PERCFG  &= ~0x40;             //设置定时器1的I/O位置，选择到位置1
  P2DIR   = (P2DIR & ~0xC0) | 0X80;
                                //定时器1的通道0和通道1获得优先
  P0SEL  |= 0x08;               //设置P0_3为外部I/O（通道1）
```

```
    T1CC0L  = 0xfa;            //PWM 的信号周期
    T1CC0H  = 0x00;
    T1CC1L  = 0xe1;            //PWM 的占空比
    T1CC1H  = 0x00;
    T1CCTL1 = 0x1c;            //通道1的比较模式设置，设置为等于
T1CC0时，设置输出（输出1）。等于T1CC1时，清除输出（输出0）
    T1CTL |= 0x02;             //定时器开始运行
  }
  //设置外部中断
  void Exit_Init()
  {
    P0IEN |= 0X02;             //P0_1设置为中断方式
    PICTL |= 0X01;             //下降沿触发
    IEN1 |= 0X20;              //允许P0口中断
    P0IFG &= ~0X02;            //初始化中断标志位
    EA = 1;                    //开总中断
  }
  //毫秒延时函数
  void Delayms(uint xms)       //i=xms 即延时i毫秒
  {
    uint i,j;
    for(i=xms;i>0;i--)
    for(j=587;j>0;j--);
  }
  //中断处理函数
  #pragma vector = P0INT_VECTOR
  __interrupt void P0_ISR(void)
  {
    Delayms(10);               //短延时，跳过按键抖动
    P0IFG = 0;                 //清中断标志
    P0IF = 0;                  //清中断标志
    T1CC1H  = 0x00;
    T1CC1L  = Duty_array[i]; //PWM 的占空比
    T1CCTL1 = 0x1c;      //通道1的比较模式设置，设置为等于T1CC0时，
```

```
设置输出（输出1）。等于T1CC1时，清除输出（输出0）
        T1CTL |= 0x02;                // 定时器开始运行
        i++;
        if(i>8) i = 0;                // 防止越界
        }
```

## 2.14 射频识别节点的设计与应用

### 2.14.1 实例内容与应用设备

通过本实例的操作，首先学习 M14 节点模块中 RFID 读卡的基本工作原理，熟悉 M3650B-HA 系列非接触式射频读卡的基本使用方法。然后，掌握节点模块 CC2530 对射频读卡的通信过程和编程技能。本实例所应用的操作设备如下所示：

（1）安装有 Microsoft Windows XP 或更高版本操作系统，同时具备 USB2.0 或以上端口和不低于 Intel Core2Duo 2GHz、2GB RAM 的 PC 机，在软件方面需要有 IAR 集成开发环境和 PC 机串口调试助手。

（2）物联网综合教学实验平台、M14 RFID 节点模块、SmartRF04EB 调试器，以及 USB 连接线和扁平排线连接电缆。

### 2.14.2 实验原理与相关知识

RFID 是 Radio Frequency Identification 的缩写，即射频识别（俗称电子标签）。RFID 是一种非接触式的自动识别技术，它通过射频信号自动识别目标对象并获取相关数据，并可工作于各种恶劣环境。RFID 技术可识别高速运动物体并可同时识别多个标签，操作快捷方便。

一套完整的 RFID 系统包括硬件和应用软件两部分。其中，硬件部分一般是由电子标签、读写器和天线三部分组成。电子标签 (Tag) 是由耦合元件及芯片组成，每个标签具有唯一的电子编码，附着在物体上标识目标对象。读卡器 (Reader) 读取 ( 有时还可以写入 ) 标签信息的设备，可设计为手持式或固定式。在标签和读写器之间，天线 (Antenna) 起到传递射频信号的作用。

RFID 技术的基本工作过程如下：标签进入磁场后，读写器首先发出射频信号，凭借感应电流所获得的能量发送存储在芯片中的产品信息（Passive Tag，无源标签或被动标签），或者主动发送某一频率的信号（Active Tag，有源标签或主动标签）；读写器读取该信息并解码后，送至中央信息系统进行数据处理。

M3650B-HA读写器电路板与基于13.56MHz的IC卡如图2.35所示。

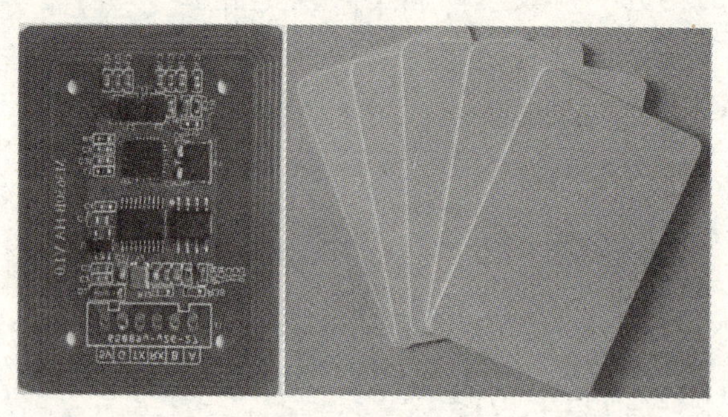

图2.35 M3650B-HA读写器电路板与基于13.56MHz IC卡实物图

实验平台所应用的M3650B-HA射频读卡模块采用13.56MHz射频通信。在读写IC卡时，读卡器有4种工作模式：被动工作模式、主动工作模式读卡号、主动工作模式只读块数据、主动工作模式读卡号和块数据，关于IC卡的卡号与块数据的内容，可以参考IC卡的标准资料。

在本实例中，预先设置了M3650B-HA工作在“主动工作模式读卡号”的模式下，即M3650B-HA模块在成功读取IC卡的卡号后，会自动将卡号连同M3650B-HA自身的信息通过UART接口发送出来，本实例的部分电路连接图如图2.36所示。

在RFID识别节点模块中，配置一个USB接口连接PC机，这样可以通过串口调试助手等软件直接查看M3650B-HA输出的信息。

### 2.14.3 实例步骤

（1）将系统配套串口线的一端连接到PC机，另一端连接到平台上的M14RFID识别节点模块。然后，打开实验平台和M14节点模块上的电源开关进行供电。

（2）启动PC机上的IAR开发环境，打开“裸机示例代码\M3650B-HA”实例工程，在IAR开发环境中编译、调试、运行程序。

（3）通过IAR环境中Watch窗口观察读取到的卡号，通过计算机端串口调试助手软件查看读取到的卡号信息，串口调试助手的设置为9600,8N1。

（4）更换不同的IC卡重新实验。

以提供的IC卡为例，在PC机IAR环境中的Watch窗口和串口调试助手中，分别观察到的数据如图2.37所示。

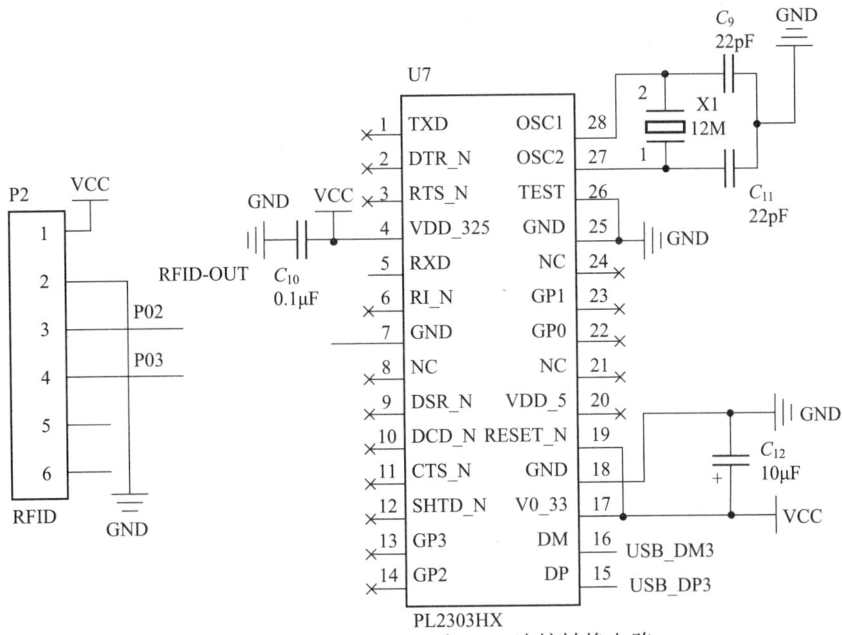


图 2.36　M3650B-HA 和 USB 连接转换电路

在RFID节点CC2530的程序中，使用数组num保存M3650B-HA发送的数据，每次发送 12 字节，各个字节的含义如表 2.20 所示。对比图 2.37 和表 2.20 可知，本次读取到的 IC 卡卡号为 0400D6D955FE，在 PC 机端读到的信息与 RFID 节点中 CC2530 中的信息是一致的。

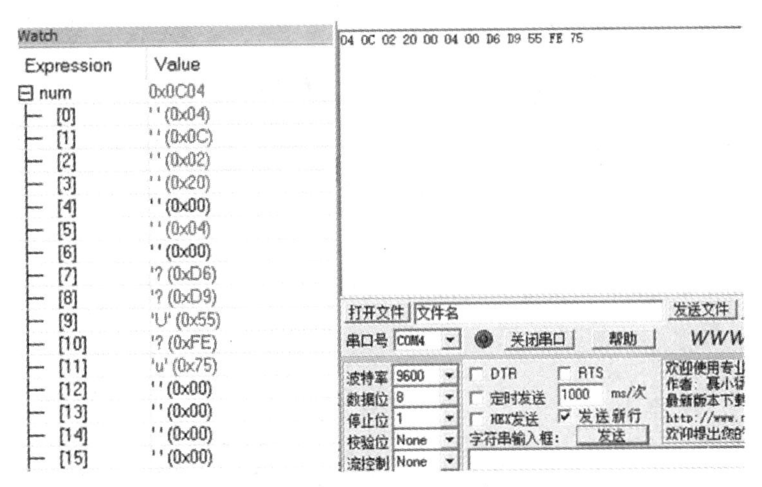


图 2.37　IC 卡卡号数据

表2.20 RFID读写器节点读到的信息

| 0 | 1 | 2 | 3 | 4 | 5~10 | 11 |
|---|---|---|---|---|---|---|
| 包类型 | 包长度 | 返回命令 | 地址 | 状态 | 数据信息 | 校验和 |
| 0x04 | 0x0C | 0x02 | 0x20 | 0x00: 成功 | 6字节数据 | 0x20 |

### 2.14.4 程序编写

本实例的代码比较简单，主要是初始化串口和读取串口数据，部分主要代码如下：

```
#define uint unsignedint
#define uchar unsignedchar
ucharnum[50];
uinti = 0, flag = 0;
void main()
{
  setSysClk();
  uart0_init();
  while(1)
}
voidsetSysClk()
{
  CLKCONCMD&=0XBF;              //设置系统时钟为32MHz
  Delayms(1);
  CLKCONCMD&=0XC0;
  Delayms(1);
}
void uart0_init()
{
  PERCFG =0x00;                 // UART0选择位置0 TX@P0.3 RX@P0.2
  P0SEL|=0x0C;                  // P0.3 P0.2选择外设功能
  U0CSR|=0xC0;                  // UART模式接收器使能
  U0UCR|=0X00;                  //无奇偶校验，1位停止位
  U0GCR|=8;                     //查表获得 U0GCR和 U0BAUD
  U0BAUD =59;                   // 波特率9600
```

```
  UTX0IF =0;
  URX0IE =1;                    //使能接收中断 IEN0@BIT2
  IEN0 |=0x04;
  EA = 1;                       //开总中断
}
#pragma vector=URX0_VECTOR
__interrupt void UART0_ISR(void)
{
  URX0IF =0;                    //清除接收中断标志
  num[i++] = U0DBUF;            //接收数据
  if(i>=49){
    i=0;
  }
}
```

# 第3章

# 无线传感节点通信、节点接入与组网应用实例

```
#define uint unsignedint
#define uchar unsignedchar
ucharnum[50];
uinti = 0, flag = 0;
void main()
{
setSysClk();
  uart0_init();
while(1)
  {
  }
}
voidsetSysClk()
{
  CLKCONCMD&=0XBF;
Delayms(1);
  CLKCONCMD&=0XC0;
Delayms(1);
}
void uart0_init()
{
  PERCFG =0x00;
  P0SE  x0
  U0CSR  0x
  U0UCR|=0X00;
  U0GCR|=8;
  U0BAUD =59;
  UTX0IF =0;
  URX0IE =1;
  IEN0 |=0x04;
  EA = 1;
}
#pragma vector=URX0_VECTOR
__interrupt void UART0_ISR(void)
{
  URX0IF =0;
num[i++] = U0DBUF;
if(i>=49)
  {
i=0;
  }
}
```

本章主要学习无线传感网络中基于 ZigBee 无线通信的节点间通信、节点接入和组网的过程，实现基于短距离无线通信的物联网运作机制。

具体内容涉及启动网络、无线节点间通信、节点接入与组网应用。通过这些实例的操作，可以加强对物联网协议栈架构和运行方式的认识，从而为后续物联网技术的综合应用开发奠定基础。

## 3.1 Z-Stack 协议栈配置与安装

### 3.1.1 实例内容及相关设备

美国德州仪器公司（简称 TI 公司）在 2007 年 4 月，推出业界领先的 ZigBee 协议栈（简称 Z-Stack）。Z-Stack 是一种符合 IEEE 802.15.4 协议的协议栈，它支持包括 CC2530 在内的多种平台。Z-Stack 因其强大的功能，在竞争激烈的 ZigBee 领域占有重要地位。

本实例是在熟悉 Z-Stack2007 协议栈软件架构的基础上，掌握 Z-Stack 协议栈软件开发流程。有关 Z-Stack2007 协议栈的具体内容，请参考 TI 公司官方文档。本部分通过安装 Z-Stack2007 协议栈，来学习协议栈在相关 IAR 工程中的配置及常见软件工具的使用方法。本实例所应用的操作设备如下所示：

（1）安装有 Microsoft Windows XP 或更高版本操作系统，同时具备 USB2.0 或以上端口和不低于 Intel Core2Duo 2GHz、2GB RAM 的 PC 机。在软件方面，需要有 IAR 集成开发环境、Z-Stack 协议栈开发包。

（2）物联网综合教学实验平台、根节点模块和 SmarRF04EB 调试器，以及 USB 连接线和扁平排线连接电缆。

### 3.1.2 实例原理及相关知识

目前，TI 公司发布的 Z-Stack 协议栈实际上已经成为了 ZigBee 联盟认可并推广的指定软件规范。因此掌握 Z-Stack 协议栈相关的软件架构及开发流程，是学习 ZigBee 无线网络的关键步骤。

依据 ZigBee 规范，ZigBee 网络是由协调器、路由器和终端节点三种类型的设备组成。协调器是启动和配置网络的一种设备，它具备无线电频段信道和局域网标识符的选择、网络启动和允许新设备加入等功能。在一个 ZigBee 网络中，只允许有一个 ZigBee 协调器。协调器在上电后会按照指定的信道和局域网标识符建立网络，各终端节点或路由器都可加入该网络。当所有网络设备启动和配置成功后，协调器扮演的角色就变成了普通的路由器。路由器是一种支持关联的设备，能够将信息转发到其他设备。多个路由器可构成网状或树形网络。路由器使用自启动模式，在上电后搜索并加入已存在的网络中，通常也允许新的设备加入。注意，路由器只有在网状网络和树状网络中存在。终端节点设备是执行信息采集和控制的设备，同样上电后搜索已存在的网络并申请加入。当终端节点与其父节点（路由器或协调器）失去联系后，可以再次执行申请加入网络。

### 1. Z-Stack 软件架构

在网络通信中，协议栈定义了通信硬件和软件在不同网络层次的协调工作。当进行网络通信时，每个协议层的实体内部通过对信息打包再与对等实体进行通信。例如，在通信的发送方，用户需要传递的数据包按照从高层到低层的顺序依次通过各个协议层，每一层的实体按照最初预定的消息格式在数据中加入自己的信息。例如，每一层的头信息和校验等。最终抵达最底层的物理层，此时信息已经变成数据位流在物理连接间传递。在通信的接收方，数据包依次向上通过协议栈，每一层的实体能够根据预定的格式准确地提取需要在本层处理的数据信息，最终用户应用程序得到最终的数据信息并进行处理。

ZigBee 无线网络的实现是建立在 ZigBee 协议栈的基础上的，协议栈采用分层结构。协议分层的目的是为了使各层相对独立，每一层都提供相应服务。具体服务由协议定义，程序员只需关心与他的工作直接相关层的协议。它们向高层提供服务，并由底层提供服务。ZigBee 协议栈架构及代码文件夹如表 3.1 所示。

表 3.1　ZigBee 协议栈架构及代码文件夹

| 协议栈分层架构 | 协议栈代码文件夹 |
|---|---|
| 物理层（PHY） | 硬件层目录（HAL） |
| 介质接入控制子层（MAC） | 链路层目录（MAC 和 Zmac） |
| 网络层（NWK） | 网络层目录（NWK） |
| 应用支持层（APS） | 网络层目录（NWK） |
| 应用程序框架（AF） | 配置文件目录（Profile）和应用程序（Sapi） |
| ZigBee 设备对象（ZDO） | 设备对象目录（ZDO） |

在 ZigBee 协议栈中，PHY、MAC 层位于最底层，与硬件相关。NWK、APS 等上层建立在 PHY 和 MAC 层之上，完全与硬件无关。分层的结构脉络清晰、一目了然，为设计和调试带来极大的方便。NWK 层支持的网络拓扑有星型、树型和网状型。这三种层只是安装在上面的协议不同，而设备是相同的。

Z-Stack 协议栈只是 ZigBee 协议的一种具体实现，需要澄清的是 ZigBee 不仅仅有 Z-Stack 协议栈这一种协议，也不能把 Z-Stack 等同于 ZigBee 协议。目前，也存在几种真正开源的 ZigBee 协议栈，例如，msstatePAN 协议栈、freakz 协议栈，这些都是 ZigBee 协议的具体实现。它们的所有源代码我们都可以看到，而 Z-Stack

协议栈中很多关键的代码是以库文件的形式给出来，也就是说，我们只能用它们，而看不到它们的具体实现。如需利用Z-Stack协议栈开发应用，只能知道怎么做和做什么，也就是“how”和“what”，而不能准确地知道“为什么”即“why”。但是，用户可以参考上述的开源ZigBee协议栈来了解为什么。

在本实例中，TI公司的Z-Stack协议栈装载在一个基于IAR开发环境的工程里。IAR Embedded Workbench除了提供编译下载功能外，还可以结合编程器实现单步跟踪调试和监测片上寄存器、Flash数据等功能。

使用IAR打开工程文件SampleApp.eww后，即可查看到整个协议栈各层的文件夹分布。该协议栈可以实现复杂的网络链接，在协调器节点中实现对路由表和绑定表的非易失性存储，因此网络具有一定的记忆功能。

Z-Stack协议栈采用操作系统的思想来构建，采用事件轮循机制。当各层初始化之后，系统进入低功耗模式。当事件发生时，唤醒系统，进入中断处理，事件结束后，继续进入低功耗模式。如果同时有几个事件发生，先判断优先级，再逐次处理事件。采用这种软件构架后，可以极大地降级系统的功耗。

整个Z-Stack协议栈采用分层的软件结构，硬件抽象层（HAL）提供各种硬件模块的驱动。包括定时器Timer、通用I/O口GPIO、通用异步收发传输器UART、模数转换ADC的应用程序接口API，提供各种服务的扩展集。操作系统抽象层（OSAL）实现了一个易用的操作系统平台，通过时间片轮转函数实现任务调度，提供多任务处理机制。用户可以调用OSAL提供的相关API进行多任务编程，将自己的应用程序作为一个独立的任务来实现。Z-Stack协议栈软件架构如图3.1所示。

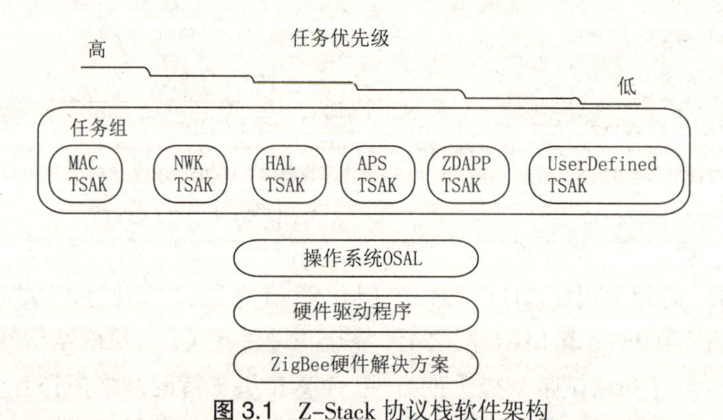


图3.1 Z-Stack协议栈软件架构

### 2. Z-Stack协议栈软件流程

整个Z-Stack协议栈的主要工作流程大致分为系统启动、驱动初始化、OSAL初始化和启动、进入任务轮循几个阶段。Z-Stack协议栈软件流程图如图3.2所示。

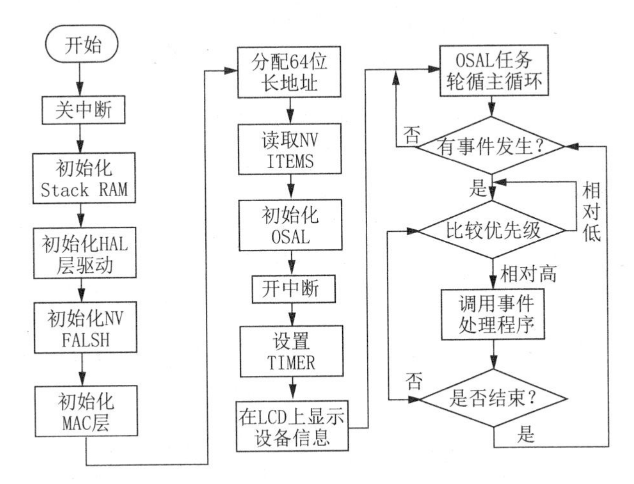


图 3.2 Z-Stack 软件流程图

### 3.1.3 实例步骤

通过解压缩工具或 Windows 系统自带工具解压缩 Z-Stack 协议栈开发包。执行解压后的“ZStack-CC2530-2.5.1a.exe”文件，开始安装 Z-Stack 协议栈。安装界面如图 3.3 所示。

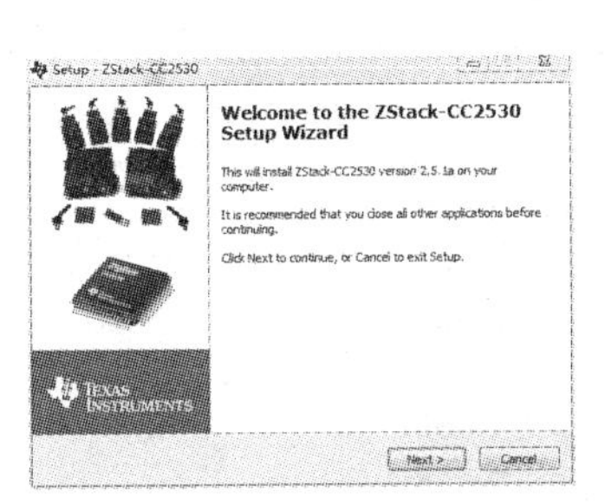


图 3.3 Z-Stack 安装界面 1

点击 [Next] 进入下一步，安装界面 2 如图 3.4 所示。

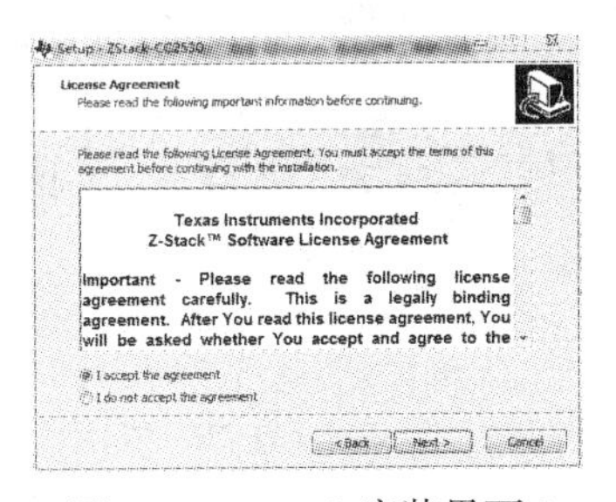


图 3.4 Z-Stack 安装界面 2

选择“I accept the agreement”，并点击 [Next]，安装界面 3 如图 3.5 所示。

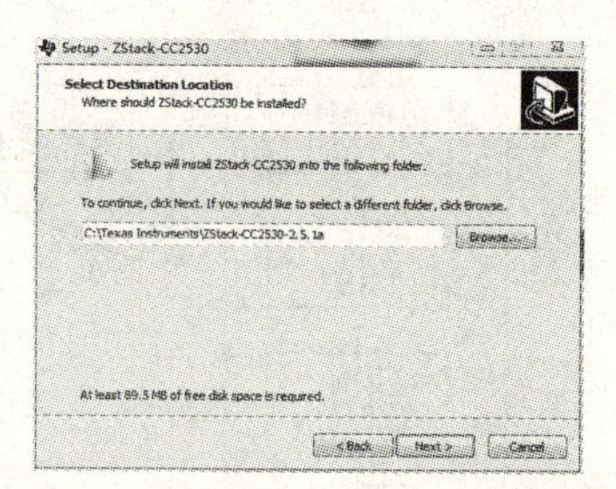


图 3.5 Z-Stack 协议栈安装界面 3

选择安装路径，可以选择任意路径，这里选择默认路径即可。选择路径界面如图 3.6 所示。

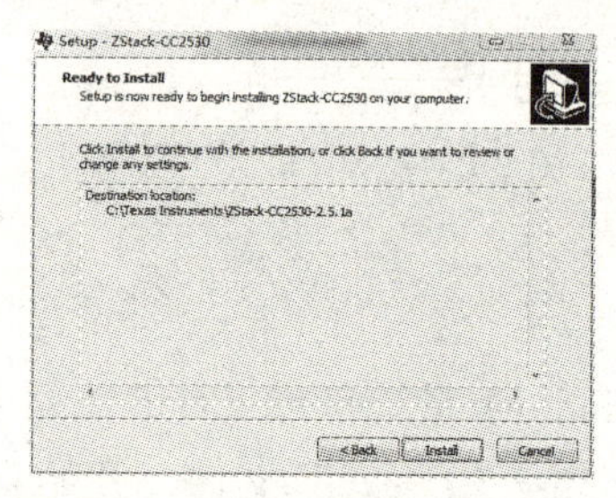


图 3.6 选择路径界面

点击 [Install] 开始安装，Z-Stack 协议栈完成安装界面如图 3.7 所示。

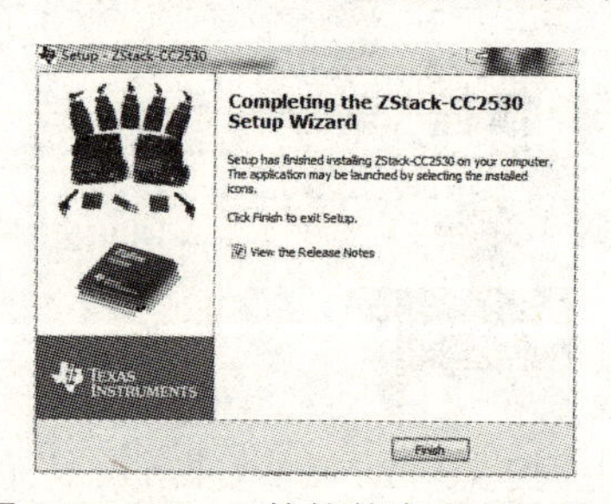


图 3.7 Z-Stack 协议栈完成安装界面

点击 [Finish] 安装完成，退出安装。

## 3.2 基于 Z-Stack 的单向无线节点通信应用

### 3.2.1 实例内容及相关设备

本实例通过 M02 节点模块内部的 CC2530 芯片实现 M02 温湿度节点与根节点之间的单向通信，掌握 Z-Stack 协议栈通信的步骤与编程。当一个节点向另一个节点发送消息，接收方节点收到消息时，接收节点模块以闪烁 LED 指示灯来做响应，表示已收到发送方的消息。本实例所应用的操作设备如下所示：

（1）安装有 Microsoft Windows XP 或更高版本操作系统，同时具备 USB2.0 或以上端口和不低于 Intel Core2Duo 2GHz、2GB RAM 的 PC 机。在软件方面，需要有 IAR 集成开发环境、Z-Stack 协议栈。

（2）物联网综合教学实验平台、M02 温湿度传感节点模块和根节点模块、SmarRF04EB 调试器，以及 USB 连接线和扁平排线连接电缆。

### 3.2.2　实例原理及相关知识

Z-Stack 协议栈被装载在 PC 机中一个基于 IAR 开发环境的工程里，IAREmbeddedWorkbench 除了提供编译下载功能外，还可以结合编程器实现单步跟踪调试和监测片上寄存器、Flash 数据等功能。

Z-Stack 协议栈是半开源的软件，框架中的代码大多是以函数库的方式出现。在实际开发应用中，协议栈底层的驱动程序不需要修改，只需要在理解整体的功能框架的基础上调用合适的系统 API 函数即可。本部分的组网实例就是通过移植 TI 公司的 ZStack-CC2530-2.5.1a 协议栈，并在此基础上进一步开发实现的。打开 Z-Stack 协议栈，在工程项目的左边工作区 (Workspace) 中可以看到整个 Z-Stack 协议栈的文件框架，整体架构如图 3.8 所示。

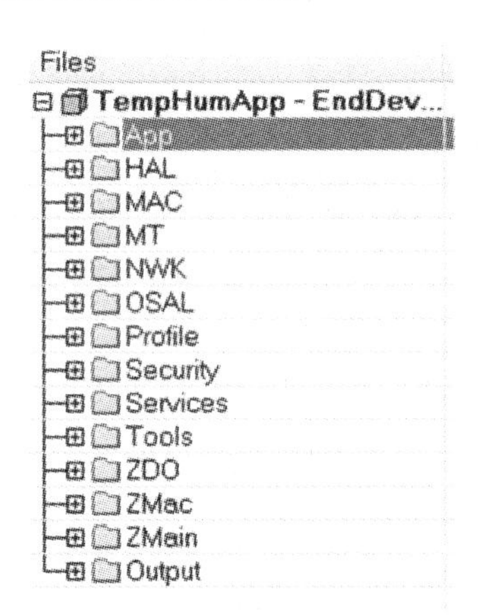


图 3.8　Z-Stack 协议栈文件框架

Z-Stack 协议栈根据 IEEE 802.15.4 和 ZigBee 标准分为如下层次，详见表 3.2 所示。从表 3.2 的描述中可以看出，整个 Z-Stack 协议栈的设计架构与 ZigBee 使用规范契合，整个协议栈也将 ZigBee 的功能充分展现出来。在移植 Z-Stack 协议栈后要建立一个项目，其主要工作是更改应用层相关内容和文件。Z-Stack 协议栈实际上是帮助开发人员方便开发 ZigBee 的一套软件系统，它采用了基于轮转查询方式和事件驱动的操作系统。

表 3.2　Z-Stack 协议栈层文件框架及内容

| 层次名 | 包含内容及相关介绍 |
| --- | --- |
| APP | 应用层目录：用户创建不同工程的显示区域，内部包含了应用层内容和这个项目的主要文件，由操作系统任务实现 |
| HAL | 硬件层目录：包含相关硬件配置和驱动函数 |
| MAC | MAC 层目录：包含 MAC 层的配置参数文件及 MAC 的 LIB 库文件 |
| MT | 监控调试层目录：通过串口控制各层，实现与各层直接交互 |
| NWK | 网络层目录：包含网络配置参数文件，网络层库函数的接口文件和 ASP 层库函数接口 |
| Profile | AF 层目录：包含 AF 层函数接口文件 |
| Security | 安全层目录：包含安全层处理函数接口文件，比如加密函数等 |
| Services | 地址处理函数层目录：包含定义地址模式和地址处理函数接口文件 |
| Tools | 工程配置目录：包含空间划分和 Z-Stack 相关配置介绍 |
| ZDO | ZigBee 设备目录：包含方便用户自定义调用 APS 子层的服务和 NWK 层的服务对象 |
| ZMac | ZMac 目录：包含 Z-Stack 协议栈 MAC 层导出的文件接口和 ZMAC 网络层函数接口 |
| ZMain | 主函数目录：包含相关的硬件配置文件和入口函数 |
| Output | 输出文件目录：由 EW8051 IDE 自动生成 |

Z-Stack 协议栈是从 ZMain 目录下 ZMain.c 文件中的 main() 函数开始执行，通过查看 main() 函数的程序代码可以看出该函数完成了两项任务：其一是初始化系统，即通过启动代码来初始化硬件系统和初始化协议栈软件系统架构所需要的各个模块，如中断配置和定时器配置等；其二是开始执行操作系统，此操作系统其实是一个死循环，即系统一旦运行就不会停止。本实例 Z-Stack 协议栈的流程如图 3.9 所示。

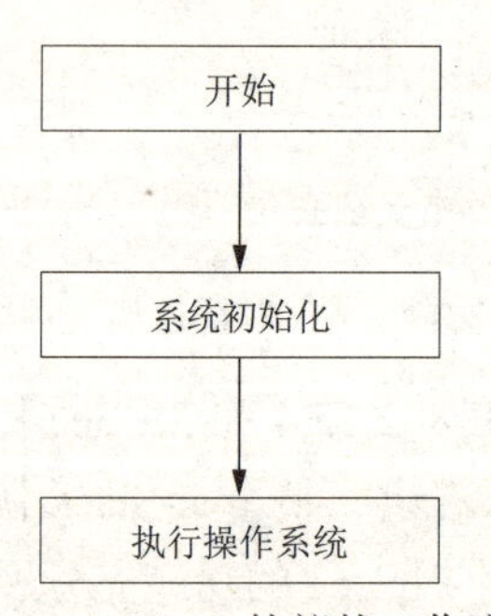


图 3.9　Z-Stack 协议栈工作流程

### 1. 系统初始化

初始化系统需要在启动代码执行过程中完成整个硬件平台的初始化，并且需要将软件架构所需的各个模块都设置为待工作状态，为整个操作系统的运作做好充分的准备工作。系统初始化工作主要包含：初始化系统时钟、检测芯片电压是否在正常范围内、初始化系统堆栈、初始化系统的各个硬件模块 [ 如输入输出设备 (I/O 外设 ) 和 LED 以及定时器 (Timer) 等 ]、初始化闪存 FLASH 存储器、生成芯片 IEEE 寻址地址、初始化非易失变量、初始化程序中的应用帧层协议、初始化协议栈操作系统等工作。在系统初始化过程中，绝大多数函数都不需要修改。只有在完成系统初始化任务时，根据具体应用的需要，简单的改写硬件抽象层文件初始化函数 (hal_Init) 与应用框架层 (SAPI_Init) 初始化的任务函数。

#### 2. 操作系统的执行

Z-Stack 协议栈操作系统的设计是基于任务优先级查询式的操作系统，操作系统实体的运行只执行 osal_start_system() 一行程序代码。此函数没有返回值，其实质是一个死循环函数。该函数运行后，操作系统就进入了死循环。而后，系统根据任务队列中任务的优先级一级一级地向下不断地查询每个任务是否有事件发生。如果任务队列只有一个任务待执行，系统就直接执行该任务。如果任务队列中有多个任务待执行，系统就根据任务的优先级，按照由高到低的顺序执行。如果等待执行任务就继续等待查询，如此循环。

OSAL 作为操作系统抽象层是整个 Z-Stack 运行的基础，用户自己建立的任务和应用程序都必须在此基础上运行。整个 Z-Stack 协议用 C 语言编写，其程序的入口点就是 main() 函数。寻找 main() 函数的过程如下：在 SampleApp 这个工程文件列表中，可以看到 ZMain 文件，展开该文件后，就可以看到 ZMain.c 文件。

### 3.2.3 实例步骤

系统整体执行流程如图 3.10 所示。操作系统专门分配了 taskEvent[] 数组存放所有任务事件，不同的任务有不同的任务 ID(taskID)。操作系统执行后会通过 do-while 循环进行 taskEvents[] 数组的遍历，找到任务数组中任务优先级最高的任务（ID 越小优先级越高）。通过 event=taskEvent[idx] 语句读取该任务，调用函数 (taskArr[idx])(idx,events) 来执行具体的任务。taskArr[] 是一个函数指针数组，根据不同的任务 ID，idx 可以执行不同的函数。

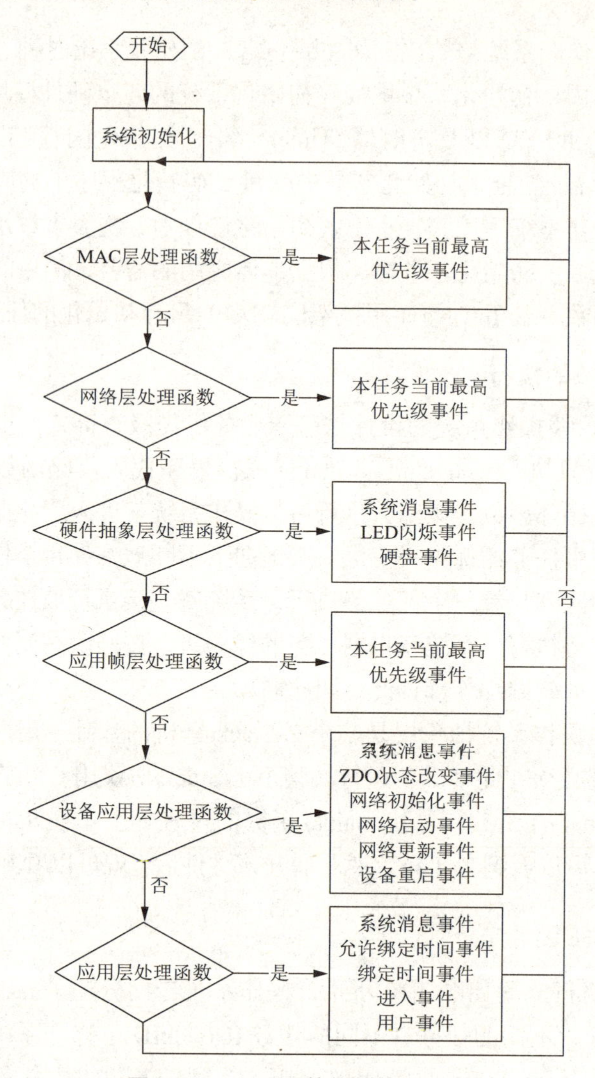


图 3.10　Z-Stack 协议栈执行流程

操作系统一共要处理 6 个层次的任务，分别是物理 (MAC) 层、网络 (NWK) 层、硬件抽象 (HAL) 层、应用层、ZigBee 设备应用 (ZDO) 层以及用户自己定义的应用框架 (APP) 层，其优先级由高到低，即 MAC 层优先级最高，应用框架层优先级最低。由于 Z-Stack 协议栈已经编写好了如何处理这些函数，在实际开发 ZigBee 项目时只需按照应用需求修改相应的用户框架层的任务和处理事件函数就可以了。下面介绍在开发时主要的函数含义及其功能，然后介绍必须修改的几个函数模块。在消息分类处理函数中，给出了消息的种类。

```
uint16 TempHumApp_ProcessEvent( uint8 task_id, uint16 events )
```

在该函数中，通过 switch-case 分支实现针对不同消息的处理函数，这些消息有节点状态改变消息（ZDO_STATE_CHANGE）、按键消息（KEY_

CHANGE）和 ZigBee 收到数据消息（AF_INCOMING_MSG_CMD）等。这里选用温度湿度节点作为实例进行分析，在温度湿度传感器节点加入网络，状态改变后处理部分如下：

```
case ZDO_STATE_CHANGE:
TempHumApp_NwkState = (devStates_t)(MSGpkt->hdr.status);
if ( (TempHumApp_NwkState == DEV_ZB_COORD)
            || (TempHumApp_NwkState == DEV_ROUTER)
            || (TempHumApp_NwkState == DEV_END_DEVICE) )
{
  //开始周期性发送特定信息
  osal_start_timerEx(TempHumApp_TaskID,
                              TEMPHUMAPP_SEND_MSG_EVT,
                              TEMPHUMAPP_SEND_MSG_TIMEOUT );
  }
break;
```

从以上程序可以看出，当 M02 温度湿度传感器节点加入网络后，就会调用 osal_start_timerEx() 函数。该函数启用一个定时器每经过一个消息发送周期（TEMPHUMAPP_SEND_MSG_TIMEOUT）的时间就会产生一个发送消息（TEMPHUMAPP_SEND_MSG_EVT）事件。处理发送消息事件的代码如下：

```
if ( events & TEMPHUMAPP_SEND_MSG_EVT )
{
  TempHumApp_SendTheMessage();
  osal_start_timerEx(TempHumApp_TaskID,
                     TEMPHUMAPP_SEND_MSG_EVT,
                     TEMPHUMAPP_SEND_MSG_TIMEOUT );
  return (events ^ TEMPHUMAPP_SEND_MSG_EVT);
}
```

从以上代码可以看出，处理发送消息事件会调用 TempHumApp_SendTheMessage() 函数，发送 DHT11 传感器采集的数据信息，然后同样会调用 osal_start_timerEx() 函数，该函数会周期性触发发送信息事件。

以上给出了定时发送传感器数据的实现，下面再分析定时采集数据的实现。本系统很充分地利用了Z-Stack协议栈里事件驱动的特性，在OSAL_TempHumApp.c文件中注册了两个事件，即温湿度传感器测量温度湿度事件和温度湿度初始化事件。

```
TempHumApp_Init( taskID++ );        //注册温湿度初始化事件
Read_DHT11_Init( taskID );          //DHT11传感器测量温湿度事件
```

系统上电后就会触发DHT11传感器测量温湿度事件，进入温度湿度测量函数Read_DHT11_Init( taskID )中。

在Read_DHT11_Init( taskID )函数中通过调用osal_start_timerEx()函数定时触发采集温度湿度信息事件（READ_DHT11_TEMP_HUM_EVT），该事件会被函数Read_DHT11_ProcessEvent( uint8 task_id, uint16 events )捕获。

```
if ( events & READ_DHT11_TEMP_HUM_EVT )
{
  osal_start_timerEx( Read_DHT11_TaskID,
                      READ_DHT11_TEMP_HUM_EVT,
                      READ_DHT11_TEMP_HUM_TIMEOUT );
  Read_DHT11();
#if defined ( LCD_SUPPORTED )
HalLcdWriteStringValue("Temp: ", Temp, 10, HAL_LCD_LINE_3);
HalLcdWriteStringValue("Hum:  ", Hum,  10, HAL_LCD_LINE_4);
#endif
  return (events ^ READ_DHT11_TEMP_HUM_EVT);
}
```

本实例程序中，通过调用外部函数Read_DHT11()就可以正确地采集温度湿度数据信息。然后，调用osal_start_timerEx()函数定期产生测量事件（READ_DHT11_TEMP_HUM_EVT）从而定期采集温度湿度信息。再通过发送函数就可以将最新的温度湿度信息通过ZigBee协议发送给协调节点（根节点），从而实现了终端节点的入网以及ZigBee网络的建立工作。

在PC机上分别编写完成代码后，选择各自编译下载。然后打开根节点电源开关，开机运行。实验平台底板上DS10指示灯闪烁数次后熄灭，表示根节点工作正常。打开M02温湿度节点模块上的S2电源开关，M02终端节点模块上DS6指示灯点亮，表示入网成功。然后向右拨动M02终端节点模块的摇杆开关U2，实验平台底板上 DS10 指示灯点亮，说明根节点收到终端节点发送的消息，这次组网完成。

### 3.2.4 程序编写

本例中发送端和接收端都有相同的头文件，其中接收端头文件名为 GenericApp.h，发送端头文件名为 TempHumApp.h。由于两部分内容基本相同，这里仅给出接收端的 GenericApp.h 程序。

#### 1. 头程序处理

在头文件中，其内容是一些常量的定义和函数的说明。

```
#define GENERICAPP_ENDPOINT              10
#define GENERICAPP_PROFID                0x0F04
#define GENERICAPP_DEVICEID              0x0001
#define GENERICAPP_DEVICE_VERSION        0
#define GENERICAPP_FLAGS                 0
#define GENERICAPP_MAX_CLUSTERS          1
#define GENERICAPP_CLUSTERID             1
// 消息发送超时时间设定，单位：毫秒，默认为 5 秒
#define GENERICAPP_SEND_MSG_TIMEOUT      5000
// 按照位进行定义的应用程序事件类型
#define GENERICAPP_SEND_MSG_EVT          0x0001
#if defined( IAR_ARMCM3_LM )
#define GENERICAPP_RTOS_MSG_EVT          0x0002
#endif
#endif
```

#### 2. 接收程序头文件处理

以下为接收端程序 GenericApp.c，其中包含必要的头文件。

```
#include "OSAL.h"
#include "AF.h"
#include "ZDApp.h"
#include "ZDObject.h"
#include "ZDProfile.h"
```

```
#include "GenericApp.h"
#include "DebugTrace.h"
#if !defined( WIN32 )
#include "OnBoard.h"
#endif
//HAL 硬件驱动层定义
#include "hal_lcd.h"
#include "hal_led.h"
#include "hal_key.h"
#include "hal_uart.h"
// RTOS：实时操作系统定义
#if defined( IAR_ARMCM3_LM )
#include "RTOS_App.h"
#endif
```

### 3. 接收程序

TEMPHUMAPP_CLUSTERID 和 TEMPHUMAPP_MAX_CLUSTERS 在 GenericApp.h 头文件中定义过，TEMPHUMAPP_CLUSTERID 在发送方和接收方定义的 TEMPHUMAPP_CLUSTERID 值相同。TEMPHUMAPP_MAX_CLUSTERS 表示可以通信的最多节点数，TempHumApp_ClusterList 表示通信方的列表。

```
...
const cId_t TempHumApp_ClusterList[TEMPHUMAPP_MAX_CLUSTERS] =
{
  TEMPHUMAPP_CLUSTERID
};
以下为设备定义的常量，在以后的工程项目中通常都是固定出现的
...
const SimpleDescriptionFormat_t GenericApp_SimpleDesc =
{
  GENERICAPP_ENDPOINT,              //  int Endpoint;
  GENERICAPP_PROFID,                //  uint16 AppProfId[2];
  GENERICAPP_DEVICEID,              //  uint16 AppDeviceId[2];
```

```
  GENERICAPP_DEVICE_VERSION,        //  int   AppDevVer:4;
  GENERICAPP_FLAGS,                 //  int   AppFlags:4;
  GENERICAPP_MAX_CLUSTERS,          //  byte  AppNumInClusters;
  (cId_t *)GenericApp_ClusterList, //  byte *pAppInClusterList;
  GENERICAPP_MAX_CLUSTERS,          //  byte  AppNumInClusters;
  (cId_t *)GenericApp_ClusterList  //  byte *pAppInClusterList;
};
// 节点描述符如下所示：
endPointDesc_t GenericApp_epDesc;
// 任务优先级 ID 如下所示：
byte GenericApp_TaskID;
// 保存节点状态的变量如下所示：
devStates_t GenericApp_NwkState;
// 发送序列号如下所示：
byte GenericApp_TransID;
// 目的地址端的信息描述如下所示：
afAddrType_t GenericApp_DstAddr;
```

#### 4. 主要处理程序

下面 4 个函数是本地函数的声明，第一个为状态判别函数，第二个为案件处理函数，第三个为消息处理函数，第四个为消息发送函数。如果定义了 IAR_ARMCM3_LM，就声明屏幕显示接收消息函数。

```
#if defined( IAR_ARMCM3_LM )
static void GenericApp_ProcessRtosMessage( void );
#endif
```

任务初始化函数 GenericApp_Init( uint8 task_id ) 完成任务的初始化，格式较为固定，不过也可以根据需要进行一些小的修改，如后续串口的配置等。

```
...
void GenericApp_Init( uint8 task_id )
{
```

```
    GenericApp_TaskID = task_id;
    GenericApp_NwkState = DEV_INIT;
    GenericApp_TransID = 0;
    //设备的初始化在此处或者主函数(Zmain.c的main()函数)中添加
    //与应用相关的外设可以在此处初始化，其他外设在main()函数中处理
    GenericApp_DstAddr.addrMode = (afAddrMode_t)AddrNotPresent;
    GenericApp_DstAddr.endPoint = 0;
    GenericApp_DstAddr.addr.shortAddr = 0;
    // Fill out the endpoint description.
    GenericApp_epDesc.endPoint = GENERICAPP_ENDPOINT;
    GenericApp_epDesc.task_id = &GenericApp_TaskID;
    GenericApp_epDesc.simpleDesc
                   = (SimpleDescriptionFormat_t *)&GenericApp_
SimpleDesc;
    GenericApp_epDesc.latencyReq = noLatencyReqs;
    //注册Endpoint描述符
    afRegister( &GenericApp_epDesc );
    //注册事件的TaskID
    RegisterForKeys( GenericApp_TaskID );
    //LCD液晶显示(如果配置LCD显示屏)
    #if defined ( LCD_SUPPORTED )
    HalLcdWriteString( "GenericApp", HAL_LCD_LINE_1 );
    #endif
      ZDO_RegisterForZDOMsg( GenericApp_TaskID, End_Device_Bind_
rsp );
    ZDO_RegisterForZDOMsg( GenericApp_TaskID, Match_Desc_rsp );
    #if defined( IAR_ARMCM3_LM )
    //RTOS任务注册初始化
    RTOS_RegisterApp( task_id, GENERICAPP_RTOS_MSG_EVT );
  #endif
  }
```

### 5. 具体函数编写

GenericApp_ProcessEvent 函数是事件处理函数，Z-Stack 是任务处理式协

议栈，通过判断任务事件的种类，进而采用不同的处理方式进行不同的操作。工程项目中常见的事件处理函数有：KEY_CHANGE 按键事件对应的处理函数是 GenericApp_HandleKeys(((keyChange_t *)MSGpkt)->state，((keyChange_t *) MSGpkt)->keys) 按键处理函数；AF_INCOMING_MSG_CMD 接收消息事件对应的处理函数是 GenericApp_MessageMSGCB MSGpkt ) 消息处理函数；ZDO_STATE_CHANGE 节点状态改变事件对应的处理是添加发送任务到任务栈。

```
  ...
  uint16 GenericApp_ProcessEvent( uint8 task_id, uint16 events )
  {
    afIncomingMSGPacket_t *MSGpkt;
    afDataConfirm_t *afDataConfirm;
    //定义数据类型
    byte sentEP;
    ZStatus_t sentStatus;
    byte sentTransID;          //与发送值一致
    (void)task_id;             //任务 id 类型
    if ( events & SYS_EVENT_MSG )
    {
      MSGpkt = (afIncomingMSGPacket_t *)osal_msg_receive(
GenericApp_TaskID );
      while ( MSGpkt )
      {
        switch ( MSGpkt->hdr.event )
        {
          case ZDO_CB_MSG:
            GenericApp_ProcessZDOMsgs( (zdoIncomingMsg_t *)MSGpkt
);
            break;
          case KEY_CHANGE:
            GenericApp_HandleKeys( ((keyChange_t *)MSGpkt)->state,
((keyChange_t *)MSGpkt)->keys );
            break;
          case AF_DATA_CONFIRM_CMD:
          //数据包发送确认消息，ZStatus 类型数据
```

```
            afDataConfirm = (afDataConfirm_t *)MSGpkt;
            sentEP = afDataConfirm->endpoint;
            sentStatus = afDataConfirm->hdr.status;
            sentTransID = afDataConfirm->transID;
            (void)sentEP;
            (void)sentTransID;
            //收到确认信息的处理
            if ( sentStatus != ZSuccess )
            {
            //如果没有收到确认信息的动作
            }
            break;
          case AF_INCOMING_MSG_CMD:
            GenericApp_MessageMSGCB( MSGpkt );
            break;
          case ZDO_STATE_CHANGE:
            GenericApp_NwkState = (devStates_t)(MSGpkt->hdr.
status);
            if ( (GenericApp_NwkState == DEV_ZB_COORD)
   || (GenericApp_NwkState == DEV_ROUTER)
                 || (GenericApp_NwkState == DEV_END_DEVICE) )
            {
            //周期性发送特定信息
              osal_start_timerEx( GenericApp_TaskID,
                                  GENERICAPP_SEND_MSG_EVT,
                                  GENERICAPP_SEND_MSG_TIMEOUT );
            }
            break;
          default:
            break;
        }
        //释放内存
        osal_msg_deallocate( (uint8 *)MSGpkt );
        //读取下一个数据包
```

```
        MSGpkt = (afIncomingMSGPacket_t *)osal_msg_receive(
GenericApp_TaskID );
      }
       // 返回未处理的事件
      return (events ^ SYS_EVENT_MSG);
    }
    // 发送数据，GenericApp_Init() 函数初始化实现
   if ( events & GENERICAPP_SEND_MSG_EVT )
   {
     // 发送数据
     GenericApp_SendTheMessage();
     // 为下次发送数据做准备（添加任务）
     osal_start_timerEx( GenericApp_TaskID,
                         GENERICAPP_SEND_MSG_EVT,
                         GENERICAPP_SEND_MSG_TIMEOUT );
     // 返回未处理的事件
     return (events ^ GENERICAPP_SEND_MSG_EVT);
   }
 #if defined( IAR_ARMCM3_LM )
   //RTOS 队列中的消息
   if ( events & GENERICAPP_RTOS_MSG_EVT )
   {
     // 处理 RTOS 队列中的消息
     GenericApp_ProcessRtosMessage();
    // 返回未处理的事件
     return (events ^ GENERICAPP_RTOS_MSG_EVT);
   }
 #endif
   // 舍弃未知的类型消息事件
   return 0;
 }
```

### 6. 按键响应处理程序

ZDO 响应函数主要是针对两种按键操作的响应处理，即绑定响应和描述符

匹配响应。可以看到，若绑定成功则DS6灯亮；若绑定失败，则DS6灯闪烁。

```
...
static void GenericApp_ProcessZDOMsgs( zdoIncomingMsg_t *inMsg )
{
  switch ( inMsg->clusterID )
  {
    case End_Device_Bind_rsp:
      if ( ZDO_ParseBindRsp( inMsg ) == ZSuccess )
      {
      //点亮LED HAL_LED_4(节点模块上DS6)
        HalLedSet( HAL_LED_4, HAL_LED_MODE_ON );
      }
#if defined( BLINK_LEDS )
      else
      {
      //失败则快速闪烁HAL_LED_4(节点模块上DS6)
        HalLedSet ( HAL_LED_4, HAL_LED_MODE_FLASH );
      }
#endif
      break;
    case Match_Desc_rsp:
    {
          ZDO_ActiveEndpointRsp_t *pRsp = ZDO_ParseEPListRsp(
inMsg );
        if ( pRsp )
        {
          if ( pRsp->status == ZSuccess && pRsp->cnt )
          {
         GenericApp_DstAddr.addrMode = (afAddrMode_t)Addr16Bit;
          GenericApp_DstAddr.addr.shortAddr = pRsp->nwkAddr;
          // 获取第一个Endpoint
          GenericApp_DstAddr.endPoint = pRsp->epList[0];

         //点亮LED HAL_LED_4(节点模块上DS6)
```

```
            HalLedSet( HAL_LED_4, HAL_LED_MODE_ON );
          }
          osal_mem_free( pRsp );
        }
      }
      break;
  }
}
```

按键处理函数的 shift 在项目中 AL 层的 hal_key.h 中有定义，对应的是按键的两种状态，即一般状态和 shift 状态。在工程项目中，通常为一般状态。这里的函数代码基本固定，读者不需要进行修改，只需熟悉理解其格式含义即可。

```
...
static void GenericApp_HandleKeys( uint8 shift, uint8 keys )
{
  zAddrType_t dstAddr;
  // Shift 按键：第二功能键
  if ( shift )
  {
    if ( keys & HAL_KEY_SW_1 )
    {
    }
    if ( keys & HAL_KEY_SW_2 )
    {
    }
    if ( keys & HAL_KEY_SW_3 )
    {
    }
    if ( keys & HAL_KEY_SW_4 )
    {
    }
  }
  else
```

```
    {
      if ( keys & HAL_KEY_SW_1 )
      {
  // 如果开关SW1在程序中没有被使用
  #if defined( SWITCH1_BIND )
  //模拟SW2
        keys |= HAL_KEY_SW_2;
  #elif defined( SWITCH1_MATCH )
  //模拟SW4
        keys |= HAL_KEY_SW_4;
  #endif
      }
      if ( keys & HAL_KEY_SW_2 )
      {
        HalLedSet ( HAL_LED_4, HAL_LED_MODE_OFF );
        //初始化Endpoint的绑定请求
        dstAddr.addrMode = Addr16Bit;
        dstAddr.addr.shortAddr = 0x0000; // Coordinator
        ZDP_EndDeviceBindReq( &dstAddr, NLME_GetShortAddr(),
                              GenericApp_epDesc.endPoint,
                              GENERICAPP_PROFID,
                              GENERICAPP_MAX_CLUSTERS, (cId_t *)
GenericApp_ClusterList,
                              GENERICAPP_MAX_CLUSTERS, (cId_t *)
GenericApp_ClusterList,
                               FALSE );
      }
      if ( keys & HAL_KEY_SW_3 )
      {
      }
      if ( keys & HAL_KEY_SW_4 )
      {
        HalLedSet ( HAL_LED_4, HAL_LED_MODE_OFF );
        // 初始化Match Description请求
```

```
        dstAddr.addrMode = AddrBroadcast;
        dstAddr.addr.shortAddr = NWK_BROADCAST_SHORTADDR;
        ZDP_MatchDescReq( &dstAddr, NWK_BROADCAST_SHORTADDR,
        GENERICAPP_PROFID,
        GENERICAPP_MAX_CLUSTERS, (cId_t *)GenericApp_ClusterList,
        GENERICAPP_MAX_CLUSTERS, (cId_t *)GenericApp_ClusterList,
        FALSE );
      }
    }
  }
```

7. 消息处理

当有多个节点向根节点发送消息时，消息处理函数 GenericApp_MessageMSGCB 就要对发送节点消息的 clusterId 进行判别。在这个实例中，只有一个节点发送消息。当判别收到节点 ID 为 GENERICAPP_CLUSTERID 时，就改变端口号为 P1_0（对于 DS6）指示灯的熄灭状态。当定义了 LCD_SUPPORTED 时，就可以在选配的液晶屏上显示接收到的字符串信息。

```
...
static void GenericApp_MessageMSGCB( afIncomingMSGPacket_t *pkt )
{
  switch ( pkt->clusterId )
  {
    case GENERICAPP_CLUSTERID:
      P1_0=~P1_0;
      // 特定的消息
#if defined( LCD_SUPPORTED )
      HalLcdWriteScreen( (char*)pkt->cmd.Data, "rcvd" );
#elif defined( WIN32 )
      WPRINTSTR( pkt->cmd.Data );
#endif
      break;
  }
}
```

### 8. 消息发送

消息发送函数 GenericApp_SendTheMessage 是向相应的节点发送消息的函数，下面解释最重要的内置函数 AF_DataRequest 各个参数的含义：

（1）GenericApp_DstAddr 表示目的接收节点。

（2）GenericApp_epDesc 在 GenericApp_Init 中进行配置。

（3）GENERICAPP_CLUSTERID 表示被 Profile 指定的有效的集群号，在上面的消息处理函数 GenericApp_MessageMSGCB 就需要 ID 来判别发送方。

（4）(byte)osal_strlen( theMessageData ) + 1 表示发送消息的长度。

（5）(byte *)&theMessageData 表示发送的消息内容。

（6）&GenericApp_TransID 表示任务 ID。

（7）AF_DISCV_ROUTE 表示有效位掩码的发送选项。

（8）AF_DEFAULT_RADIUS 表示传送跳数，通常设置为 AF_DEFAULT_RADIUS。

```
...
static void GenericApp_SendTheMessage( void )
{
  char theMessageData[] = "Hello World";
 if ( AF_DataRequest( &GenericApp_DstAddr, &GenericApp_epDesc,
       GENERICAPP_CLUSTERID,
       (byte)osal_strlen( theMessageData ) + 1,
       (byte *)&theMessageData,
 &GenericApp_TransID,
     AF_DISCV_ROUTE, AF_DEFAULT_RADIUS ) == afStatus_SUCCESS )
  {
  // 请求成功
  }
 else
  {
  // 请求失败
  }
}
```

GenericApp_ProcessRtosMessage 函数实现从队列接收消息，发送应答功能。该函数大部分代码是固定的，读者不需要修改，只需熟悉函数格式即可。

```
...
static void GenericApp_ProcessRtosMessage( void )
{
  osalQueue_t inMsg;
  if ( osal_queue_receive( OsalQueue, &inMsg, 0 ) == pdPASS )
  {
    uint8 cmndId = inMsg.cmnd;
    uint32 counter = osal_build_uint32( inMsg.cbuf, 4 );
    switch ( cmndId )
    {
      case CMD_INCR:
        counter += 1;// 接收计数器增加
      case CMD_ECHO:
      {
        userQueue_t outMsg;

        outMsg.resp = RSP_CODE | cmndId;        // Response ID
        osal_buffer_uint32( outMsg.rbuf, counter );
      osal_queue_send( UserQueue1, &outMsg, 0 );
                                                  // 发送回 UserTask
        break;
      }
      default:
        break;                          // 忽略未知命令
    }
  }
}
```

对于在发送端的编程，其程序框架与接收端的类似。由于篇幅有限，这里不做详细介绍。

## 3.3 基于Z-Stack的无线节点双向通信应用

### 3.3.1 实例内容及相关设备

本实例是在上例无线节点单向通信的基础上，实现M02温湿度与根节点两个节点模块之间的双向通信。在相互通信过程中，当某一节点接收到消息时，就以模块上闪烁的LED灯作为响应，表示已收到发送方的消息。本实例所使用的操作设备如下所示：

（1）安装有Microsoft Windows XP或更高版本操作系统，同时具备USB2.0或以上端口和不低于Intel Core2Duo 2GHz、2GB RAM的PC机。在软件方面，需要有IAR集成开发环境、Z-Stack协议栈开发包。

（2）物联网综合教学实验平台、M02温湿度无线节点模块和根节点模块、SmarRF04EB调试器，以及USB连接线和扁平排线连接电缆。

### 3.3.2 实例原理及相关知识

无线节点双向通信与单向通信相比，根节点在传输信息时不仅要接收消息，还要发送消息。所以根节点在编写发送函数时，会有部分改动，详见本实例程序编写第一部分。对于温湿度终端节点不仅需要向根节点发送消息外，也需要接收并处理来自根节点的消息。所以在编写消息处理函数时，也需要做相应修改，详见本实例程序编写第二部分。

### 3.3.3 实例步骤

在PC机IAR环境中编写完成代码后，选择编译下载。打开根节点（即实验平台）电源开关，开机运行。实验平台上DS10指示灯闪动数次后熄灭，表示根节点工作正常。打开终端节点（温湿度节点）上的电源开关，终端节点上的DS6指示灯闪动数次后熄灭，表明M02节点模块入网成功。随后把终端节点上的摇杆按键向右拨动，实验平台上DS10指示灯被点亮，表明根节点收到M02终端节点发送的消息。再按下实验平台上S6按键，M02终端节点的DS6指示灯被点亮，表明M02终端节点接收到来自根节点的消息。这样，两节点模块完成了双向通信。

在本实例操作中，M02终端节点模块通过内部P1_0口线控制DS6指示灯的亮灭状态。而根节点除了可以接受并处理来自M02终端节点发送的消息之外，还可以向程序代码中为Double_CLUSTERID的任意终端节点发送消息。在本实例使用了M02终端节点。

### 3.3.4 程序编写

#### 1. 协调器节点（根节点）编程

双向通信在传输信息时不仅要接收消息，还要发送消息。发送消息程序编写如下：

```
...
static void GenericApp_SendTheMessage( void )
{
  char theMessageData[] = "Hello World";
  afAddrType_t my_DstAddr;
  my_DstAddr.addrMode=(afAddrMode_t)Addr16Bit;
  my_DstAddr.endPoint=GENERICAPP_ENDPOINT;
  my_DstAddr.addr.shortAddr=0xFFFF;
  AF_DataRequest(&my_DstAddr
                ,&GenericApp_epDesc
                ,GENERICAPP_CLUSTERID_DOUBLE
                , (byte)osal_strlen( theMessageData ) + 1
                , (byte *)&theMessageData
                ,&GenericApp_TransID
                ,AF_DISCV_ROUTE
                ,AF_DEFAULT_RADIUS);
}
```

#### 2. M02终端节点编程

对于终端节点不仅需要向协调节点（即根节点）发送消息，还需要接收并处理来自协调节点的消息。消息处理函数编程如下：

```
...
static void Double_MessageMSGCB( afIncomingMSGPacket_t *pkt )
{
  switch ( pkt->clusterId )
  {
    case Double_CLUSTERID:
```

```
    P1_0=~P1_0;
  #if defined( LCD_SUPPORTED )
      HalLcdWriteScreen( (char*)pkt->cmd.Data, "rcvd" );
  #elif defined( WIN32 )
      WPRINTSTR( pkt->cmd.Data );
  #endif
      break;
    }
  }
```

## 3.4 无线温湿度采集节点接入及组网应用

### 3.4.1 实例内容及相关设备

本实例要将M02无线温湿度传感节点加入到ZigBee组网中，然后将温湿度传感节点采集到的数据通过ZigBee网络协议发送给协调节点（根节点）。在PC机IAR开发环境中协调器节点对应的数据缓冲区中，可以查看接收到的温度湿度数据信息。本实例所使用的操作设备如下所示：

（1）安装有Microsoft Windows XP或更高版本操作系统，同时具备USB2.0或以上端口和不低于Intel Core2Duo 2GHz、2GB RAM的PC机。在软件方面，需要有IAR集成开发环境、Z-Stack协议栈开发包。

（2）物联网综合教学实验平台、M02温湿度无线传感节点模块和根节点模块、SmarRF04EB调试器，以及USB连接线和扁平排线连接电缆。

### 3.4.2 实例原理及相关知识

在无线传感器网络中，无线节点可以被任意放置在被监测区域内。这些节点不仅能感测特定的对象，还可以进行简单的计算和维持互相之间的网络连接。无线传感器网络具有自组织的功能，单个节点经过初始的通信和协商，形成一个传输信息的多跳网络。在每个传感网络中，通常需要装备有一个连接到传输网络的网关。传输网络是由一个单跳链接或一系列的无线网络节点组成的，网关通过这个传输网络把感测数据从传感区域发送到提供远程连接和数据处理的基站。基站再通过Internet连接到远程数据库。最后，采集到的数据经过分析、挖掘后通过一个界面提供给终端用户。

无线传感器网络的拓扑结构有星状网、网状网及混合网三种类型，每种拓扑结构都有自身的优缺点。基本的星状网拓扑结构是一个单跳系统，网络中所有无线传感器节点都要与网关进行双向通信。在各种无线传感器网络中，星状网整体功耗最低，其节点间的传输距离有限，一般只有几十米。网状拓扑结构是多跳系统，其中所有无线传感器节点都相同，而且直接互相通信。网状网的每个传感器节点都有多条路径到达网关或其他节点，因此它的容故障能力较强。这种多跳系统比星状网的传输距离远得多，但功耗更大。混合网力求兼具星状网的简洁和低功耗，以及网状网的长传输距离和自愈性等优点。在混合网中路由器组成网状结构，而传感器节点则在它们周围呈星状分布。路由器扩展了网络传输距离，同时提供了容故障能力。当某个路由器发生故障或某条无线链路出现干扰时，网络可在其他路由器节点周围进行自组网络。

对于任何无线传感器网络拓扑，ZigBee 设备都具有唯一的 64 位长地址码，可通过该地址在局域网中直接通信。当建立连接后，可以将其转变为 16 位的短地址码分配给局域网设备。因此，在设备发起连接时，应采用 64 位长地址码，在连接成功系统分配标识符后，才能采用 16 位的短地址码进行连接。因此，短地址是一个相对地址码，长地址是一个绝对地址码。在无线传感器网络中，无线节点一般是静止的。对于已经部署好的网络，如果此时有新的移动节点加入，将会扩充网络的功能。移动节点的接入，可以扩大网络空间的采样范围。

本实验平台系统采用常用的星型网络拓扑结构，内部主要由分布子设备端（无线终端节点）和总控处理端（网关平台）两个部分组成。在分布子设备端，各感知节点不仅可以获取各个节点的信息数据，通过该节点的 CC2530 芯片利用 ZigBee 网络传输协议将各个信息数据发送到采集数据的根节点处，还可以等待响应总处理端发来的控制信息进行相应操作。在总控处理端，其内部微处理器通过根节点接收分布节点传送的传感器采集的数据信息，通过自配的屏幕进行显示或通过串口将该信息传向实时显示端。用户可以根据需要，在总控处理端对相应的设备进行具体的操作，再通过根节点将控制信息发送给相关的终端节点。本实例网关平台所采用的微处理器是基于 Cortex-A9 的 ARM 芯片，并移植有 Linux 操作系统或者 Android 图形界面库。

### 3.4.3 实例步骤

在 PC 机上分别编写完成代码后，各自编译下载。然后，打开实验平台的电源开关，开机运行。实验平台底板上 DS10 指示灯闪动数次后熄灭，表明根节点工作正常。打开 M02 终端节点模块上的 S2 电源开关，M02 温湿度终端节点模块上 DS6 指示灯被点亮，表明 M02 终端节点入网成功。然后将 M02 终端节点上的 U2 摇杆按键向右拨动，实验平台底板上 DS10 指示灯被点亮，表明根节点收到

M02终端节点发送的消息。最后，在PC机IAR环境中的Watch窗口查看存储温度湿度信息的buffer内容。

### 3.4.4　程序编写

首先，在OSAL_TempHumApp.c文件中修改了下面两行，其中TempHumApp_Init ( taskID++ ) 表示添加初始化函数到任务栈，Read_DHT11_Init( taskID ) 表示将DHT11测量函数添加到任务栈。

```
...
TempHumApp_Init( taskID++ );
Read_DHT11_Init( taskID );
```

新建DHT11_TempHum.c文件，放到和OSAL_TempHumApp.c相同的文件夹下。数字温度湿度传感器采集编程部分代码如下所示。

#### 1. 主程序

```
//温湿度定义
U8 U8FLAG,U8temp;
U8 Hum_H,Hum_L;                   //定义湿度存放变量
U8 Temp,Hum;                      //定义温度存放变量
U8 U8T_data_H,U8T_data_L,U8RH_data_H,U8RH_data_L,U8checkdata;
U8U8T_data_H_temp,U8T_data_L_temp,U8RH_data_H_temp,U8RH_data_
L_temp,
U8checkdata_temp;
U8 U8comdata;
//温湿度传感
...
void Read_DHT11(void)          //温湿传感启动
{
  DATA_PIN = 0;
  Delay_ms(19);              //主机延后18ms
  DATA_PIN = 1;              //总线由上拉电阻拉高主机延时40μs
  P1DIR &= ~0x08;            //重新配置I/O口方向
  Delay_10us();
```

```
    Delay_10us();
    Delay_10us();
    Delay_10us();
    //判断从机是否有低电平响应信号如不响应则跳出，响应则向下运行
    if(!DATA_PIN)
    {
      U8FLAG = 2; //判断从机是否发出 8μs 的低电平响应信号是否结束
      while((!DATA_PIN)&&U8FLAG++);
      U8FLAG = 2;//判断从机是否发出 80μs 的高电平，如发出则进入数据接收状态
      while((DATA_PIN)&&U8FLAG++);
      COMM();                  //数据接收状态
      U8RH_data_H_temp = U8comdata;
      COMM();
      U8RH_data_L_temp = U8comdata;
      COMM();
      U8T_data_H_temp = U8comdata;
      COMM();
      U8T_data_L_temp = U8comdata;
      COMM();
      U8checkdata_temp = U8comdata;
      DATA_PIN = 1;
      //数据校验
      U8temp = (U8T_data_H_temp+U8T_data_L_temp+U8RH_data_H_
temp+U8RH_data_L_temp);
      if(U8temp == U8checkdata_temp)
        {
          U8RH_data_H = U8RH_data_H_temp;
          U8RH_data_L = U8RH_data_L_temp;
          U8T_data_H = U8T_data_H_temp;
          U8T_data_L = U8T_data_L_temp;
          U8checkdata = U8checkdata_temp;
        }
      Temp = U8T_data_H;
        Hum = U8RH_data_H;
```

```
    }
    else
    {
      Temp = 0;
      Hum = 0;
    }
    P1DIR |=  0x08;
  }
```

2. 在 TempHumApp.h 头文件中添加变量和函数的声明

```
...
extern void TempHumApp_Init( byte task_id );
extern void Read_DHT11_Init( byte task_id );
//App 的任务处理
extern UINT16 TempHumApp_ProcessEvent( byte task_id, UINT16
events );
extern UINT16 Read_DHT11_ProcessEvent( byte task_id, UINT16
events );
extern void Read_DHT11(void);
extern byte Temp,Hum;
```

3. 添加函数

在 TempHumApp.c 文件中，需要添加 DHT11 温湿度传感器初始化与测量函数 Read_DHT11_Init( uint8 task_id ) 和 Read_DHT11_Init。osal_start_timerEx 函数每次经过 READ_DHT11_TEMP_HUM_TIMEOUT 时长就将 READ_DHT11_TEMP_HUM_EVT 任务添加到任务栈。而在内置函数 Read_DHT11_ProcessEvent 中调用了函数 Read_DHT11()，进而可以采集到温湿度信息。

```
...
void Read_DHT11_Init( uint8 task_id )
{
  Read_DHT11_TaskID = task_id;
```

```
  Read_DHT11_TransID = 0;

#if defined ( LCD_SUPPORTED )
  HalLcdWriteString( "TempHumApp", HAL_LCD_LINE_1 );
#endif
  osal_start_timerEx( Read_DHT11_TaskID,
                      READ_DHT11_TEMP_HUM_EVT,
                      READ_DHT11_TEMP_HUM_TIMEOUT );

  RegisterForKeys( Read_DHT11_TaskID );
}

uint16 Read_DHT11_ProcessEvent( uint8 task_id, uint16 events )
{
  if ( events & READ_DHT11_TEMP_HUM_EVT )
  {
    osal_start_timerEx( Read_DHT11_TaskID,
                        READ_DHT11_TEMP_HUM_EVT,
                        READ_DHT11_TEMP_HUM_TIMEOUT );
    Read_DHT11();
#if defined ( LCD_SUPPORTED )
    HalLcdWriteStringValue("Temp: ", Temp, 10, HAL_LCD_LINE_3);
    HalLcdWriteStringValue("Hum:  ", Hum,  10, HAL_LCD_LINE_4);
#endif
    // 返回未处理的事件
    return (events ^ READ_DHT11_TEMP_HUM_EVT);
  }
    // 忽略未知事件
  return 0;
}
```

### 4. 修改发送程序

在发送函数中也有部分修改，其中 ltoa() 函数是将温度湿度信息进行格式转换后的结果保存到发送的消息缓冲区 MessageData 中。

```
...
static void TempHumApp_SendTheMessage( void )
{
  unsigned char theMessageData[15] = "T&H:";
  _ltoa( (uint32)(Temp), &theMessageData[5], 10 );
  _ltoa( (uint32)(Hum),  &theMessageData[9], 10 );
  for (unsigned char i=0; i<15-1; i++)
  {
    if (theMessageData[i] == 0x00 )
    {
      theMessageData[i] = ' ';
    }
  }
  if (AF_DataRequest( &TempHumApp_DstAddr, &TempHumApp_epDesc,
        TEMPHUMAPP_CLUSTERID,
        (byte)osal_strlen( theMessageData ) + 1,
        (byte *)&theMessageData,
        &TempHumApp_TransID,
        AF_DISCV_ROUTE, AF_DEFAULT_RADIUS )==afStatus_SUCCESS )
  {
    // 发送成功
  }
  else
  {
    // 发送失败
  }
}
```

### 5. 修改协调节点程序

在协调节点中，需要修改消息处理函数 GenericApp_MessageMSGCB()，通过 osal_memcpy() 函数将温度湿度信息存储到缓冲区 buffer 中。

```
...
static void GenericApp_MessageMSGCB( afIncomingMSGPacket_t
```

```
*pkt )
  {
  unsigned char buffer[15];
    switch ( pkt->clusterId )
    {
      case GENERICAPP_CLUSTERID:
        osal_memcpy(buffer,pkt->cmd.Data,15);
  #if defined( LCD_SUPPORTED )
        HalLcdWriteScreen( (char*)pkt->cmd.Data, "rcvd" );
  #elif defined( WIN32 )
        WPRINTSTR( pkt->cmd.Data );
  #endif
      break;
    }
  }
```

## 3.5 无线光照感知节点接入及组网应用

### 3.5.1 实例内容及相关设备

本实例的操作是将 M03 光照感知节点模块加入到无线网络中。具体操作过程是将 M03 模块中光照感知传感器采集到的光照信息数据通过 ZigBee 网络协议发送给协调节点（根节点）。在 PC 机 IAR 开发环境中协调节点对应存储缓冲区中，可以查看到所接收的光照数据信息。本实例所应用的操作设备如下所示：

（1）安装有 Microsoft Windows XP 或更高版本操作系统，同时具备 USB2.0 或以上端口和不低于 Intel Core2Duo 2GHz、2GB RAM 的 PC 机。在软件方面，需要有 IAR 集成开发环境、Z-Stack 协议栈开发包。

（2）物联网综合教学实验平台、M03 光照感知节点模块和根节点模块、SmarRF04EB 调试器，以及 USB 连接线和扁平排线连接电缆。

### 3.5.2 实例原理及相关知识

M03 光照感知节点模块中的光照传感器 BH1750FVI 的组成与工作原理详见 2.5 节，本实例的无线节点接入与组网原理与 3.4 节操作过程类似。

### 3.5.3 实例步骤

在PC机的IAR开发环境下编写完成相关代码后，各自编译下载。打开实验平台电源开关，开启运行。实验平台上DS10指示灯闪动数次后熄灭，表明根节点工作正常。接着打开M03光照感知节点模块上的S2电源开关，会发现M03光照感知节点模块上的DS6指示灯被点亮，表明该M03节点入网成功。然后把M03光照感知节点模块上的摇杆按键U2向右拨动，实验平台上DS10指示灯被点亮，即根节点收到M03光照感知节点发送的消息，说明组网通信成功。最后，可在PC机的IAR开发环境中Watch窗口查看存储的光照数据信息的内容。

### 3.5.4 程序编写

首先在OSAL_Light.c文件中修改了下面两行，其中Light_Init ( taskID++ )表示添加初始化函数到任务栈，LightMeasurement_Init ( taskID ) 表示将光照测量函数添加到任务栈。

```
...
Light_Init( taskID++ );
LightMeasurement_Init( taskID );
```

新建BH1750 .h和BH1750.c文件，放到和OSAL_Light.c同样的文件夹下。相关程序代码如下所示。

#### 1. BH1750. h部分代码程序

```
typedef   unsigned char BYTE;
typedef   unsigned short WORD;
extern BYTE    BUF[8];                              //接收数据缓存区
extern int     dis_data;                            //光照变量
void delay_nms(unsigned int k);
void Init_BH1750(void);
void WriteDataLCM(uchar dataW);
void WriteCommandLCM(uchar CMD,uchar Attribc);
void DisplayOneChar(uchar X,uchar Y,uchar DData);
extern void conversion(uint temp_data);
extern void  Single_Write_BH1750(uchar REG_Address);  //单个写
入数据
```

```
uchar Single_Read_BH1750(uchar REG_Address);     //单个读取内部寄存器数据
extern void  Multiple_Read(void);   //连续的读取内部寄存器数据
void Delay5us(void);
void Delay5ms(void);
void BH1750_Start(void);                           //起始信号
void BH1750_Stop(void);                            //停止信号
void BH1750_SendByte(BYTE dat);                    //I2C单个字节写
BYTE BH1750_RecvByte(void);                        //I2C单个字节读
#endif
```

2. BH1750.c 部分代码程序

```
void conversion(uint temp_data) ;    // 数据转换出个，十，百，千，万
{
    wan=temp_data/10000+0x30 ;
    temp_data=temp_data%10000;       //取余运算
    qian=temp_data/1000+0x30 ;
    temp_data=temp_data%1000;        //取余运算
    bai=temp_data/100+0x30   ;
    temp_data=temp_data%100;         //取余运算
    shi=temp_data/10+0x30    ;
    temp_data=temp_data%10;          //取余运算
    ge=temp_data+0x30;
}
//起始信号
//_Pragma("optimize=none")
void BH1750_Start()
{
    P1DIR |= (SCLBIT + SDABIT);
    SDA = 1;                         //拉高数据线
    SCL = 1;                         //拉高时钟线
    Delay5us();                      //延时
    SDA = 0;                         //产生下降沿
```

```
    Delay5us();                                    //延时
    SCL = 0;                                       //拉低时钟线
}
//停止信号
//_Pragma("optimize=none")
void BH1750_Stop()
{
    P1DIR |= (SCLBIT + SDABIT);
    SDA = 0;                                       //拉低数据线
    SCL = 1;                                       //拉高时钟线
    Delay5us();                                    //延时
    SDA = 1;                                       //产生上升沿
    Delay5us();                                    //延时
}
//向I2C总线发送一个字节数据
_Pragma("optimize=none")
void BH1750_SendByte(BYTE dat)
{
    P1DIR |= (SCLBIT + SDABIT);
    BYTE i;
    for (i=0; i<8; i++)                            //8位计数器
    {
        dat <<= 1;                                 //移出数据的最高位
        SDA = CY;                                  //送数据口
        SCL = 1;                                   //拉高时钟线
        Delay5us();                                //延时
        SCL = 0;                                   //拉低时钟线
        Delay5us();                                //延时
    }
    SCL = 1;                                       //拉高时钟线
    P1DIR &= ~SDABIT;                              //改变SDA方向
    Delay5us();                                    //延时
    CY = SDA;                                      //读应答信号
    SCL = 0;                                       //拉低时钟线
```

```
    Delay5us();                            //延时
    P1DIR |= (SCLBIT + SDABIT);
}
//从 IIC 总线接收一个字节数据
//_Pragma("optimize=none")
BYTE BH1750_RecvByte()
{
    P1DIR |= SCLBIT;
    P1DIR &= ~SDABIT;
    BYTE i;
    BYTE dat = 0;
    SDA = 1;                               //使能内部上拉，准备读取数据
    for (i=0; i<8; i++)                    //8 位计数器
    {
        dat <<= 1;
        SCL = 1;                           //拉高时钟线
        Delay5us();                        //延时
        dat |= SDA;                        //读数据
        SCL = 0;                           //拉低时钟线
        Delay5us();                        //延时
    }
    P1DIR |= (SCLBIT + SDABIT);
    return dat;
}
//_Pragma("optimize=none")
void Single_Write_BH1750(uchar REG_Address)
{
    BH1750_Start();                        //起始信号
    BH1750_SendByte(SlaveAddress);         //发送设备地址+写信号
    BH1750_SendByte(REG_Address);          //内部寄存器地址
    BH1750_Stop();                         //发送停止信号
}
//连续读出 BH1750 内部数据
//_Pragma("optimize=none")
```

```
void Multiple_Read()
{   uchar i;
    BH1750_Start();                          //起始信号
    BH1750_SendByte(SlaveAddress+1); //发送设备地址+读信号
   for (i=0; i<3; i++)            //连续读取2个地址数据，存储在BUF中
    {
        BUF[i] = BH1750_RecvByte(); //BUF[0]存储0x32地址中的数据
        if (i == 3)
        {
           P1DIR |= (SCLBIT + SDABIT);
           SDA = 1;                          //写应答信号
           SCL = 1;                          //拉高时钟线
           Delay5us();                       //延时
           SCL = 0;                          //拉低时钟线
           Delay5us();                       //延时
        }
        else
        {
           P1DIR |= (SCLBIT + SDABIT);
           SDA = 0;                          //写应答信号
           SCL = 1;                          //拉高时钟线
           Delay5us();                       //延时
           SCL = 0;                          //拉低时钟线
           Delay5us();                       //延时
       }
   }
    BH1750_Stop();                           //停止信号
    Delay5ms();
}
//_Pragma("optimize=none")
void Init_BH1750()
{
   Single_Write_BH1750(0x08);
}
```

### 3. 在Light.h头文件中添加变量和函数的声明

```
...
//任务初始化
extern void Light_Init( byte task_id );
extern void LightMeasurement_Init( byte task_id );
//处理事件
extern UINT16 Light_ProcessEvent( byte task_id, UINT16 events );
extern UINT16 LightMeasurement_ProcessEvent( byte task_id,
UINT16 events );
```

### 4. 添加函数

在Light.c文件中，添加BH1750光照传感器初始化与测量函数LightMeasurement_Init（uint8 task_id）和LightMeasurement_Init。osal_start_timerEx函数，每次经过LINGHTMEASUREMENT_TIMEOUT时长，就将LINGHTMEASUREMENT_EVT任务添加到任务栈。而函数LightMeasurement_ProcessEvent中调用了函数BH1750.c，进而可以采集到光照数值信息。

```
...
uint16 LightMeasurement_ProcessEvent( uint8 task_id, uint16
events )
{
  if ( events & LINGHTMEASUREMENT_EVT )
  {
  osal_start_timerEx( LightMeasurement_TaskID,
                      LINGHTMEASUREMENT_EVT,
                      LINGHTMEASUREMENT_TIMEOUT );
    Init_BH1750();                  //初始化BH1750
    Single_Write_BH1750(0x02);      // power on
    Single_Write_BH1750(0x10);      // H- resolution mode
    delay_nms(180);                  //延时180ms
    Multiple_Read();                 //连续读出数据，存储在BUF中
    dis_data=BUF[0];
    dis_data=(dis_data<<8)+BUF[1];//合成数据，即光照数据
```

```
    fLight = (float)dis_data/1.5;

//返回未处理事件
    return (events ^ LINGHTMEASUREMENT_EVT);
  }
//忽略未知事件
 return 0;
}
void LightMeasurement_Init( uint8 task_id )
{
  LightMeasurement_TaskID = task_id;
  LightMeasurement_TransID = 0;
  osal_start_timerEx( LightMeasurement_TaskID,
                      LINGHTMEASUREMENT_EVT,
                      LINGHTMEASUREMENT_TIMEOUT );
  RegisterForKeys( LightMeasurement_TaskID );
}
```

### 5. 修改发送程序

在发送函数中，也有部分修改，ltoa() 函数是将光照信息进行格式转换后保存到发送的消息缓冲区 MessageData 中。

```
...
static void Light_SendTheMessage( void )
{
  unsigned char theMessageData[15] = "LIGHT:";
  _ltoa( (uint32)(fLight), &theMessageData[6], 10 );
  for (unsigned char i=0; i<15-1; i++)
  {
    if (theMessageData[i] == 0x00 )
    {
      theMessageData[i] = ' ';
    }
  }
```

```
  if (AF_DataRequest( &Light_DstAddr, &Light_epDesc,
      LIGHT_CLUSTERID,
      (byte)osal_strlen( theMessageData ) + 1,
      (byte *)&theMessageData,
      &Light_TransID,
      AF_DISCV_ROUTE, AF_DEFAULT_RADIUS ) ==
afStatus_SUCCESS )
  {
    // Successfully requested to be sent.
  }
  else
  {
    // Error occurred in request to send.
  }
}
```

### 6. 修改协调节点程序

在协调节点程序中，需要修改消息处理函数 GenericApp_MessageMSGCB()，通过 osal_memcpy() 函数将光照信息存储到缓冲区中。

```
...
static void GenericApp_MessageMSGCB( afIncomingMSGPacket_t *pkt )
{
unsigned char buffer[15];
  switch ( pkt->clusterId )
  {
    case GENERICAPP_CLUSTERID:
      osal_memcpy(buffer,pkt->cmd.Data,15);
#if defined( LCD_SUPPORTED )
      HalLcdWriteScreen( (char*)pkt->cmd.Data, "rcvd" );
#elif defined( WIN32 )
      WPRINTSTR( pkt->cmd.Data );
#endif
      break;
```

```
    }
}
```

## 3.6 无线超声波测距节点接入及组网应用

### 3.6.1 实例内容及相关设备

本实例的操作是将M05超声波测距节点模块加入到无线网络中。具体操作过程是将M05模块中超声波测距传感器采集到的信息数据通过ZigBee网络协议发送给协调节点（根节点）。在PC机IAR开发环境中协调节点对应存储缓冲区中，可以查看到所接收的测距数据信息。本实例所应用的操作设备如下所示：

（1）安装有Microsoft Windows XP或更高版本操作系统，同时具备USB2.0或以上端口和不低于Intel Core2Duo 2GHz、2GB RAM的PC机。在软件方面，需要有IAR集成开发环境、Z-Stack协议栈开发包。

（2）物联网综合教学实验平台、M05超声波测距节点模块和根节点模块、SmarRF04EB调试器，以及USB连接线和扁平排线连接电缆。

### 3.6.2 实例原理及相关知识

M05超声波测距节点模块中的测距传感器的组成与工作原理详见2.11节，本实例的无线节点接入与组网原理与3.4节实例操作过程类似。

### 3.6.3 实例步骤

在PC机的IAR开发环境下编写完成相关代码后，选择各自编译下载。打开实验平台电源开关，开启运行。实验平台上DS10指示灯闪动数次后熄灭，表明根节点工作正常。接着打开M05超声波测距节点模块上的S2电源开关，会发现M05超声波测距节点模块上的DS6指示灯被点亮，表明该M05节点入网成功。然后把M05节点模块上的摇杆按键U2向右拨动，实验平台上DS10指示灯被点亮，即根节点收到M05节点发送的消息，说明组网通信成功。最后，可在PC机的IAR开发环境中Watch窗口查看存储的测距数据信息的内容。

### 3.6.4 程序编写

首先在OSAL_Distance.c文件中修改下面两行，Distance_Init ( taskID++ ) 表示添加初始化函数到任务栈，DistanceMeasurement_Init ( taskID ) 表示将超声波

测量函数添加到任务栈。

```
Distance_Init( taskID++ );
DistanceMeasurement_Init( taskID );
```

新建 HC_SR04.h 头文件和 HC_SR04.c 初始化文件，放到与 OSAL_Distance.c 相同的文件夹下，相关程序代码如下所示：

1. HC_SR04.h 部分代码程序

```
#include<ioCC2530.h>
#define TRIG P1_7     //P0_5引脚连接HC_SR04的TRIG引脚
#define ECHO P1_3     //P0_6引脚连接HC_SR04的ECHO引脚
//函数声明
void SysClkSet32M(void);
void Delay_10us(void);
void Delayms(uint xms);
void Init_GPIO(void);
void Init_T1(void);
void Init_Key1(void);
void WriteDataLCM(uchar dataW);
void WriteCommandLCM(uchar CMD,uchar Attribc);
void DisplayOneChar(uchar X,uchar Y,uchar DData);
#endif
```

2. HC_SR04.c 部分代码程序

```
{
    CLKCONCMD &= ~0x40;          //设置系统时钟源为32MHz晶振
    while(CLKCONSTA & 0x40);     //等待晶振稳定
    CLKCONCMD &= ~0x47;          //设置系统主时钟频率为32MHz
  //此时的CLKCONSTA为0x88。即普通时钟和定时器时钟都是32MHz。
}
//初始化IO口
```

```
void Init_GPIO(void)
{
  P1DIR |= 0x80;
  P1DIR &= ~0x08;
}
//初始化定时器T1
void Init_T1(void)
{
  T1CTL = 0x05;
  T1STAT= 0x21;//通道0,中断有效,8分频;自动重装模式(0x0000->0xffff)
  T1CNTL=0x0000;
  T1CNTH=0x0000;
}
//外部中断方式中断配置
void Init_Key1(void)
{
  P1IEN |= 0X08;
  PICTL &= ~0X01;             // 上升沿触发
  IEN2 |= 0X10;               // 允许P0口中断
  P1IFG = 0x08;               // 初始化中断标志位
  EA = 1;
}
```

3. 在Distance.h头文件中，对中断进行了相应的配置并添加了变量和函数的声明

```
...
//配置中断，中断端口为P1_3
#define HAL_KEY_SW_7_PORT   P1
#define HAL_KEY_SW_7_BIT    BV(3)
#define HAL_KEY_SW_7_SEL    P1SEL
#define HAL_KEY_SW_7_DIR    P1DIR
//上升沿触发
#define HAL_KEY_SW_7_EDGEBIT  BV(0)
```

```
#define HAL_KEY_SW_7_EDGE      HAL_KEY_RISING_EDGE
// SW_6 中断设置
#define HAL_KEY_SW_7_IEN       IEN2  // 中断屏蔽寄存器
#define HAL_KEY_SW_7_IENBIT    BV(4)  // 端口 0 的屏蔽位
#define HAL_KEY_SW_7_ICTL      P1IEN  //P1 端口中断使能控制寄存器
#define HAL_KEY_SW_7_ICTLBIT   BV(3)  //P0IEN 中 P0-1 中断使能位
#define HAL_KEY_SW_7_PXIFG     P1IFG  //P1 中断标志
extern void Distance_Init( byte task_id );
extern void DistanceMeasurement_Init( byte task_id );
//APP 的任务事件处理
extern UINT16 Distance_ProcessEvent( byte task_id, UINT16 
events );
extern UINT16 DistanceMeasurement_ProcessEvent( byte task_id, 
UINT16 events );
```

4. 添加函数

在 Distance.c 文件中，添加 HC_SR04 超声波测距传感器初始化与测量函数 Distance Measurement_Init ( uint8 task_id ) 函数和 DistanceMeasurement_Init。osal_start_ timerEx 函数，每次经过 LINGHTMEASUREMENT_TIMEOUT 时长，将 LINGHTMEA SUREMENT_EVT 任务添加到任务栈。在函数 DistanceMeasurement_ProcessEvent 中，调用了函数 HC_SR04.c 文件中距离测量的函数，从而可以采集到距离数值信息。

```
uint16 DistanceMeasurement_ProcessEvent( uint8 task_id, uint16 
events )
{
  if ( events & DISTANCEMEASUREMENT_EVT )
  {
    osal_start_timerEx( DistanceMeasurement_TaskID,
                        DISTANCEMEASUREMENT_EVT,
                        DISTANCEMEASUREMENT_TIMEOUT );
    SysClkSet32M();
    Init_GPIO();
```

```
    Init_Key1();
    TRIG =0;          //TRIG触发测距
    Delay_10us();     //给至少10μs的高电平信号
    TRIG =1;          //TRIG触发终止
    Delayms(50);      //延时周期
    //返回未处理事件
    return (events ^ DISTANCEMEASUREMENT_EVT);
  }
    //舍弃未知事件
  return 0;
}
void DistanceMeasurement_Init( uint8 task_id )
{
  DistanceMeasurement_TaskID = task_id;
  DistanceMeasurement_TransID = 0;
  osal_start_timerEx( DistanceMeasurement_TaskID,
                      DISTANCEMEASUREMENT_EVT,
                      DISTANCEMEASUREMENT_TIMEOUT );
  RegisterForKeys( DistanceMeasurement_TaskID );
}
```

### 5. 初始化函数HAL_ISR_FUNCTION( halKeyPort1Isr, P1INT_VECTOR )处理中断

当端口P1_3有中断源时,进入中断处理函数,距离值存放在变量fDistance中。

```
HAL_ISR_FUNCTION( halKeyPort1Isr, P1INT_VECTOR )
{
if (HAL_KEY_SW_7_PXIFG & HAL_KEY_SW_7_BIT)
  {
    Init_T1();
    while(ECHO);
    L=T1CNTL;
    H=T1CNTH;
    s=256*H;
```

```
    distance=((s+L)*340)/30000.0;
    fDistance=distance/2;
    T1CNTL=0x0000;
    T1CNTH=0x0000;
    P1IFG = 0;                 //清中断标志
    P1IF = 0;                  //清中断标志
  }
}
```

### 6. 修改发送函数

在发送函数中，ltoa() 函数将测量的距离数据转换格式后保存到发送的消息缓冲区 MessageData 中。

```
static void Distance_SendTheMessage( void )
{
  unsigned char theMessageData[15] = "Distance:";
  _ltoa( (uint32)(fDistance), &theMessageData[9], 10 );
  for (unsigned char i=0; i<15-1; i++)
  {
    if (theMessageData[i] == 0x00 )
    {
      theMessageData[i] = ' ';
    }
  }
  if ( AF_DataRequest( &Distance_DstAddr, &Distance_epDesc,
                       Distance_CLUSTERID,
                       (byte)osal_strlen( theMessageData )+ 1,
                       (byte *)&theMessageData,
    &Distance_TransID,
    AF_DISCV_ROUTE, AF_DEFAULT_RADIUS ) ==
    afStatus_SUCCESS )
  {
//发送成功
  }
```

```
    else
    {
  //发送失败
    }
  }
```

7. 修改协调节点程序

在编写协调节点程序中，需要修改消息处理函数GenericApp_MessageMSGCB()，通过osal_memcpy()函数将接收到的距离数据信息存储到缓冲区中。

```
...
static void GenericApp_MessageMSGCB(afIncomingMSGPacket_t *pkt)
{
unsigned char buffer[15];
  switch ( pkt->clusterId )
  {
    case GENERICAPP_CLUSTERID:
      osal_memcpy(buffer,pkt->cmd.Data,15);
#if defined( LCD_SUPPORTED )
      HalLcdWriteScreen( (char*)pkt->cmd.Data, "rcvd" );
#elif defined( WIN32 )
      WPRINTSTR( pkt->cmd.Data );
#endif
      break;
  }
}
```

## 3.7 无线姿态识别节点接入及组网应用

### 3.7.1 实例内容及相关设备

本实例的操作是将M04无线姿态识别节点模块加入到无线网络中。具体操作过程是将 M04 模块中陀螺仪与加速度传感器采集到的信息数据通过 ZigBee 网络协议发送给协调节点（根节点）。然后，在 PC 机 IAR 开发环境中协调节点对应存储缓冲区中，可以查看到所接收的姿态数据信息。本实例所应用的操作设备如下所示：

（1）安装有 Microsoft Windows XP 或更高版本操作系统，同时具备 USB2.0 或以上端口和不低于 Intel Core2Duo 2GHz、2GB RAM 的 PC 机。在软件方面，需要安装 IAR 集成开发环境、Z-Stack 协议栈开发包。

（2）物联网综合教学实验平台、M04 无线姿态节点模块和根节点模块、SmarRF04EB 调试器，以及 USB 连接线和扁平排线连接电缆。

### 3.7.2 实例原理及相关知识

MPU-6050 模块是 InvenSense 公司推出的一款低成本的 9 轴运动处理传感器，它内部集成了 3 轴 MEMS 陀螺仪，3 轴 MEMS 加速度计，以及一个可扩展的数字运动处理器 DMP（Digital Motion Processor），可用 $I^2C$ 接口连接一个第三方的数字传感器，比如磁力计。MPU-6050 也可以通过其 $I^2C$ 接口连接非惯性的数字传感器，比如压力传感器。其体积小巧，用途非常广，例如，平衡小车、四轴飞行器、飞行鼠标等等。

MPU-6050 对陀螺仪和加速度计分别用了 3 个 16 位的 ADC，将测量的模拟量转化为可输出的数字量。为了精确跟踪快速和慢速的运动，传感器的测量范围都是用户可控的，MPU-6050 的陀螺仪部分支持 $X$ 轴、$Y$ 轴和 $Z$ 轴三个方向的倾斜角度，并且用户可以调整最大量程：±250°/秒、±500°/秒、±1000°/秒和 ±2000°/秒（dps）。加速度计可测范围为 ±2，±4，±8，±16g。一个片上 1024 字节的 FIFO 缓冲队列，有助于降低系统功耗。所有设备寄存器之间，通信采用 400kHz 的 $I^2C$ 接口。另外，片上还内嵌了一个温度传感器和在工作环境下仅有 ±1% 变动的振荡器。芯片尺寸为 4mm×4mm×0.9mm，采用 QFN 封装（无引线方形封装），可承受最大 10000g 的冲击，并有可编程的低通滤波器。供电电源为 3 ~ 5V，此外还有低至 3.6mA 的工作电流、低至 5μA 的待机电流以及自测等功能。MPU-6050 实物图如图 3.11 所示。

MPU-6050 支持标准的 $I^2C$ 通信协议，通信起始于主设备向总线发出的 START 信号，$I^2C$ 的数据定义为 8 位长度，传输的每一个字节都必须跟随 ACK 信号。传感器作为从设备与主设备通信时，由主设备（CC2530）发出时钟信号 SCL。

发送 START 信号后，主设备发出 7 位的从设备地址码，以及 1 位的读写控制位，该控制位决定了是主机从设备接收数据还是向从设备发送数据。然后主机释放 SDA 数据线，并等待从设备发出来的 ACK 响应信号，每一个字节传输完成

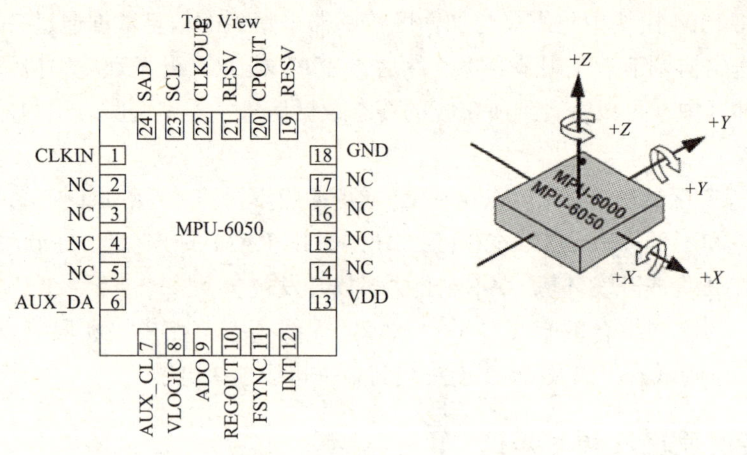


图 3.11 MPU—6050 实物图

后也都必须跟随一个ACK信号，在完成所有的传输之后，还必须发出STOP信号，其基本时序如图3.12所示。

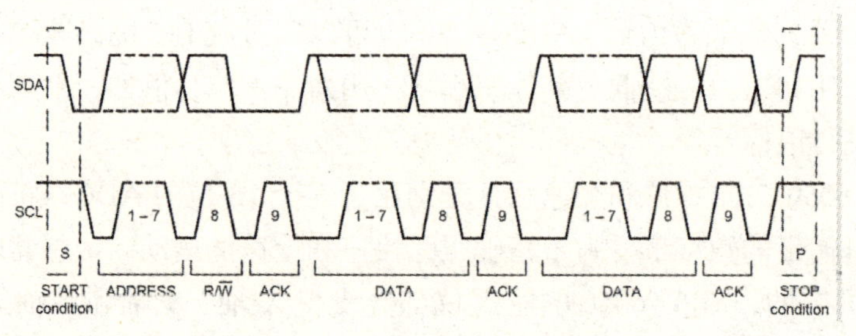


图 3.12 I²C 通信协议基本时序

本实例入网原理与相关操作与3.4节类似。

### 3.7.3 实例步骤

在PC机的IAR开发环境下编写完成相关代码后，各自编译下载。打开实验平台电源开关，开启运行。实验平台上DS10指示灯闪动数次后熄灭，表明根节点工作正常。接着打开M04无线姿态节点模块上的S2电源开关，会发现M04无线姿态节点模块上的DS6指示灯被点亮，表明该M04节点入网成功。然后把M04节点模块上的摇杆按键U2向右拨动，实验平台上DS10指示灯被点亮，即根节点收到M04节点发送的消息，说明组网通信成功。最后，可在PC机的IAR开发环境中的Watch窗口查看存储的陀螺仪与加速度传感器数据信息的内容。

### 3.7.4 程序编写

首先在OSAL_Posture.c文件中修改下面两行，其中Posture_Init( taskID++ )表示添加初始化函数到任务栈，PostureMeasurement_Init( taskID )表示将陀螺仪

测量函数添加到任务栈。

```
Posture_Init( taskID++ );
PostureMeasurement_Init( taskID );
```

新建 MPU.h 头文件和 MPU.c 执行文件，放到与 OSAL_Posture.c 同样的文件夹下，程序代码如下所示。

1. MPU.h 部分代码程序

```
//MPU6050 定义内部存放数据的地址
#define     SMPLRT_DIV     0x19   //陀螺仪采样率，典型值：0x07(125Hz)
#define     CONFIG         0x1A   //低通滤波频率，典型值：0x06(5Hz)
#define     GYRO_CONFIG    0x1B   //陀螺仪自检及测量范围，典型值：
                                  //0x18(不自检，2000deg/s)
#define     ACCEL_CONFIG 0x1C     //加速计自检、测量范围及高通滤波频率
                                  //典型值：0x01(不自检，2G，5Hz)
#define     ACCEL_XOUT_H 0x3B
#define     ACCEL_XOUT_L 0x3C
#define     ACCEL_YOUT_H 0x3D
#define     ACCEL_YOUT_L 0x3E
#define     ACCEL_ZOUT_H 0x3F
#define     ACCEL_ZOUT_L 0x40
#define     TEMP_OUT_H     0x41
#define     TEMP_OUT_L     0x42
#define     GYRO_XOUT_H    0x43
#define     GYRO_XOUT_L    0x44
#define     GYRO_YOUT_H    0x45
#define     GYRO_YOUT_L    0x46
#define     GYRO_ZOUT_H    0x47
#define     GYRO_ZOUT_L    0x48
#define     PWR_MGMT_1     0x6B   //电源管理，典型值：0x00(正常启用)
#define     WHO_AM_I       0x75   //I2C 地址寄存器(默认数值 0x68，只读)
#define MPU6050_SA_W    0xD0
#define MPU6050_SA_R    0xD1
```

```
typedef   unsigned char BYTE;
typedef   unsigned short WORD;
void WriteDataLCM(uchar dataW);
void WriteCommandLCM(uchar CMD,uchar Attribc);
void DisplayOneChar(uchar X,uchar Y,uchar DData);
```

2. MPU.c 部分代码程序

```
//初始化 SDA，SCL 口数据
 void _Port_Init(void)
 {
     _SCL_0();
     _SDA_1();
 }
//等待响应函数
 uint _Wait_ACK(void)
 {
     uint bc=0;
     uint16 i=1000;
     _SDA_IN();
     _SCL_1();
     NOP();
     do
     {
      if(_SDA==0)
       break;
     }while(i--);
     bc=_SDA;
     _SCL_0();
     _SDA_OUT();
     return bc;
 }
//向 SDA 数据口写入一个字节
 uint _Write(uint data)
```

```
{
    uint i;
    _SDA_OUT();
    _SCL_0();
    for(i=0;i<8;i++)
    {
      if(data&0x80)
      {
        _SDA_1();
      }
      else
      {
        _SDA_0();
      }
      data<<=1;
      _SCL_1();
      NOP();
      _SCL_0();
      NOP();
    }
    _SDA_1();//释放总线
    if(_Wait_ACK()==0)//ACK
    {
      return 1;
    }
    else
    {
      return 0;
    }
}
//向SDA数据口读出一个字节
uint _Read()
{
    uint data=0;
```

```
    uint i;
    _SDA_IN();
    _SCL_0();
    NOP();
    for(i=0;i<8;i++)
    {
      _SCL=1;
      NOP();
      data<<=1;
      if(_SDA)
      {
        data|=1;
      }
      _SCL=0;
      NOP();
    }
    _SDA_OUT();
    _SCL_0();
    NOP();
    return data;
}
//向地址addr写入一字节wd
uint _Write_Data(uint addr,uint wd)
{
      _Start();
      if(_Write(MPU6050_SA_W))//Slave address+R/W     0xD0+0/1
      {
            if(_Write(addr))
            {
                  if(_Write(wd))
                  {
                    _Stop();
                    NOP();
                    return wd;
```

```
                }
                return 0xf3;
            }
            return 0xf2;
        }
        else
          return 0xf1;
}
  //读取地址addr数据
 uint _Read_Data(uint addr)              //数据读出
{
         uint rd;
        _Start();
        if(_Write(MPU6050_SA_W))
        {
          if(_Write(addr))
          {
            _Start();
            if(_Write(MPU6050_SA_R))
            {
              rd=_Read();
              if(_Wait_ACK());//NoACk
              _Stop();
              NOP();
              return rd;
            }
            return 0xf3;
          }
          return 0xf2;
        }
        return 0xf1;
 }
//MPU6050初始化
 void  _MPU_Init(void)
```

```
{
    _Port_Init();
    _Write_Data(PWR_MGMT_1, 0x00);          //解除休眠状态
    _Write_Data(SMPLRT_DIV, 0x07);
    _Write_Data(CONFIG, 0x06);
    _Write_Data(GYRO_CONFIG, 0x18);
    _Write_Data(ACCEL_CONFIG, 0x01);
}
void read()
 {
    HX=_Read_Data(ACCEL_XOUT_H);
    LX=_Read_Data(ACCEL_XOUT_L);
    ax=((HX<<8)|LX)/32768.0*19.5;
    HY=_Read_Data(ACCEL_YOUT_H);
    LY=_Read_Data(ACCEL_YOUT_L);
    ay=((HY<<8)|LY)/32768.0*19.5;
    HZ=_Read_Data(ACCEL_ZOUT_H);
    LZ=_Read_Data(ACCEL_ZOUT_L);
    az=((HZ<<8)|LZ)/32768.0*19.5;
    TH=_Read_Data(TEMP_OUT_H);
    TL=_Read_Data(TEMP_OUT_L);
    temp=((TH<<8)|TL)/340.0+36.53;
    GHX=_Read_Data(GYRO_XOUT_H);
    GLX=_Read_Data(GYRO_XOUT_L);
    jx=((GHX<<8)|GLX)/32768.0*2000;
    GHY=_Read_Data(GYRO_YOUT_H);
    GLY=_Read_Data(GYRO_YOUT_L);
    jy=((GHY<<8)|GLY)/32768.0*2000;
    GHZ=_Read_Data(GYRO_ZOUT_H);
    GLZ=_Read_Data(GYRO_ZOUT_L);
    jz=((GHZ<<8)|GLZ)/32768.0*2000;
}
```

通过调用“read()”函数，可以从传感器内部获取所有的传感器数据，包括

以下三类：

（1）加速度传感器 $X$ 轴高字节、加速度传感器 $X$ 轴低字节、加速度传感器 $Y$ 轴高字节、加速度传感器 $Y$ 轴低字节、加速度传感器 $Z$ 轴高字节、加速度传感器 $Z$ 轴低字节。

（2）内部温度传感器数据高字节、内部温度传感器数据低字节。

（3）陀螺仪传感器 $X$ 轴高字节、陀螺仪传感器 $X$ 轴低字节、陀螺仪传感器 $Y$ 轴高字节、陀螺仪传感器 $Y$ 轴低字节、陀螺仪传感器 $Z$ 轴高字节、陀螺仪传感器 $Z$ 轴低字节。

### 3. 在 Posture.h 头文件中添加了变量和函数的声明

```
extern void Posture_Init( byte task_id );
extern void PostureMeasurement_Init( byte task_id );
// 处理 APP 事件
extern UINT16 Posture_ProcessEvent( byte task_id, UINT16
events );
extern UINT16 PostureMeasurement_ProcessEvent( byte task_id,
UINT16 events );
```

### 4. 添加相关函数

在 Posture.c 文件中添加了陀螺仪与加速度传感器初始化与测量函数 Posture Measurement_Init ( uint8 task_id ) 和 PostureMeasurement_Init。osal_start_timerEx 函数每次经过 POSTUREMEASUREMENT_TIMEOUT 时长，将 POSTUREMEASURE MENT_EVT 任务添加到任务栈。而函数 PostureMeasurement_ProcessEvent 中调用了函数 MPU.c 文件中的测量函数，从而可以采集到陀螺仪与加速度传感器的数值信息。

```
uint16 PostureMeasurement_ProcessEvent( uint8 task_id, uint16
events )
{
  if ( events & POSTUREMEASUREMENT_EVT )
  {
    osal_start_timerEx( PostureMeasurement_TaskID,
                        POSTUREMEASUREMENT_EVT,
                        POSTUREMEASUREMENT_TIMEOUT );
```

```
    _MPU_Init();
    NOP();
    read();
    flag++;
    //返回未处理事件
    return (events ^ POSTUREMEASUREMENT_EVT);
  }
  //舍弃未知事件
  return 0;
}
void PostureMeasurement_Init( uint8 task_id )
{
  PostureMeasurement_TaskID = task_id;
  PostureMeasurement_TransID = 0;
  osal_start_timerEx( PostureMeasurement_TaskID,
                      POSTUREMEASUREMENT_EVT,
                      POSTUREMEASUREMENT_TIMEOUT );
  RegisterForKeys( PostureMeasurement_TaskID );
}
```

### 5. 修改发送函数

在发送函数中，也有部分修改。_ltoa() 函数将加速度陀螺仪信息放到发送的消息缓冲区 theMessageData 中。如果加速度或者陀螺仪在 $X$、$Y$、$Z$ 方向上的数值为负数，则将相应的标志位设置为 0，否则置 1。因为信息长度为 23，所以发送长度为不小于 23 的数即可，这里设为 24。

```
static void Posture_SendTheMessage( void )
{
  unsigned char theMessageData[15] = "Pos:";
  extern double ax,ay,az,jx,jy,jz;
  unsigned char theMessageData[24]="EndDevice";
  theMessageData[0]='0'+(int)ax/10;
  theMessageData[1]='0'+(int)ax%10;
  theMessageData[2]='0'+(int)((ax-(int)(ax/10)*10-(int)
```

```
ax%10)/0.1);
    theMessageData[3]='0'+(int)ay/10;
    theMessageData[4]='0'+(int)ay%10;
     theMessageData[5]='0'+(int)((ay-(int)(ay/10)*10-(int)
ay%10)/0.1);
    theMessageData[6]='0'+(int)az/10;
    theMessageData[7]='0'+(int)az%10;
     theMessageData[8]='0'+(int)((az-(int)(az/10)*10-(int)
az%10)/0.1);
    theMessageData[9]='0'+(int)jx/10;
    theMessageData[10]='0'+(int)jx%10;
     theMessageData[11]='0'+(int)((jx-(int)(jx/10)*10-(int)
jx%10)/0.1);
    theMessageData[12]='0'+(int)jy/10;
    theMessageData[13]='0'+(int)jy%10;
     theMessageData[14]='0'+(int)((jy-(int)(jy/10)*10-(int)
jy%10)/0.1);
    theMessageData[15]='0'+(int)jz/10;
    theMessageData[16]='0'+(int)jz%10;
     theMessageData[17]='0'+(int)((jz-(int)(jz/10)*10-(int)
jz%10)/0.1);
    my_DstAddr.addrMode=(afAddrMode_t)Addr16Bit;
    my_DstAddr.addr.shortAddr=0x0000;
    AF_DataRequest(&Posture_DstAddr
    ,&Posture_epDesc
    ,Posture_CLUSTERID
    ,24
    ,theMessageData
    ,&Posture_TransID
    ,AF_DISCV_ROUTE
    ,AF_DEFAULT_RADIUS);
   }
```

### 6. 协调节点程序修改

在协调节点程序中，需要修改消息处理函数 GenericApp_MessageMSGCB()，通过 osal_memcpy() 函数，可以将陀螺仪信息存储到缓冲区 buffer 中。

```
static void GenericApp_MessageMSGCB(afIncomingMSGPacket_t *pkt)
{
unsigned char buffer[23];
  switch ( pkt->clusterId )
  {
    case GENERICAPP_CLUSTERID:
      osal_memcpy(buffer,pkt->cmd.Data,23);
#if defined( LCD_SUPPORTED )
      HalLcdWriteScreen( (char*)pkt->cmd.Data, "rcvd" );
#elif defined( WIN32 )
      WPRINTSTR( pkt->cmd.Data );
#endif
      break;
  }
}
```

# 第 4 章

# 基于 Linux 网关平台的构建与应用实例

```
#define uint unsignedint
#define uchar unsignedchar
ucharnum[50];
uinti = 0, flag = 0;
void main()
{
setSysClk();
  uart0_init();
while(1)
  {
  }
}
voidsetSysClk()
{
  CLKCONCMD&=0XBF;
Delayms(1);
  CLKCONCMD&=0XC0;
Delayms(1);
}
void uart0_init()
{
  PERCFG =0x00;
  P0SEL|=0x0C;
  U0CSR|=0xC0;
  U0UCR|=0X00;
  U0GCR|=8;
  U0BAUD =59;
  UTX0IF =0;
  URX0IE =1;
  IEN0 |=0x04;
  EA = 1;
}
#pragma vector=URX0_VECTOR
__interrupt void UART0_ISR(void)
{
  URX0IF =0;
num[i++] = U0DBUF;
if(i>=49)
  {
i=0;
  }
}
```

网关平台在无线传感网络中充当了信息枢纽的作用，它不仅具有不同网络间的协议转换、网络路由和数据融合等功能，还可以负责整个网络中所有无线节点信息的汇集、管理、显示、上传，以及向无线控制节点发送控制指令的功能。

根据物联网工程专业实践教学的需要，本章内容实现了基于嵌入式 Linux 操作系统网关平台的搭建和安装。另外，在网关平台上，还实现了包括摄像头采集、条形码识别、指纹采集和音频播放的应用实例。

## 4.1 Linux网关平台开发环境的搭建与安装

### 4.1.1 实例内容及相关设备

本实例的主要内容是在宿主机（PC 机）上完成交叉编译环境的搭建，应用开发环境 Qtopia 的安装，以及 ARM 版本的 QtE-4.8.5 的编译和安装。当完成宿主机开发环境的建立后，需要制作 Uboot 启动文件、配置并编译嵌入式 Linux 内核和根文件系统。最后，介绍基于 Linux 网关平台系统软件的下载与烧写过程。本实例所使用的软件和操作设备如下所示：

（1）Linux 发行版（本实例采用的是 Ubuntu12.04）、交叉编译工具链 arm-linux-gcc-4.5.1、Linux 内核源代码（linux-3.5）、Qtopia-2.2.0 平台源代码（分为 x86 和 ARM 两个平台版本）、arm-qt-extended-4.4.3 平台源代码（即 Qtopia4，分为 x86 和 ARM 两个平台版本）、QtE-4.8.5 平台源代码（arm 版本）和目标文件系统目录等软件；具备 USB2.0 或以上端口和不低于 Intel Core2Duo 2GHz、2GB RAM 的 PC 机。

（2）物联网综合教学实验平台、USB 接口调试器，以及相关连接线缆。

### 4.1.2 实例原理与相关知识

目前，大部分 Linux 软件开发都采用本机（HOST）开发、调试和本机运行的方式。然而，这种方式不适合嵌入式系统的软件开发。主要原因是嵌入式系统自身没有足够的资源在本机上运行开发工具和调试工具，另外嵌入式 Linux 支持的各种嵌入式处理器的体系结构也不完全相同。所以，嵌入式系统的软件开发采用了一种交叉编译、调试的方式，即交叉编译调试环境建立在宿主机（PC 机）上，通过交叉编译后的软件才能在目标机（或称开发板）上运行。

在安装有 Linux 发行版的宿主机上进行开发时，需要使用宿主机上的交叉编译、汇编及连接工具来形成可执行的二进制代码（这种可执行代码并不能在宿主机上执行，只能在目标机上执行）。然后，把可执行代码下载到目标机上运行。调试时使用的方法很多，例如，使用串口、以太网口等，具体可以根据目标机处理器所提供的调试方法来选择。

宿主机和目标机的处理器体系结构一般不相同，宿主机一般为 Intel 的 x86 或 x64 处理器，而目标机多选用嵌入式微处理器，如本实验平台网关部分采用的就是韩国三星公司的 Exynos4412 嵌入式微处理器（即 ARM 系列 Cortex-A9 多核微处理器）。宿主机中的 GNU 编译器能够在编译时选择开发所需的宿主机和目标机，从而建立开发环境。所以在进行嵌入式开发之前，首要的工作就是安装一台装有指定操作系统和开发环境(如Ubuntu，Debian等)的PC 机作为宿主开发机。在宿主机上，需要安装的操作系统通常为 Linux 的各类发行版。

### 4.1.3 实例步骤

#### 1. 虚拟机的创建及环境配置

本实例要求首先在 PC 机上下载安装 VMWare 虚拟机环境的文档，其安装过程如下：打开 VMWare，点击 File|New|VirtualMachine。选择 Typical 后，再选择 Installer disc image file（ISO）。按下 Browse 按键选择 Ubuntu 的安装源码 Ubuntu-12.04-desktop-i386.iso 文件，点击 next 进行虚拟机选项的设置，其内部包括用户名、密码。继续点击 next 选择安装的目录并设置虚拟机的名称，再点击 next 设置虚拟机的存储空间大小。完成这些设置选项后，按下 Finish 键即可开始安装 Ubuntu。

虚拟机安装完成后，为了方便后面项目的开发，可以安装 VMWare Tool 工具。通过 VM 选项中的 Install VMware Tools 选项可以自动完成安装。在进入虚拟机之前，还需要设置共享文件夹，这是为了方便主机和虚拟机之间的文件共享。通过 VM 选项中的 setting 进入设置界面，设置 Shared Folders 即可以完成共享文件夹的设置。共享文件夹的设置界面如图 4.1 所示。

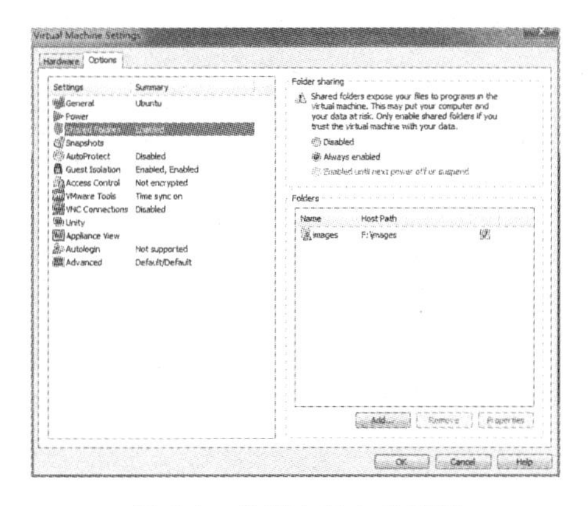


图 4.1　共享文件夹的设置

通过以下命令进入虚拟机共享文件夹：

```
#cd /mnt/hgfs
```

由于安装虚拟机时使用的是普通用户，而在安装软件以及嵌入式开发过程中经常会使用到root权限。为了避免用户权限的问题，可以在进入系统后完善root用户信息，使用以下命令：

```
$sudo su
```

根据提示输入当前用户的密码，进入临时root用户权限，再执行下面命令：

```
#sudo -s
#sudo passwd
```

接着输入root用户的密码，这样就可以在后面使用root来登录系统进行开发。完成以上步骤后，虚拟机基本安装结束，下一步需要安装网关平台开发环境以及其他工具。在安装之前需要将这些工具以及软件源码拷贝到虚拟机中，通过设置的共享文件夹将源码传输到虚拟机中，使用的源码列表如下所示：

- arm-linux-gcc-4.5.1-v6-vfp-20120301.tgz
- arm-qte-4.8.5-20131207.tar.gz
- arm-qt-extended-4.4.3-20101105.tgz
- arm-qtopia-20101105.tar.gz
- linux-3.5-20140109.tgz
- rootfs_qtopia_qt4-20131222.tar.gz
- target-qte-4.8.5-to-devboard.tgz
- target-qte-4.8.5-to-hostpc.tgz
- uboot_tiny4412-20130729.tgz
- x86-qte-4.6.1-20100201.tar.gz
- x86-qt-extended-4.4.3-20101003.tgz
- x86-qtopia-20100420.tar.gz

其中，包括Uboot源码、Linux源码、交叉编译工具链源码、Qtopia开发工具源码、QTE源码和目标文件系统源码。

完成源码的拷贝后，为了统一开发方便使用可以根据需求建立开发目录。本实例中所使用的工程目录如下：

```
#cd /opt
#mkdir -p FriendlyARM/tiny4412/linux
#cp /mnt/hgfs/images/* FriendlyARM/tiny4412/linux/
```

这样就将所用到的源码文件全部拷贝到FriendlyARM/tiny4412/linux目录下，在该目录下统一安装。

#### 2. 交叉编译工具链的安装

本实例使用的是arm-linux-gcc-4.5.1版本，解压后再配置系统环境变量就可以使用。由于之前已经将该源码文件拷贝到虚拟机中，直接执行以下的命令：

```
#cd /opt/FriendlyARM/tiny4412/linux
#tar xvzf arm-linux-gcc-4.5.1-v6-vfp-20120301.tgz -C /
```

需要注意的是，在 -C 之后有一个空格，这条指令的意思是将文件解压至根目录下，系统会将交叉编译工具链安装在 /opt/FriendlyARM/toolschain/4.5.1 目录下。

解压完成后，需要配置系统环境变量，通过修改 ~/.bashrc 文件来修改系统的环境变量，执行的命令如下：

```
#vi ~/.bashrc
```

在打开的文件最后加上 export PATH=$PATH:/opt/FriendlyARM/toolschain/4.5.1/bin，然后保存退出，执行：

```
#source ~/.bashrc
```

配置文件立即生效，这样就可以在系统中使用交叉编译工具链了。通过在终端中输入 arm-linux-gcc -v 来查看交叉编译工具链是否安装成功，安装成功后会输出如下的信息：

```
root@ubuntu:~# arm-linux-gcc -v
Using built-in specs.
COLLECT_GCC=arm-linux-gcc
COLLECT_LTO_WRAPPER=/opt/FriendlyARM/toolschain/4.5.1/libexec/gcc/arm-none-linux
-gnueabi/4.5.1/lto-wrapper
Target: arm-none-linux-gnueabi
Configured with: /work/toolchain/build/src/gcc-4.5.1/configure --build=i686-buil
d_pc-linux-gnu --host=i686-build_pc-linux-gnu --target=arm-none-linux-gnueabi --
prefix=/opt/FriendlyARM/toolschain/4.5.1 --with-sysroot=/opt/FriendlyARM/toolsch
ain/4.5.1/arm-none-linux-gnueabi/sys-root --enable-languages=c,c++ --disable-mul
tilib --with-cpu=arm1176jzf-s --with-tune=arm1176jzf-s --with-fpu=vfp --with-flo
at=softfp --with-pkgversion=ctng-1.8.1-FA --with-bugurl=http://www.arm9.net/ --d
isable-sjlj-exceptions --enable-__cxa_atexit --disable-libmudflap --with-host-li
bstdcxx='-static-libgcc -Wl,-Bstatic,-lstdc++,-Bdynamic -lm' --with-gmp=/work/to
olchain/build/arm-none-linux-gnueabi/build/static --with-mpfr=/work/toolchain/bu
ild/arm-none-linux-gnueabi/build/static --with-ppl=/work/toolchain/build/arm-non
e-linux-gnueabi/build/static --with-cloog=/work/toolchain/build/arm-none-linux-g
nueabi/build/static --with-mpc=/work/toolchain/build/arm-none-linux-gnueabi/buil
d/static --with-libelf=/work/toolchain/build/arm-none-linux-gnueabi/build/static
 --enable-threads=posix --with-local-prefix=/opt/FriendlyARM/toolschain/4.5.1/ar
m-none-linux-gnueabi/sys-root --disable-nls --enable-symvers=gnu --enable-c99 --
enable-long-long
Thread model: posix
gcc version 4.5.1 (ctng-1.8.1-FA)
```

### 3. U-Boot 的制作

由于本设备网关平台使用的是 Tiny4412 核心板，因此可以应用 Superboot4412.bin 启动文件，也可以通过通用的 U-Boot 文件来制作自己的启动文件。

U-Boot 全称是 Universal Boot Loader，是遵循 GPL 条款的开放源码项目。U-Boot 的工作模式有启动加载模式和下载模式，其中启动加载模式是 Bootloader 的正常工作模式。嵌入式产品发布时，Bootloader 必须工作在这种模式下。Bootloader 将嵌入式操作系统从 Flash 中自动加载到 SDRAM 中运行。下载模式就是 Bootloader 通过某种通信手段将内核映像或根文件系统映像等，从 PC 机下载到目标板的Flash存储器中。注意，用户可以利用Bootloader提供的一些命令接口来完成相应的操作。

大多数Bootloader分为Stage1和Stage2两部分，U-Boot也不例外。依赖于CPU体系结构的代码（如设备初始化等）通常放在Stage1部分且可以用汇编语言来实现，而Stage2部分则通常用C语言来实现，这样可以实现复杂的功能且有更好的可读性和移植性。U-Boot的Stage1代码通常放在Start.S文件中，其主要代码部分如下：

（1）定义入口。由于一个可执行的image必须有一个入口点，并且只能有一个全局入口，通常这个入口放在ROM(Flash)的0x0地址，因此必须通知编译器使其知道这个入口，该工作可通过修改连接器脚本来完成。

（2）设置异常向量(exception vector)。

（3）设置CPU的速度、时钟频率及中断控制寄存器。

（4）初始化内存控制器。

（5）将ROM中的程序复制到RAM中。

（6）初始化堆栈。

（7）转到RAM中执行，该工作可使用指令ldrpc来完成。

U-Boot的Stage2代码用C语言编程，其中lib_arm/board.c中的start armboot是C语言开始的函数，也是整个启动代码中C语言的主函数。同时还是整个U-Boot（armboot）的主函数，该函数主要完成如下操作：

（1）调用一系列的初始化函数。

（2）初始化flash设备。

（3）初始化系统内存分配函数。

（4）如果目标系统拥有NAND设备，则初始化NAND设备。

（5）如果目标系统有显示设备，则初始化该类设备。

（6）初始化相关网络设备，填写IP地址等。

（7）进入命令循环（即整个boot的工作循环），接受用户从串口输入的命令，然后进行相应的工作。

使用提供的U-Boot源码文件uboot_tiny4412-20130729.tgz，通过执行下面的命令来进行安装和配置：

```
#cd /opt/FriendlyARM/tiny4412/linux
#tar xvzf uboot_tiny4412-20130729.tgz
#cd uboot_tiny4412
#make tiny4412_config
#make
```

其中，Tiny4412_config 为 makefile 文件中的一个选项，它配置了 Tiny4412 所需的资源项。这样操作后就可以进行编译操作，执行下面的命令：

```
#make -C sd_fuse
```

执行成功后即可生成相应的 U-Boot 文件。

#### 4. 内核镜像文件的制作

内核是操作系统的核心，它实现了对操作系统中的进程、内存、设备驱动程序、文件和网络系统的管理。同时，内核也是应用程序能够稳定执行的基础。

本实例使用的是 Linux-3.5 版本，在配置编译内核镜像之前，需要安装一些组件。一般配置内核时，会使用到头文件、静态库等，这时就需要 libncurses5 组件，通过下面的命令来在系统中安装该组件：

```
#apt-get install libncurses5-dev
```

安装组件完成后，进入工作目录：

```
#cd /opt/FriendlyARM/tiny4412/linux
#tar xvzf linux-3.5-20131010.tar.gz
```

创建 linux-3.5 目录，其中包含了完整的内核源代码。

```
#cd linux-3.5
#cp tiny4412_linux_defconfig .config
```

完成配置文件拷贝后，可以直接使用该默认的配置文件。若需要添加新的设备支持，需要进入内核配置界面进行手动修改，执行如下指令：

```
#make menuconfig
```

可以进入图 4.2 所示的系统配置图形界面。

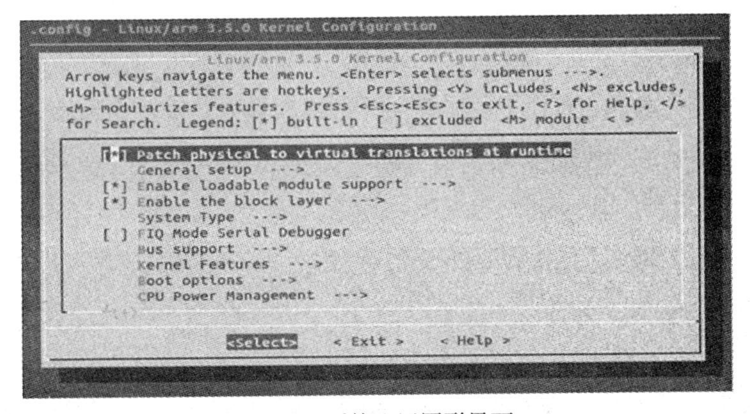


图 4.2 系统配置图形界面

在该图形界面中可以设置为 USB、液晶显示屏等设备的支持，完成系统所需设备配置后，执行如下的编译指令：

```
#make zImage
```

执行成功后，会在arch/arm/boot目录下生成zImage文件，该文件即为所需要的内核文件。

### 5. 制作文件系统

Linux支持多种文件系统，包括ext2、ext3、ext4、vfat、ntfs、iso9660、jffs、romfs和nfs等。为了对各类文件系统进行统一管理，Linux引入了虚拟文件系统VFS(Virtual File System)，为各类文件系统提供一个统一的操作界面和应用编程接口。

Linux启动时，首先必须挂载的是根文件系统。若不能从指定设备上挂载根文件系统，则系统会出错并退出启动。在挂载根文件后就可以自动或手动挂载其他的文件系统，因此一个系统中可以同时存在不同的文件系统。

不同的文件系统类型有不同的特点，因而根据存储设备的硬性特性、系统需求等有不同的应用场合。在嵌入式Linux应用中，主要的存储设备为RAM和ROM，因此常用的文件系统有jffs2、yaffs、romfs等，本实例采用的是ext4文件系统。

为了能够制作ext4文件系统，需要使用make_ext4fs命令。通过下面的指令来完成目标文件系统的制作：

```
#cd /opt/FriendlyARM/tiny4412/linux/
#tar xvzf linux_tools.tgz -C /
```

这样就将make_ext4fs命令解压到/usr/local/bin目录下，系统可以正常使用该命令，接下来就是制作过程：

```
#tar xvzf rootfs_qtopia_qt4-20131222.tar.gz
#make_ext4fs -s -l 314572800 -a root -L linux rootfs_qtopia_
qt4.img rootfs_qtopia_qt4
```

以上操作完成后，若没有发生错误即可生成目标文件系统rootfs_qtopia_qt4.img。其中make_ext4fs命令中-l参数指明了系统分区大小，-s参数表示使用生成ext4的S模式制作，制作成功信息如下所示：

```
root@ubuntu:/opt/FriendlyARM/tiny4412/linux# make_ext4fs -s -l 419430400 -a root
 -L linux rootfs_qtopia_qt4.img rootfs_qtopia_qt4
Creating filesystem with parameters:
    Size: 419430400
    Block size: 4096
    Blocks per group: 32768
    Inodes per group: 6400
    Inode size: 256
    Journal blocks: 1600
    Label: linux
    Blocks: 102400
    Block groups: 4
    Reserved block group size: 31
Created filesystem with 5498/25600 inodes and 80604/102400 blocks
root@ubuntu:/opt/FriendlyARM/tiny4412/linux#
```

### 6. Qtopia 平台的编译安装

使用 Qtopia 源码进行配置安装过程比较复杂，所以本实例中使用了广州友善之臂公司已经配置好的 Qtopia 源码文件。这样，就可以分别执行下面的命令来安装对应的模块：

```
#cd /opt/FriendlyARM/tiny4412/linux/x86-qtopia
#./build-all
```

编译生成 x86 平台下的 Qtopia 只是用于测试，下面将说明 ARM 平台下的 Qtopia 的制作，执行的命令如下：

```
#cd /opt/FriendlyARM/tiny4412/linux/arm-qtopia
#./build-all
#./mktarget
```

上述过程完成之后，将生成 target-qtopia-konq.tgz 文件，该文件可在目标文件系统上使用，并可以通过手动更改来完成 Qtopia 平台的更换。

### 7. QTE 开发工具的安装

QT 是 Trolltech 公司的标志性产品，它是一个跨平台的 C++ 图形用户界面（GUI）工具包。目前 QT 的其他版本有基于 Framebuffer 的 QT Embedded（面向嵌入式的产品）、快速开发工具 QT Designer、国际化工具 Qt Linguist 等。QT 支持所有 Unix 系统，当然也包括 Linux，还支持 WinNT/Win2000 等平台。QT 原则上同 XWindow 上的 Motif、Openwin、GTK 等图形界面库和 Windows 平台上的 MFC、OWL、VCL、ATL 具有同类型的功能。但是，QT 具有优良的跨平台特性、面向对象、丰富的 API、支持 2D/3D 图形渲染和支持 OpenGL、XML 等优点。

本平台上的 QTE（即 QT/Embedded），是专门用来开发 ARM 板上的 QT 扩展版本，QTE 的配置过程比较复杂，与 Qtopia 编译相似。本实例中也使用了广州友善之臂公司提供的配置脚本文件，执行过程如下所示：

```
#cd /opt/FriendlyARM/tiny4412/linux
#tar xvzf arm-qte-4.8.5-20131207.tar.gz
#cd arm-qte-4.8.5
#./build.sh
```

该配置过程时间较长，无错误运行完成后，即编译成功。然后，通过下面的命令来生成所需的文件。

```
#mktarget
```

当执行完成之后，可以从编译好的目标文件目录中提取出必要的 QTE-4.8.5 库文件和可执行二进制文件，并打包为 target-qte-4.8.5-to-devboard.tgz 和 target-qte-4.8.5-to-hostpc.tgz。其中，target-qte-4.8.5-to-devboard.tgz 是用于部署在开发板上的版本。为了节省空间，该版本删除了开发工具，只保留运行程序所需的库文件。而 target-qte-4.8.5-to-hostpc.tgz 是用于安装在 PC 上，用来开发和编译程序的版本，带有 qmake 等 QT 工具以及编译所需的头文件等，可用于配置 QT Creator 开发工具。

将 target-qte-4.8.5-to-hostpc.tgz 在 PC 的根目录下解压，再输入命令：

```
# tar xvzf target-qte-4.8.5-to-hostpc.tgz -C /
```

QTE-4.8.5 会被安装到 /usr/local/Trolltech/QtEmbedded-4.8.5-arm/ 目录下，其中包含了运行所需要的所有库文件和可执行程序。该目录下只有用于开发 ARM 版本的 QT 应用，若想在 PC 机上进行 QT 应用的测试，则直接安装一个 QT Creator 即可。

### 8. 基于 Linux 网关平台系统软件的下载与烧写过程

下面介绍宿主机安装了 Windows7 操作系统环境，Linux 网关平台系统软件的下载与烧写过程。

打开软件包中的 SD-Flasher.exe 软件，需要注意的是要通过管理员身份来打开该软件，如图 4.3 所示。

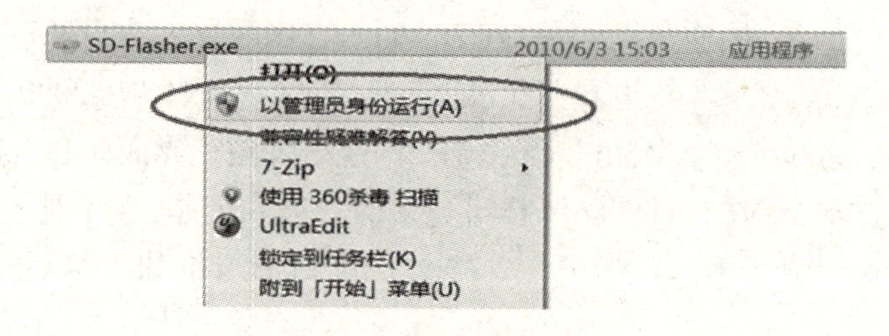


图 4.3　应用程序选择界面

在弹出的“Select your Machine”对话框中选择“Mini4412/Tiny4412”项。然后，在软件中点击 Scan 按钮，将列出连接在计算机的所有 SD 卡。选中需要使用的 SD 卡，如图 4.4 所示。

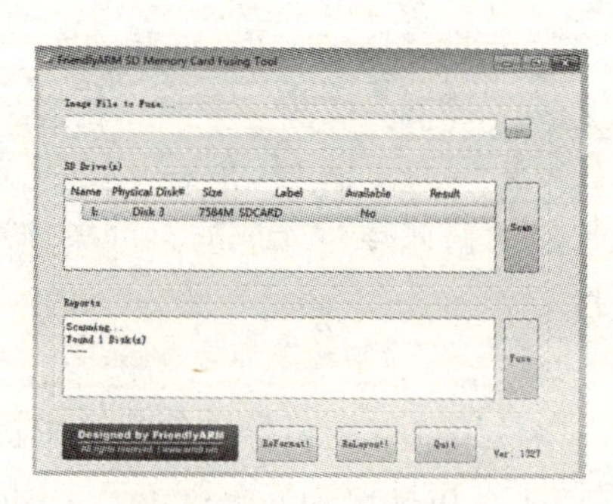


图 4.4　SD 卡选择界面

点击“ReLayout”对 SD 卡重新分区，并在完成后再次点击“Scan”，其 Available 会变为 Yes，如图 4.5 所示。

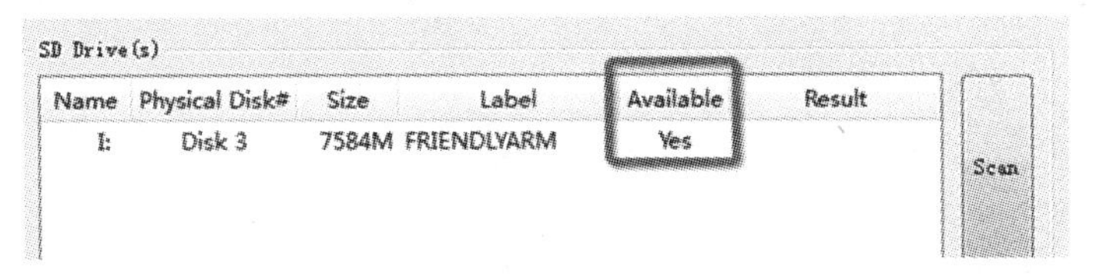


图 4.5 SD 卡确认界面

点击“Image to Fuse”框的选择按钮，选择软件包中的 Superboot4412.bin 文件，点击“Fuse”，将 Superboot4412.bin 烧写到 SD 卡中。软件包中的“images”文件夹中包含了 Superboot4412.bin、Linux\zImage、Linux\ramdisk-u.img、Linux\rootfs_qtopia_qt4.img 和 FriendlyARM.ini，共计 5 个文件。然后，从计算机上拔出 SD 卡，关闭物联网综合教学实验平台电源。在网关平台右侧插入 SD 卡（注意 SD 卡是背面向上），设置网关平台右下角的 S2 开关，切换至 SD 卡启动，如图 4.6 所示。然后重新上电开机，开始烧写系统，烧写系统时 LCD 和串口终端会有进度显示。

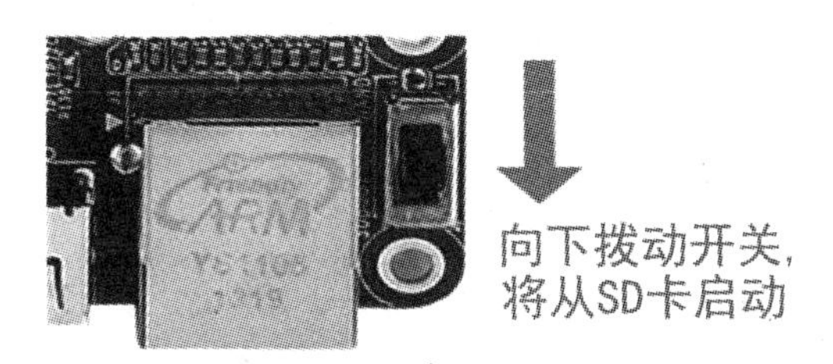


图 4.6 设置从 SD 卡启动开关

烧写完毕把网关平台上的 S2 开关设置为从 eMMC 启动，然后重新将网关平台开机即可启动 Linux 操作系统。

## 4.2 网关平台的设计与应用

### 4.2.1 实例内容及相关设备

本实例的任务是在网关平台上设计一个 QT 应用界面，用来完成传感器数据信息的采集和显示，并对数据进行存储操作，具体内容需要在实验平台已经搭建过的 ZigBee 组网环境下进行。首先在基于 CC2530 无线节点模块中，下载传感器的采集程序，在多个终端节点模块与根（协调）节点之间完成基于 ZigBee 网络的组网实验。同时，根节点将众多传感器节点发送过来的数据包通过串口转发到网关平台上。本实例在此基础上开发出相关的 QT 应用程序，用来收集传感器数据并呈现在网关平台显示器上，同时通过显示界面也能够实现传感器节点的操控。本实例所应用的操作设备及软件如下所示：

（1）安装有搭建好开发环境的虚拟机，同时要求该机硬件系统具备 USB2.0 或以上端口和不低于 Intel Core2Duo 2GHz、2GB RAM。

（2）物联网综合教学实验平台、根节点及传感器模块、USB 接口调试器，以及连接线缆。

（3）软件资源包括 QTE 应用开发环境和 Sqlite 数据库。

### 4.2.2 实例原理与相关知识

本实例中用到了串口通信和数据库操作，下面将分别对 QT 应用中串口通信的使用和 Sqlite 数据库的安装和使用进行详细说明。

#### 1. QT 串口通信操作

QT 中没有特定的串口控制类，所以本实例中使用的是第三方串口通信类 qextserialport。该串口通信类可以为 QT 应用提供一个虚拟串口端口的使用接口，能够在 Windows、Linux 和 Mac OS 上使用。从官网上下载 qextserialport-1.1.tar.gz 源码后，可以看到如下的内容：

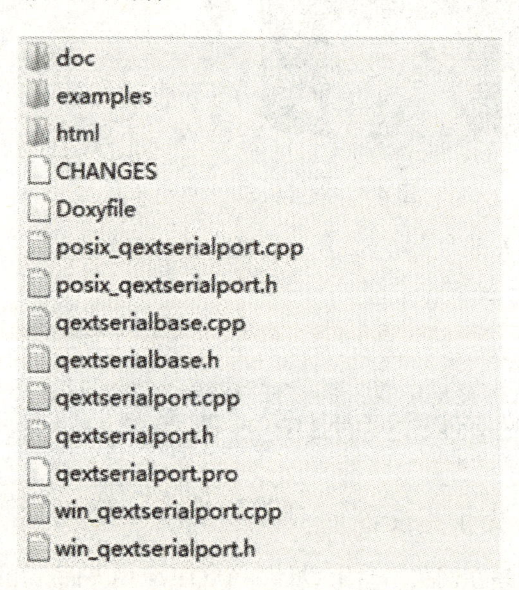


注意，doc 文件夹中的文件内容是对 QextSerialPort 类和 QextBaseType 类的简单说明，可以使用记事本程序查看。examples 文件夹中是几个例程，供用户参考。html 文件夹中是 QextSerialPort 类的使用文档，其中的几个文件即是工程中需要使用到的类文件及其头文件，其中，qextserialbase.cpp 和 qextserialbase.h 文件

定义了一个 QextSerialBase 类，该类实现了虚拟串口的所有操作，并向上层类提供应用接口。win_qextserialport.cpp 和 win_qextserialport.h 文件定义了一个 Win_QextSerialPort 类，可以在 Windows 平台使用。posix_qextserialport.cpp 和 posix_qextserialport.h 文件定义了一个 Posix_QextSerialPort 类，可以在 Posix 平台使用。qextserialport.cpp 和 qextserialport.h 文件定义了一个 QextSerialPort 类，这个 QextSerialPort 类就是所有这些类的子类。QextSerialPort 类屏蔽了平台特征，可以在任何平台上使用。

- PortSettings
- QIODevice [external]
  - QextSerialBase
    - Posix_QextSerialPort
      - QextBaseType
        - QextSerialPort
    - Win_QextSerialPort
      - QextBaseType

上面介绍了这几个类的关系，可以看到它们都继承自 QIODevice 类，所以该类下的函数也可以直接使用。其中，QextBaseType 类只是一个标识，没有具体的内容，它用来表示 Win_QextSerialPort 或 Posix_QextSerialPort 中的一个类。因为，在 QextSerialPort 类中使用了条件编译，所以 QextSerialPort 类既可以继承自 Win_QextSerialPort 类，也可以继承自 Posix_QextSerialPort 类，这里使用 QextBaseType 来表示。有关这一点，可以在 qextserialport.h 文件中看到。QextSerialPort 类只是为了方便程序的跨平台编译，它可以在不同的平台上使用，根据不同的条件编译继承不同的类。所以 QextSerialPort 只是一个抽象，提供了几个构造函数而已，并没有具体的内容。在 qextserialport.h 文件中的条件编译内容如下：

```
//POSIX CODE
#ifdef _TTY_POSIX_
#include “posix_qextserialport.h”
#define QextBaseType Posix_QextSerialPort
//MS WINDOWS CODE
#else
#include “win_qextserialport.h”
#define QextBaseType Win_QextSerialPort
#endif
```

QextSerialBase 类继承自 QIODevice 类，它提供了操作串口所必需的一些变量和函数等。而Win_QextSerialPort和Posix_QextSerialPort类均继承自QextSerialBase类，Win_QextSerialPort类添加了Windows平台下操作串口的一些功能，Posix_QextSerialPort类添加了Linux平台下操作串口的一些功能。所以说在Windows下使用Win_QextSerialPort类，在Linux下使用Posix_QextSerialPort类。

在QextSerialBase类中，还涉及一个枚举变量QueryMode，它有Polling和EventDriven两个值。QueryMode指的是读取串口的方式，称之为查询模式。这里将Polling称为查询方式Polling，将EventDriven称为事件驱动方式。事件驱动方式EventDriven就是使用事件处理串口的读取，一旦有数据到来就会触发readyRead()信号，可以在应用中关联该信号来读取串口的数据。在事件驱动的方式下，串口的读写是异步的，调用读写函数会立即返回，它们不会冻结调用线程。而查询方式Polling则不同，读写函数是同步执行的，信号不能工作在这种模式下。而且，这种方式有部分功能也无法实现。但是，这种模式下的开销较小。所以，就需要应用程序自己建立定时器来读取串口的数据。在Windows系统下支持以上两种模式，而在Linux系统下只支持Polling模式。在本部分实例中，QT应用需要自己建立读取串口功能函数。

本实例中使用的是Linux平台下的串口功能，在QT应用中使用到的是qextserialbase.cpp、qextserialbase.h 、posix_qextserialport.cpp、posix_qextserialport.h、qextserialport.cpp和qextserialport.h这6个文件。

#### 2. QT数据库操作

QT中自带有一个QSqlDatabase类，可以用来实现QTPC应用与数据库之间的连接操作。在基于ARM微处理器平台上，由于系统资源以及其他的应用可能无法使用QT自带的数据库操作类。要想使用数据库就必须通过交叉编译工具链来对数据库进行编译，然后在应用中直接使用编译后的库文件。

本实例使用的是Sqlite3数据库，设计目标是针对嵌入式系统的。Sqlite3数据库占用资源非常低，一般只需要几百KB的内存空间。它能够支持Windows、Linux、Unix等主流的操作系统，同时能够同许多程序语言相结合，比如Tcl、C#、PHP、Java等。另外还有ODBC接口，同样与Mysql、PostgreSQL这两款著名的开源数据库管理系统相比，Sqlite3数据库具有更快的处理速度。因此，在很多嵌入式产品中都使用这种数据库。可以从Sqlite官网上下载最新的Sqlite数据库源码，本实例中使用到的是sqlite-autoconf-3080900.tar.gz源码包。

### 4.2.3 实例步骤

#### 1. 数据库的编译安装以及使用

在开发QT应用之前，需要编译安装Sqlite3数据库，该安装步骤分为

PC机部分和网关平台两部分。这是为了能够在应用开发过程中方便测试使用，通过PC机上的Sqlite3数据库完成应用测试后再移植到网关平台上，避免了重复与网关平台数据交换的操作。下面，介绍两个版本的Sqlite数据库编译安装过程。

（1）在目标机上的Sqlite3数据库编译安装过程。

① 从官网上下载源码。

```
#wget http://www.sqlite.org/sqlite-autoconf-3080900.tar.gz
```

② 解压源码包到/opt目录下。

```
#tar xvzf sqlite-autoconf-3080900.tar.gz-C /opt/
```

③ 建立make install目录。

```
#mkdir /opt/build-arm
```

④ 进入解压后的文件夹中。

```
#cd /opt/sqlite-autoconf-3080900
```

⑤ 执行configure命令，生成Makefile文件。

```
#./configure --host=arm-linux --prefix=/opt/build-arm
```

⑥ 生成Makefile文件后，执行make命令并安装。

```
#make& make install
```

执行完成后可以发现，在以前所建/opt/build-arm目录下，生成了bin、include、lib和share四个目录。这里，主要用到的文件有./bin/sqlite3和./include/sqlite3.h以及./lib/下的库文件。

库文件完成后，可以用strip命令去掉其中的调试信息，减少执行文件大小，执行命令如下：

```
#arm-linux-strip libsqlit3.so.0.8.6
#arm-linux-strip sqlite3
```

随后将整个build-arm文件夹打包，通过ftp、串口、SD卡等方式都可以将其发送到网关平台的/usr/local下，更名为sqlite。添加启动路径，在/etc文件夹下执行vi profile文件，在其中修改以下文字：

```
LD_LIBRARY_PATH=/usr/local/sqlite/lib:$LD_LIBRARY_PATH
PATH=/usr/local/sqlite/bin:$PATH
```

之后重启系统，输入#sqlite3，若数据库启动即安装成功。如果出现下面的情况：

```
./sqlite3: error while loading shared libraries: libsqlite3.
so.0: cannot open shared object file: No such file or directory
```

说明LD_LIBRARY_PATH环境变量没有生效，有以下两种解决方法。

① 改变系统环境变量，执行以下命令。

```
#export LD_LIBRARY_PATH=/usr/local/sqlite/lib:$LD_LIBRARY_PATH
```

但是这个方法每次重启之后都会失效，需要重新执行一次，所以采用下面的方法更好。

② 手动添加库文件链接，执行的命令如下：

```
#cd /lib
#ln -s /usr/local/sqlite/lib/ libsqlite3.so.0.8.6 ./
libsqlite3.so.0
```

（2）主机上的Sqlite3数据库编译安装过程。

① 源码的下载和解压，其过程同上所述。

② 建立make install目录：mkdir /opt/build-pc。

③ 进入解压得到的文件夹：cd /opt/sqlite-autoconf-3080900。

④ 若之前安装arm版本，需要执行make clean命令清除之前残留的信息。

⑤ 执行configure命令，生成Makefile文件：./configure --prefix=/opt/build-pc。

⑥ 生成Makefile文件后，执行make命令并安装：make& make install。

以上过程完成之后可以发现，在以前所建目录/opt/build-pc下，生成了bin、include、lib和share四个目录。主要用到的文件有./bin/sqlite3和./include/sqlite3.h以及./lib/下的库文件。

安装完sqlite3之后，就需要在QT应用中使用。这里主要介绍ARM平台下QT应用对sqlite3数据库的使用。具体的使用流程如下：

① 安装arm版的sqlite3，并进入安装目录/opt/build-arm下的lib目录。

```
libsqlite3.a  libsqlite3.so  libsqlite3.so.0.8.6  libsqlite3.
la  libsqlite3.so.0  pkgconfig
```

② 将libsqlite3.a文件拷贝到自己的应用程序目录下，同时拷贝sqlite3_arm的include目录下的sqlite3.h文件到当前工程目录下。

③ 在Qtcreator中的sys.pro配置菜单下添加如下内容：

```
LIBS += -L工程目录 -lsqlite3
```

④ 在项目中的Headers文件夹下添加已存在的头文件sqlite3.h。

⑤ 修改Projects中Build Settings项中的Qt version，设置为arm-qt4版本，重新编译运行即可生成可应用在网关平台上的sqlite3 QTE应用。

### 2. 网关平台应用设计

通过安装的QT Creator创建一个QT应用，具体过程如图4.7～图4.12所示。

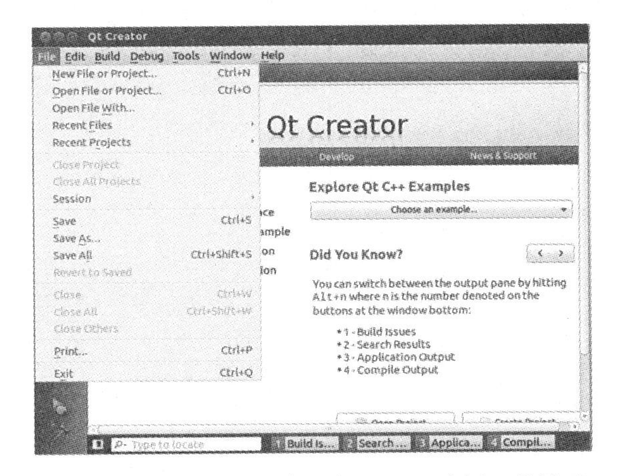


图 4.7 通过 File 来新建一个 QT GUI 应用工程界面

在图 4.8 中，应用工程的类型选择为 Qt Gui Application 类型。

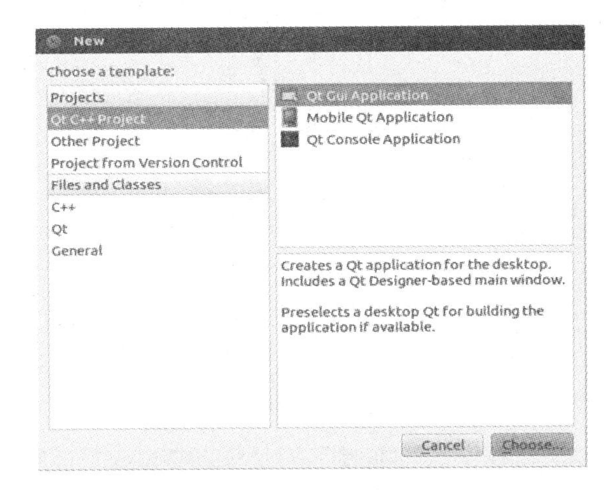


图 4.8 应用工程界面

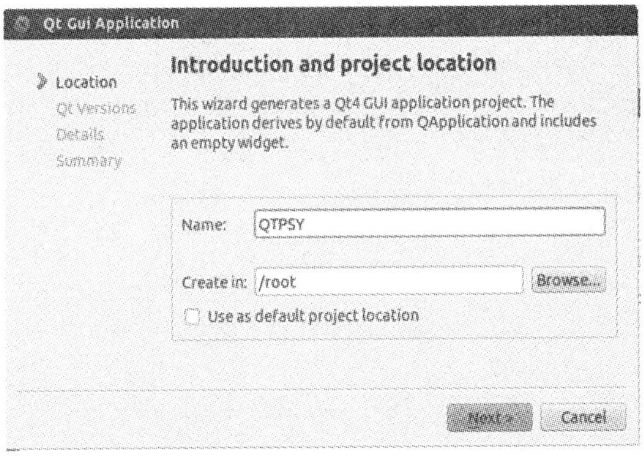

图 4.9 建立工程名称及选择保存路径

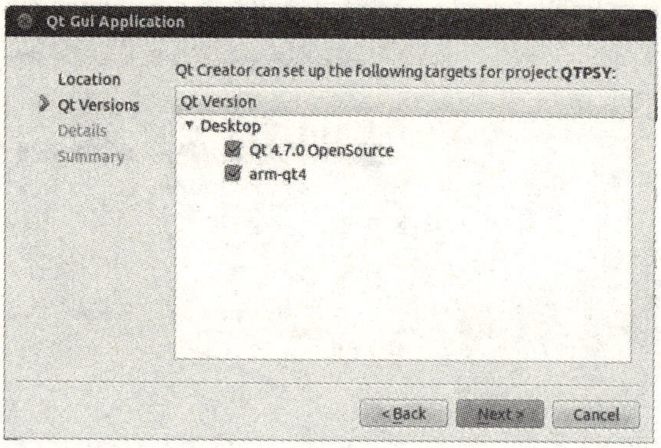

图 4.10　选择 QT 版本

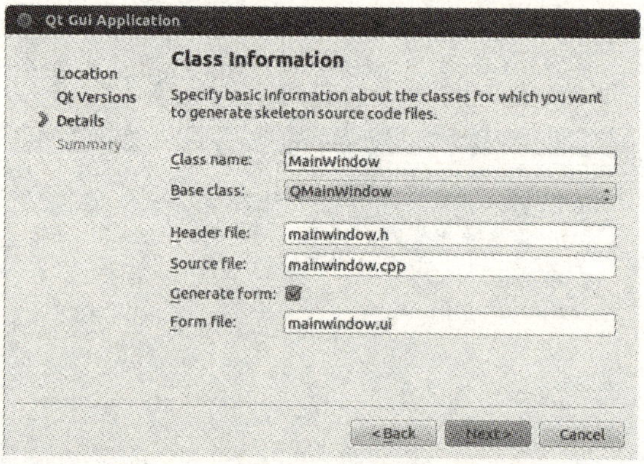

图 4.11　选择主 GUI 类名称以及类型

需要同时选择 QT OpenSource 和 arm-qt4。

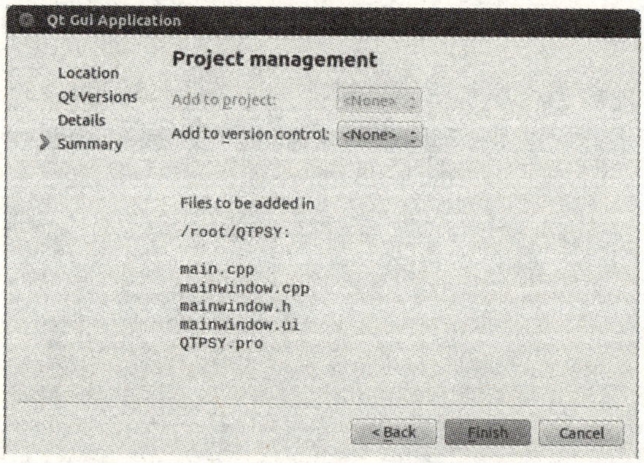

图 4.12　核对工程信息并确定建立

建立工程完毕，向其中添加串口通信类和 Sqlite 操作类。将下载好的 QextSerialPort 类源码拷贝到虚拟机中，通过 Headers 文件夹右键添加现有项来加入串口通信类，添加完成后的效果界面如图 4.13 所示。

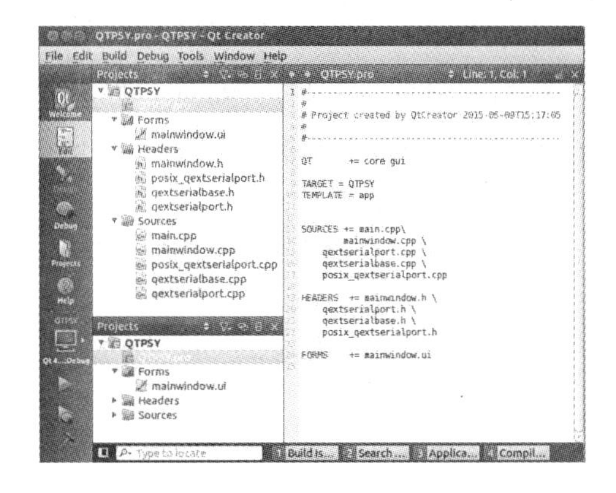


图 4.13　添加串口应用界面

接下来需要向工程中添加 Sqlite3 数据库支持，这里只需要添加静态库和头文件即可，可以使用 PC 版本的 Sqlite3，也可以使用 ARM 版本的 Sqlite3，添加后的效果界面如图 4.14 所示。

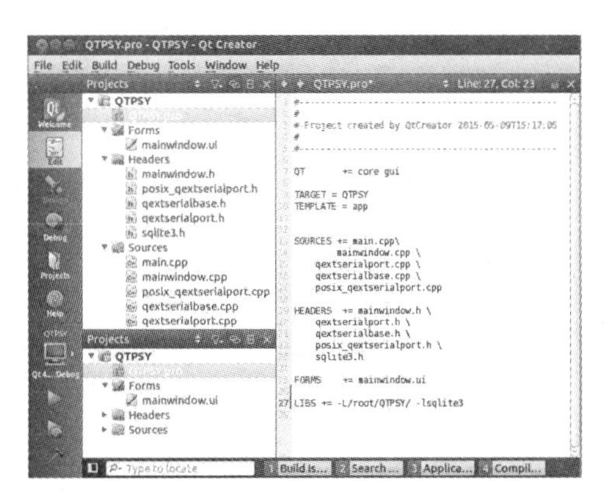


图 4.14　添加数据库界面

完成以上步骤后，即可开始进行详细的应用设计。注意，可以通过开发工具左侧中的 Projects 来配置编译器。配置编辑器界面如图 4.15 所示。

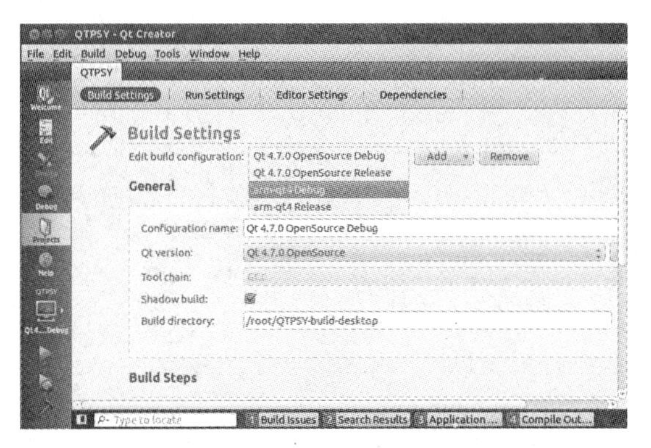


图 4.15　配置编辑器界面

通过该配置可以快速改变编译器的种类，在熟悉这些内容之后，可以继续进行具体的应用开发。在本实例中，完成了主体应用界面的设计、串口通信功能实现和数据库操作三个方面的内容。由于整个应用需要不断刷新主界面，所以为了不造成应用的延时，采用了 QT 中的多线程方式来完成整个设计。本实例中具体实现了主线程 MainWindow 类、串口操作线程 Port_Thread 类和数据库操作线程 Database_Thread 类三个线程。

主体应用界面设计在 MainWindow 类中完成，这也是整个应用的主线程，用来不断更新界面数据并显示最新的信息。

由于串口通信类 QextSerialPort 在 Linux 下只支持 Polling 模式，所以在串口操作线程需要不断读取、分析并截取串口数据。具体的读取串口线程为 Port_Thread 类，在该类中实现了串口的初始化以及读取串口操作。主要的函数及功能如下所示：

```
    void stop();                                //停止串口接收
    void UpdateSignal(QString result);   //信号函数，用以更新界面
    void Open_Port(QStringportName,QString portBaudRate,QString
portDataBits,QString portParity,QString portStopBits);    //槽函
数用来打开串口并配置
    void Close_port();                          //关闭串口
    void Write_Port(int sg);                    //向串口中写入数据
```

其中，Open_Port 函数中实现了串口参数的初始化，包括串口的波特率、数据位、奇偶校验、停止位、数据流控制等参数的设置。

数据库操作线程 Database_Thread 类中完成了各类数据的存储操作，主要的函数及功能如下所示：

```
    void handle_database(const QString & name,const QString & data
);                                                  //处理数据
    void connect_database();                            //连接数据库操作
    void write_db(QString name,QString data); //写数据槽函数
```

具体的实现过程请参考程序编写部分。

### 4.2.4 程序编写

这里只列出各个线程模块中的主要函数实现过程。

#### 1. 串口通信模块中的串口初始化函数

```
void Port_Thread::Open_Port(QString portName,QString
portBaudRate,QString portDataBits,QString portParity,QString
portStopBits){
      myCom = new Posix_QextSerialPort(portName,QextSerialBase::
Polling);
      myCom ->open(QIODevice::ReadWrite); //打开串口
      //设置波特率
      if(portBaudRate==tr("9600"))//根据组合框内容对串口进行设置
         myCom->setBaudRate(BAUD9600);
         else if(portBaudRate==tr("115200"))
         myCom->setBaudRate(BAUD115200);
      //设置数据位
      if(portDataBits==tr("8"))
         myCom->setDataBits(DATA_8);
         else if(portDataBits==tr("7"))
         myCom->setDataBits(DATA_7);
      //设置奇偶校验
      if(portParity==tr("无"))
         myCom->setParity(PAR_NONE);
      else if(portParity==tr("奇"))
         myCom->setParity(PAR_ODD);
      else if(portParity==tr("偶"))
         myCom->setParity(PAR_EVEN);
      //设置停止位
      if(portStopBits==tr("1"))
         myCom->setStopBits(STOP_1);
         else if(portStopBits==tr("2"))
           myCom->setStopBits(STOP_2);
     myCom->setFlowControl(FLOW_OFF); //设置数据流控制，我们使用无数
据流控制的默认设置
```

```
    myCom->setTimeout(50); //设置延时
    start_num = 1;
}
```

## 2. 串口模块中主函数

```
void Port_Thread::run()
{
    QByteArray temp;
    QString receive="";
    QString result="";
    int pos=0;
    int first_pos=0;
    int flag=0;
    int emit_flag=0;
    while(1)
    {
      if(mStop)
      {
       break;
      }
      if(0 == start_num)
        continue;
      else{
        temp = myCom->readAll(); //读取串口缓冲区的所有数据给临时变
量temp
        receive = receive.append(temp);
        for(;pos<receive.length();pos++)
        {
            if('$' == receive.at(pos))
            {
              first_pos = pos;
              flag = 1;
```

```
            }
             else if('#' == receive.at(pos))
            {
             if(1 == flag)
            {
             emit_flag = 1;
             flag = 0;
             result = substring(receive,first_pos,pos+1);
            receive = substring(receive,pos+1,receive.length());
            }
        }
}
             if(1 == emit_flag)
             {
             emit UpdateSignal(result);
             emit_flag = 0;
             result = "";
             first_pos = 0;
             pos = 0;
            }
        }
    }
    myCom->close();
}
```

3. 线程的连接

主模块中定义了其他两个线程模块，并实现了三者之间的信号与槽函数连接，具体的实现过程如下所示：

```
Port_Thread *myThread;                    //串口线程类实例
Database_Thread * myDatabaseThread; //数据库线程类实例
myThread = new Port_Thread;
myDatabaseThread = new Database_Thread;
connect(this,SIGNAL(write_DB_Signal(QString,QString)),myDataba
```

```
seThread,SLOT(write_db(QString,QString)));
   connect(this,SIGNAL(open_Port_Signal(QString,QString,QString,
QString,QString)),myThread,SLOT(Open_Port(QString,QString,QStrin
g,QString,QString)));
   connect(this,SIGNAL(close_Port_Signal()),myThread,SLOT(Close_
Port()));
   connect(this,SIGNAL(write_Port_Signal(int)),myThread,SLOT(Wri
te_Port(int)));
   connect(myThread,SIGNAL(UpdateSignal(QString)),this,
SLOT(readMyCom(QString)));
   myDatabaseThread->start();
   myThread->start();
```

4. **数据库线程**

数据库线程中完成了数据库的连接与数据写入操作，具体的函数实现如下所示：

```
//连接数据操作
void Database_Thread::connect_database()
{
    int result;
    QFileInfo fi("/sdcard/mydatabase.db3");
    if(fi.exists())
        result = sqlite3_open("/sdcard/mydatabase.db3", &db);
    else
    {
        fi.setFile("./mydatabase.db3");
        if(!fi.exists()){
          QFile file("./mydatabase.db3");
          file.open(QIODevice::ReadWrite);
          file.close();
        }
        result = sqlite3_open("./mydatabase.db3", &db);
```

```
    }
    if(result == SQLITE_OK )
       connect_flag = true;
    else
      connect_flag = false;
  }
  //向数据库文件中添加新的数据
  void Database_Thread::handle_database(const QString &
name,const QString & data)
  {
      char * errmsg = NULL;
      int result;
      QString create_record = "create table if not exists " + name
          + "(o_id INTEGER primary key autoincrement, o_datetime
timestamp, o_data varchar(20))";
      std::string str = create_record.toStdString();
      const char * create_sql = str.c_str();
      QTextStream stream(&file_log);   //数据库日志文件操作
      stream.seek(file_log.size());
      result = sqlite3_exec( db,create_sql, 0, 0, &errmsg);
      if(result == SQLITE_OK ){
      QDateTime time = QDateTime::currentDateTime();
      QString datetime = time.toString("yyyy-MM-dd hh:mm:ss");
      QString insert_record = "insert into "+ name +" (o_
datetime, o_data) values('" + datetime + "', '" + data + "')";
      std::string str2 = insert_record.toStdString();
      const char * insert_sql = str2.c_str();
      if( (sqlite3_exec( db, insert_sql, 0, 0, &errmsg)) !=
SQLITE_OK)
          stream<< "insert into " + name + " error: data is " +
data + ".\n";
          else
         stream<< "insert into " + name + " succeed: data is " +
data + ".\n";
```

```
    }
    else
    stream<< "create table " + name + " error.\n";
}
```

完成上面的操作后，本实例的实现结果主界面如图 4.16 所示。

4.16 系统主界面

## 4.3 网关平台与 PC 机通信的应用

### 4.3.1 实例内容及相关设备

在嵌入式应用开发过程中，有多种实现网关平台同 PC 机之间通信的方式，例如串口、http、ftp 等。不同方式其实现原理也不同，各自所需要的组件也不一样。

本实例中，使用通过服务器 - 网站的方式实现网关同 PC 机之间的通信。通过在网关平台上搭建嵌入式服务器 Boa，并完成相关的网站建设，最终可以通过 PC 机上的 Web 浏览器来访问网关平台。本实例所使用的操作设备和软件如下所示：

（1）安装有搭建好开发环境的虚拟机，同时要求该机硬件系统具备 USB2.0 或以上端口和不低于 Intel Core2Duo 2GHz、2GB RAM 并接入互联网。

（2）物联网综合教学实验平台、网关平台已经配置基于 Linux 系统的软件、根节点及传感器节点模块、USB 接口调试器，以及连接线缆。

（3）需要用到的软件资源包括 Boa 源码、Python、PHP。

### 4.3.2 实例原理与相关知识

Boa 服务器是一种非常小巧的 Web 服务器，可执行代码只有 60KB 左右。

作为一种单任务 Web 服务器，Boa 只能依次完成用户的请求，而不会分出新的进程来处理并发连接请求。但 Boa 支持 CGI，能够为 CGI 程序分出一个进程来执行。

网站建设需要各种资源，但本实例中的网站建设无需考虑众多复杂因素，仅仅需要注意 html 展现和后台 CGI 功能。其中前端使用 html 实现展示效果，需要用到 html 和 JS 方面的知识。服务器后台上需要用到 CGI 处理数据功能，主要使用到 Python、PHP 和 Shell 脚本知识。

### 4.3.3 实例步骤

本实例中，主要完成了嵌入式服务器的搭建和网站的建设。下面，将对这两方面的内容进行详细说明。

#### 1. 服务器 Boa 搭建

由于服务器需要运行在开发平台上，所以需要在宿主机上编译好之后再移植到网关平台上。这里使用的是 Ubuntu 虚拟机，开发环境是 arm-linux-gcc。

（1）下载源码。

从 Boa 的官网上即可下载相应的源码，官网地址为 http://www.boa.org/。

（2）解压并修改相关文件。

```
#tar -xvf boa-0.94.13.tar.gz
#cd boa-0.94
#./configure
```

修改 makefile 文件，对其中部分变量赋值：

```
CC=arm-linux-gcc
CPP= arm-linux-g++
```

注释掉 boa.c 文件中部分代码：

```
if (setuid(0) != -1) {
  DIE( “icky Linux kernel bug!” );
}
```

修改 compat.h 文件，将 #define TIMEZONE_OFFSET(foo) foo->tm_gmtoff 修改为 #define TIMEZONE_OFFSET(foo) (foo)->tm_gmtoff。

（3）执行 make 命令编译，生成一个 Boa 的可执行文件。

（4）修改配置文件 boa.conf，内容如下：

```
Port 80    //服务访问端口
User root
```

```
Group root
ErrorLog /var/log/boa/error_log    //错误日志地址
AccessLog /var/log/boa/access_log  //访问日志文件
DocumentRoot /www                  //HTML文档的主目录
UserDir public_html
DirectoryIndex index.html          //默认访问文件
DirectoryMaker /usr/lib/boa/boa_indexer
KeepAliveMax 1000                  //允许的HTTP持续作用请求最大数目
KeepAliveTimeout 10                //超时时间
MimeTypes /etc/mime.types          //指明mime.types文件位置
DefaultType text/plain             //使用缺省MIME类型
CGIPath /bin:/usr/bin:/usr/local/bin  /提供CGI程序的PATH环境变量值
Alias /doc /usr/doc                //为路径加上别名
ScriptAlias /cgi-bin/ /www/cgi-bin/ //输入站点和CGI脚本位置
```

（5）服务器移植。

将编译好的Boa可执行文件放在/usr/bin目录下，配置文件boa.conf放在/etc/boa中。这样就完成了嵌入式服务器的搭建，将测试网站代码index.html文件放在/www文件夹下，使网关平台连接到局域网中。重新启动网关，通过PC机上的Web浏览器就可以访问网关平台上的Boa服务器了。

### 2. 网站建设

本实例中的网站建设包含传感器数据显示、摄像头采集以及图片上传三部分内容。其中，传感器数据显示主要是在网关平台应用界面设计的基础上来完成。通过后台CGI脚本读取数据库中的数据并以JSON格式发送回Web浏览器，浏览器通过JS脚本解析数据并显示在界面上。摄像头的采集与显示会在下一个实例中讲解，这里使用的是Web技术来采集USB摄像头信息，并通过JS技术显示在浏览器中。图片上传是通过PHP脚本来完成的。下面，将详细对这三个方面进行说明。

（1）传感器数据显示。

传感器数据的显示是指在QT应用中完成数据的存储，并以文本形式采用统一的格式，将数据的名称、数值等存储在本地文件中。然后通过后台程序读取相关的数据并返回给客户端，这样客户端就可以访问传感器信息。

（2）摄像头采集与显示。

本实例使用了 google 的 mjpg-streamer 开源项目，做为视频服务器。这里，具体应用的是 v4l2 的接口。这个源码里有三部分是重点，其一是 V4L2 接口，其二是 socket 编程，其三是多线程编程。

使用 mjpg-streamer 项目需要通过交叉编译工具来完成源码的编译以及相关库的安装，这里主要用到 jpeg 库和 mjpg-streamer 项目，下面将说明 mjpg-streamer 项目的编译安装。

jpeg 库的移植步骤如下：

① 从 http://www.ijg.org/files/ 下载 jpeg 源码。

② 解压，进入其目录：cd /root/jpeg-8b。

③ 配置源码，使用的命令如下：

```
#./configure CC=arm-linux-gcc --host=arm-linux --prefix=/root/
jpeg --enable-shared --enable-static
```

其中，/root/jpeg 是编译后安装的目录，根据实际情况修改。

④ 编译并安装。

```
#make && make install
```

⑤ 将 /root/jpeg/lib/ 目录下的全部文件拷贝到网关平台文件系统 /mjpg-streamer 下（此目录为 mjpg-streamer 在网关平台的安装目录，当然也可以将其放在网关平台的 /lib/ 目录下）。

mjpg-streamer 项目的编译安装移植步骤如下：

① 下载源码，在 https://sourceforge.net/projects/mjpg-streamer/ 下载源码。

② 进入目录。

```
#cd /root/mjpg-streamer/mjpg-streamer/
```

③ 修改源码，在 plugins/input_uvc/Makefile 文件中，将

```
CFLAGS = -O2 -DLINUX -D_GNU_SOURCE -Wall -shared -fPIC
```

修改为：

```
CFLAGS = -O2 -DLINUX -D_GNU_SOURCE -Wall -shared -fPIC -I/
root/jpeg/include
```

再将：

```
$(CC) $(CFLAGS) -ljpeg -o $@ input_uvc.c v4l2uvc.lo jpeg_
utils.lo dynctrl.lo
```

修改为：

```
$(CC) $(CFLAGS) -ljpeg -L/root/jpeg/lib -o $@ input_uvc.c
v4l2uvc.lo jpeg_utils.lo dynctrl.lo
```

注：/root/jpeg 就是上面移植 jpeg 库后安装的目录

④ 编译。

```
#make CC=arm-linux-gcc
```

⑤ 在网关平台建立 mjpg-streamer 安装目录。

```
#mkdir /mjpg-streamer
```

将编译好的所有文件拷贝到 /mjpg-streamer 目录下。

⑥ 测试：修改 start.sh 文件后运行。在 PC 机打开一个网页，输入 http://192.168.1.101:8080/ 即可看到结果。

（3）上传图片。

在条形码应用实例中需要用到图片上传功能，这里将详细讲解基于 Boa 服务器实现的 PC 机和手机的图片上传功能。

由于 PHP 作为服务器后台语言能够十分方便地实现图片上传功能，所以本实例中实现了 PHP 在 ARM 平台上的移植以及配合 Boa 服务器的使用。这里使用的版本号为 php-5.2.16。同时，需要安装了交叉编译工具链的虚拟机。编译配置过程如下：

① 拷贝 PHP 源码到虚拟机中并解压。

```
#tar xvzf php-5.2.16.tar.gz
#cd php-5.2.16
```

② 配置对应的版本 PHP。

```
#./configure --host=arm-linux --prefix=/usr/local/php-arm
--disable-all --enable-pdo --with-sqlite --with-pdo-sqlite
--with-zlib --without-iconv
```

③ 修改文件内容，将 Makefile 文件中的

```
CC=gcc
CPP=gcc -E
```

修改为：

```
CC=arm-linux-gcc
CPP=arm-linux-gcc -E
```

④ 交叉编译安装。

```
#make && make install
```

上述程序执行结束后，若无错误产生，将会在 /usr/local/php-arm 目录下生成 bin、lib、man 等几个目录。这里只需拷贝出 bin/php-cgi 文件，其他的文件不需要。

为了使 Boa 服务器能够支持 PHP 脚本，需要对其配置文件进行修改。在 /etc/boa/ 目录下的 boa.conf 文件中添加 scr ī ptAlias /cgi-bin//usr/lib/cgi-bin/，并将

php-cgi 文件拷贝到网关平台的 /usr/lib/cgi-bin/ 文件夹下。同时修改 Boa 服务器对上传文件大小的限制，在 boa.conf 文件中添加 SinglePostLimit 10485760，其中数值视情况修改，这里使用的是 10M。

完成以上操作后就可以创建对应的网站应用，具体应用代码请参考程序编写部分。网站传感器节点采集部分界面如图 4.17 所示。

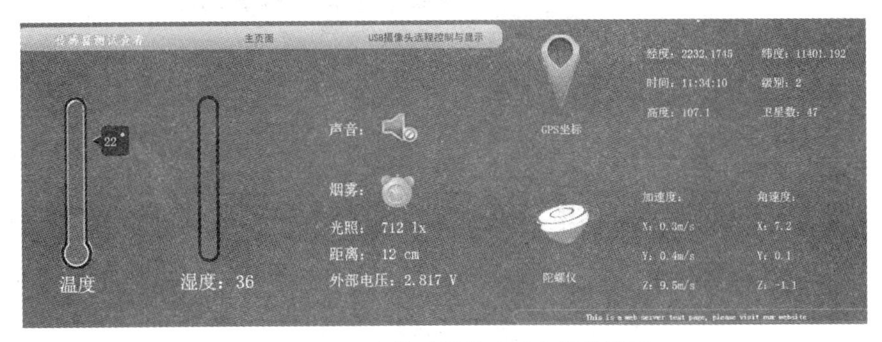


图 4.17 网站传感器节点采集部分界面

网站上摄像头采集显示界面如图 4.18 所示。

图 4.18 网站上摄像头采集显示界面

通过 Boa 服务器上传照片的功能实现界面如图 4.19 所示。

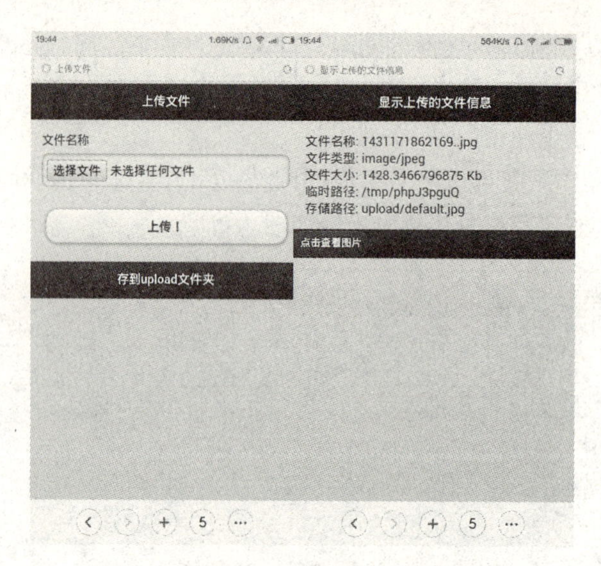


图 4.19　通过 Boa 服务器上传照片界面

### 4.3.4　程序编写

（1）主要的脚本函数。

传感器数值显示的后台使用了 Python 脚本，主要的的脚本函数代码如下所示：

```
#填补数据功能函数
def repare_data(table):
   global data_all
   global tableData
   if tableData.has_key(table):
         data_all[table] = tableData[table]
   else:
         data_all[table] = 'Null'
#同数据库之间操作
def get_conn(path):
   if os.path.exists(path) and os.path.isfile(path):
         global conn
         conn = sqlite3.connect(path)
         return True
   else:
```

```
            return False
    # 获取所有数据信息
    def get_all_data():
        global conn
        global tableList
        global tableFlag
        global data_all
        cur = conn.cursor()
        for i in range(len(tableList)):
          table = tableList[i]
          re = cur.execute("select count(*) from sqlite_master where
type='table' and name = '" + table + "'")
          result = re.fetchone()[0]
          if(result > 0):
            tableFlag[i] = 1
            cur.execute("select * from " + table + " order by o_id
desc")
            r = cur.fetchone()
            if r is not None:
              data_all[table] = r[2]
            else:
              repare_data(table)
          else:
              repare_data(table)
    # 清空数据库
    def clean_database():
        global conn
        global choose
        global tableList
        global tableFlag
        size = os.path.getsize(sqliteDatabase[choose])
        if (size/1024/1024) > 100:
            cur = conn.cursor()
            for i in range(len(tableList)):
```

```
            table = tableList[i]
            if(1 == tableFlag[i]):
              cur.execute("delete from " + table)
              conn.commit()
              cur.execute("delete from sqlite_sequence")
              conn.commit()
#主函数功能
def main():
    global sqliteDatabase
    global data_all
    global conn
    global choose
    flag - Falsc
    for i in range(len(sqliteDatabase)):
          result = get_conn(sqliteDatabase[i])
            if result is True:
            choose = i
            get_all_data()
            flag = True
            break
          else:
            continue
    if flag is True:
          data_out = json.dumps(data_all)
          clean_database()
          conn.close()
          print data_out
    else:
          os.system("python ./data_handle.py")
```

（2）网站数据读取函数。

摄像头数据的采集与显示主要通过mjpg-streamer来完成，网站上通过JS脚本来读取数据，主要函数如下所示：

```
<script type="text/javascript">
    var imageNr = 0; // Serial number of current image
    var finished = new Array(); // References to img objects
which have finished downloading
    var paused = false;
    var previous_time = new Date();
    function createImageLayer() {
        var img = new Image();
        img.style.position = "absolute";
        img.style.zIndex = -1;
        img.onload = imageOnload;
        img.onclick = imageOnclick;
        img.width = 512;
        img.height = 384;
        img.src = "/?action=snapshot&n=" + (++imageNr);
        var webcam = document.getElementById("webcam");
        webcam.insertBefore(img, webcam.firstChild);
    }
    // Two layers are always present (except at the very
beginning), to avoid flicker
    function imageOnload() {
        this.style.zIndex = imageNr; // Image finished, bring to
front!
        while (1 < finished.length) {
         var del = finished.shift(); // Delete old image(s) from
document
         del.parentNode.removeChild(del);
        }
        finished.push(this);
        current_time = new Date();
        delta = current_time.getTime() - previous_time.getTime();
        fps   = (1000.0 / delta).toFixed(3);
    document.getElementById('info').firstChild.nodeValue=delta +
" ms (" + fps + " fps)";
```

```
        previous_time = current_time;
        if (!paused) createImageLayer();
    }
    function imageOnclick() { // Clicking on the image will
pause the stream
  paused = !paused;
  if (!paused) createImageLayer();
    }
  </script>
```

（3）图片传输。

图片上传功能通过 PHP 功能来实现，具体的代码如下所示：

```
  <?php
    if ($_FILES["file"]["error"] > 0)
    {
        echo "错误代码：" . $_FILES["file"]["error"] . "<br />";
    }
    else
    {
        echo "文件名称：" . $_FILES["file"]["name"] . "<br />";
        echo "文件类型：" . $_FILES["file"]["type"] . "<br />";
          echo "文件大小：" . ($_FILES["file"]["size"] /1024)."
Kb<br />";
        echo "临时路径：" . $_FILES["file"]["tmp_name"] . "<br />";
        if (file_exists("upload/" . $_FILES["file"]["name"]))
        {
        echo "该文件已经存在";
        }
        else
        {
       move_uploaded_file($_FILES["file"]["tmp_name"],"upload/
default.jpg");
        echo "存储路径：" . "upload/default.jpg";
```

```
        }
    }
?>
```

## 4.4 基于 Linux 平台下摄像头的应用

### 4.4.1 实例内容及相关设备

本实例要求了解 USB 摄像头接口的基本原理，掌握 Linux 平台下对 USB 摄像头接口的配置与使用，学会 Linux 平台下的 V4L2 接口编程，能够在交叉编译环境下开发出 QT 的应用，读取 USB 摄像头数据并将图像显示出来。本实例所应用的操作设备如下所示：

（1）安装有搭建好开发环境的虚拟机，同时要求该 PC 机硬件系统具备 USB2.0 或以上端口和不低于 Intel Core2Duo 2GHz、2GB RAM。

（2）物联网综合教学实验平台、网关平台已经配置基于 Linux 系统的软件、罗技 C270 USB 摄像头，以及相关连接线缆。

### 4.4.2 实例原理与相关知识

USB 摄像头大体上可以分为 UVC 摄像头和 non-UVC 摄像头。UVC 类型摄像头最大的特点是采用了通用的驱动标准，无需为设备制作特定功能的驱动程序。而 non-UVC 摄像头通常情况下不比 UVC 摄像头工作出色，它的驱动并不遵循通用的协议，需要针对每种摄像头做出单独的处理，这往往需要一个逆向工程的探索过程。

Linux 系统自 2.6 版本之后就开始支持 UVC 类型摄像头设备，提供了统一的驱动程序，便于应用开发使用，这个驱动即是 V4L2。本实例中，采用的是罗技 C270 UVC 摄像头。

Video4Linux（简称 V4L）是 Linux 中关于视频设备的内核驱动，其为目前市场常见的电视捕获卡和并口及 USB 口的摄像头提供统一的编程接口。同时，它也提供无线电通信、文字电视广播解码和垂直消隐的数据接口。现有的 Video4Linux 有 V4L 和 V4L2 两个版本，本实例主要是关于 V4L2 的编程。目前在高版本的 Linux 内核中已经支持 V4L2，只需在内核配置时加入相应的选项即可实现。

Video4Linux 下视频编程的流程如下所示：

（1）打开视频设备。注意在 Linux 操作系统下，其外设也被定义为文件形式。视频设备即是设备文件，可以像访问普通文件一样对其进行读写。在本实例应用中，摄像头设备是 /dev/video15。

（2）读取设备信息。

（3）更改设备当前的设置。

（4）设置视频制式和帧格式，制式包括 PAL 和 NTSC，帧的格式包括宽度和高度等。

（5）向驱动申请帧缓冲和物理内存。

（6）进行视频采集。其中视频采集主要有内存映射（本实例中采用）或者直接从设备读取两种方法。

（7）对采集的视频进行处理。

（8）关闭视频设备。

在内核源码中可以找到 V4L2 的实现源码，头文件包括 include/linux/videodev2.h 和 include/media/v4l2-dev.h。V4L2 驱动核心实现文件在 driver/media/video/v4l2-dev.c 中，其中定义了 V4L2 驱动程序的核心数据结构 video_device，其内容如下：

```
struct video_device
{
const struct v4l2_file_operations *fops;
    struct cdev *cdev;                  //字符设备
    struct device *parent;              //父设备
    struct v4l2_device *v4l2_dev;  //父 v4l2_device
    char name[32];                      //名称
    int vfl_type;                       //类型
    int minor;                          //次设备号
    //释放回调
    void (*release)(struct video_device *vdev);
    //ioctl 回调
    const struct v4l2_ioctl_ops *ioctl_ops;
};
在 include/linux/videodev2.h 中定义了各种用户使用的结构，具体内容如下：
定义 V4L2 用户程序结构 struct v4l2_capability:
struct v4l2_capability
{
```

```
    __u8 driver[16];                    //驱动名
    __u8 card[32];//例如 Hauppauge winTV
    __u8 bus_info[32];                  //PCI 总线信息
    __u32 version;                      //内核版本
    __u32 capabilities;                 //设备能力
    __u32 reserved[4];
};
```

数据帧格式结构，包括宽度和高度：

```
struct v4l2_format {
  enum v4l2_buf_type type;        //数据类型
  union {
    struct v4l2_pix_format pix;      // V4L2_BUF_TYPE_VIDEO_
CAPTURE
    struct v4l2_window win;  // V4L2_BUF_TYPE_VIDEO_OVERLAY
    struct v4l2_vbi_format vbi;      // V4L2_BUF_TYPE_VBI_
CAPTURE
    structv4l2_sliced_vbi_format sliced; //V4L2_BUF_TYPE_
SLICED_VBI_CAPTURE
    __u8 raw_data[200];
    /* user-defined */
  } fmt;
};
```

像素格式结构：

```
struct v4l2_pix_format
{
    __u32   width;                      //宽度
    __u32   height;                     //高度
}
```

请求缓冲：

```
struct v4l2_requestbuffers
{
    __u32   count;                      //缓存数量
    enum v4l2_buf_type type;            //数据流类型
    enum v4l2_memory memory;
```

```
    __u32 reserved[2];
};
```

系统调用syscall时会从设备返回下一个可用的影像，调用者首先要设置获取图像的大小和格式，通过调用ioctl接口VDIOCGCHAN实现。

### 4.4.3　实例步骤

本实例步骤包括添加内核UVC摄像头支持和QT应用程序开发两部分，下面将分别详细说明各部分的操作。

**1. 添加内核支持项**

（1）进入配置好环境的虚拟机中，使用root权限进入对应内核源码目录：

```
#cd /opt/FriendlyARM/tiny4412/linux/linux-3.5
```

（2）运行内核配置指令，添加对应的UVC摄像头支持#make menuconfig，显示界面如图4.20所示。

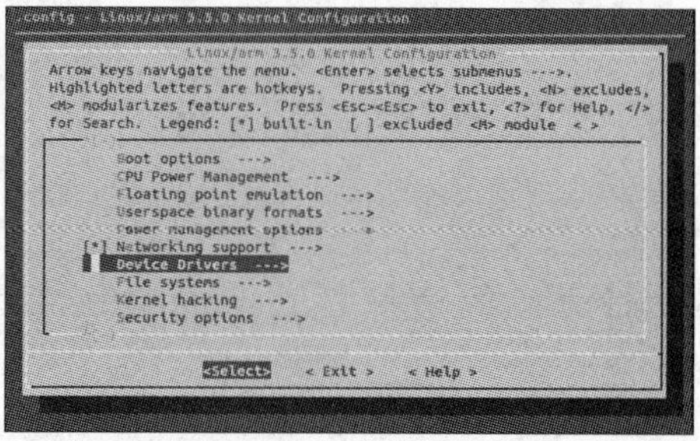

图4.20　进入Device Drivers选项

然后选择进入Multimedia support选项，其界面如图4.21所示。

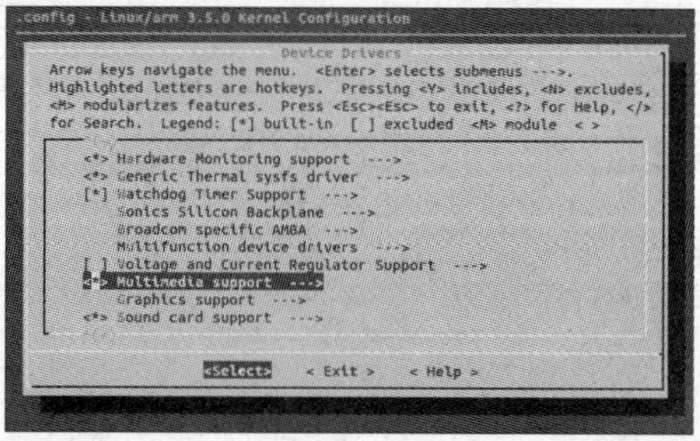

图4.21　进入Multimedia support选项

上述操作分别选择添加V4L2 sub-device userspace API选项、Video capture adapters选项和V4L USB devices选项，完成这些步骤后，保存退出，重新编译内核。

```
#make zImage
```

以上操作成功后，会在 arch/arm/boot 目录下生成新的 zImage 文件，该文件即为添加 UVC 摄像头支持后的内核文件。

（3）烧写新的内核到网关平台上。启动系统之后，可以找到摄像头设备在系统中的识别情况，如下所示：

```
[root@FriendlyARM /]# lsusb
Bus 2 Device 1: ID 1d6b:0001 Linux Foundation 1.1 root hub
Bus 1 Device 7: ID 046d:0825 Logitech, Inc.
Bus 1 Device 5: ID 1a40:0101 TERMINUS TECHNOLOGY INC.
Bus 1 Device 1: ID 1d6b:0002 Linux Foundation 2.0 root hub
Bus 1 Device 2: ID 0424:2640 Standard Microsystems Corp.
Bus 1 Device 4: ID 0a46:9621 Davicom Semiconductor, Inc.
Bus 1 Device 3: ID 0424:4040 Standard Microsystems Corp.
[root@FriendlyARM /]# _
```

其中，Bus 1 Device 7 即为摄像头设备。

**2. QT 应用开发**

QT 应用的创建请参考 4.2 节。本实例中需要使用到 V4L2 接口，所以在工程中创建了一个 VideoDevice 类来实现 USB 摄像头的初始化、数据读取。该类的主要功能函数如下所示：

```
int open_device();                        //打开摄像头设备
int close_device();                       //关闭摄像头设备
int init_device();                        //初始化摄像头设备
int start_capturing();                    //开始捕获数据
int stop_capturing();                     //停止捕获数据
int uninit_device();                      //注销摄像头设备
int get_frame(void **, size_t*);          //获取图像帧数据
int unget_frame();                        //停止获取数据帧
```

为了能够实时更新图像，在 UI 设计中采用了自定义的控件，实现了 ProcessImage 类。该类用来处理从底层获取到的图像数据，并实时将图像数据发送到 UI 界面中。该类中主要使用了 QT 中的 QImage 类来获取图像数据，通过定时器来设定获取数据的频率，实现图像的实时性，主要的功能函数如下所示：

```
int convert_yuv_to_rgb_pixel(int y, int u, int v); //图像格式转换
int convert_yuv_to_rgb_buffer(unsigned char *yuv, unsigned
char *rgb, unsigned int width, unsigned int height);
```

```
// 图像格式转换
    void queryFrame(); // 定时器查询帧数据
    void paintEvent(QPaintEvent *);// 画图事件，用来显示图像
```

具体的代码实现以及最终结果请参考程序编写部分。

### 4.4.4 程序编写

由于篇幅所限，这里只列出主要功能函数的实现代码。

（1）图像数据类。

处理图像数据 ProcessImage 类中的重要函数实现如下所示：

```
    void ProcessImage::queryFrame()
    {
      rs = vd->get_frame((void **)&p,&len);
      convert_yuv_to_rgb_buffer(p,pp,WIDTH,HEIGHT);
     frame->loadFromData((uchar *)pp,WIDTH * HEIGHT * 3 *
sizeof(char));
    }
    void ProcessImage::paintEvent(QPaintEvent *)
    {
       QPainter painter(this);
       QPen pen(Qt::green, 1, Qt::SolidLine, Qt::FlatCap,
Qt::BevelJoin);
       painter.setPen(pen);
       //painter.begin(this);
       painter.drawImage(0,0,*frame);
       painter.end();
       rs = vd->unget_frame();
    }
    int ProcessImage::convert_yuv_to_rgb_buffer(unsigned char *yuv,
unsigned char *rgb, unsigned int width, unsigned int height)
    {
      unsigned int in, out = 0;
      unsigned int pixel_16;
```

```
    unsigned char pixel_24[3];
    unsigned int pixel32;
    int y0, u, y1, v;
  for(in = 0; in < width * height * 2; in += 4) {
    pixel_16 =
    yuv[in + 3] << 24 |
    yuv[in + 2] << 16 |
    yuv[in + 1] <<  8 |
    yuv[in + 0];
    y0 = (pixel_16 & 0x000000ff);
    u  = (pixel_16 & 0x0000ff00) >>  8;
    y1 = (pixel_16 & 0x00ff0000) >> 16;
    v  = (pixel_16 & 0xff000000) >> 24;
    pixel32 = convert_yuv_to_rgb_pixel(y0, u, v);
    pixel_24[0] = (pixel32 & 0x000000ff);
    pixel_24[1] = (pixel32 & 0x0000ff00) >> 8;
    pixel_24[2] = (pixel32 & 0x00ff0000) >> 16;
    rgb[out++] = pixel_24[0];
    rgb[out++] = pixel_24[1];
    rgb[out++] = pixel_24[2];
    pixel32 = convert_yuv_to_rgb_pixel(y1, u, v);
    pixel_24[0] = (pixel32 & 0x000000ff);
    pixel_24[1] = (pixel32 & 0x0000ff00) >> 8;
    pixel_24[2] = (pixel32 & 0x00ff0000) >> 16;
    rgb[out++] = pixel_24[0];
    rgb[out++] = pixel_24[1];
    rgb[out++] = pixel_24[2];
    }
    return 0;
  }
  int ProcessImage::convert_yuv_to_rgb_pixel(int y, int u, int v)
  {
    unsigned int pixel32 = 0;
    unsigned char *pixel = (unsigned char *)&pixel32;
```

```
    int r, g, b;
    r = y + (1.370705 * (v-128));
    g = y - (0.698001 * (v-128)) - (0.337633 * (u-128));
    b = y + (1.732446 * (u-128));
    if(r > 255) r = 255;
    if(g > 255) g = 255;
    if(b > 255) b = 255;
    if(r < 0) r = 0;
    if(g < 0) g = 0;
    if(b < 0) b = 0;
    pixel[0] = r * 220 / 256;
    pixel[1] = g * 220 / 256;
    pixel[2] = b * 220 / 256;
    return pixel32;
}
```

（2）设备操作类。

自定义设备操作类VideoDevice中的重要函数实现如下：

```
//打开USB摄像头设备
int VideoDevice::open_device()
{
    fd = open(dev_name.toStdString().c_str(), O_RDWR/*|O_
NONBLOCK*/, 0);
    if(-1 == fd)
    {
    emit display_error(tr("open: %1").
arg(QString(strerror(errno))));
    return -1;
    }
    return 0;
}
//初始化设备
int VideoDevice::init_device()
```

```
  {
    v4l2_capability cap;
    v4l2_cropcap cropcap;
    v4l2_crop crop;
    v4l2_format fmt;
    if(-1 == ioctl(fd, VIDIOC_QUERYCAP, &cap))
    {
      if(EINVAL == errno)
      {
        emit display_error(tr("%1 is no V4l2 device").arg(dev_
name));
      }
      else
      {
      emit display_error(tr("VIDIOC_QUERYCAP: %1").arg(QString(strerror
(errno))));
      }
      return -1;
  }
  if(!(cap.capabilities & V4L2_CAP_VIDEO_CAPTURE))
  {
      emit display_error(tr("%1 is no video capture device").
arg(dev_name));
      return -1;
  }
  if(!(cap.capabilities & V4L2_CAP_STREAMING))
  {
    emit display_error(tr("%1 does not support streaming i/o").
arg(dev_name));
    return -1;
    }
      CLEAR(cropcap);
      cropcap.type = V4L2_BUF_TYPE_VIDEO_CAPTURE;
      if(0 == ioctl(fd, VIDIOC_CROPCAP, &cropcap))
```

```
{
    CLEAR(crop);
    crop.type = V4L2_BUF_TYPE_VIDEO_CAPTURE;
    crop.c = cropcap.defrect;
    if(-1 == ioctl(fd, VIDIOC_S_CROP, &crop))
    {
      if(EINVAL == errno)
      {
        // emit display_error(tr("VIDIOC_S_CROP not supported"));
      }
    else
    {
      emit display_error(tr("VIDIOC_S_CROP: %1").
arg(QString(strerror(errno))));
      return -1;
        }
      }
    }
    else
    {
      emit display_error(tr("VIDIOC_CROPCAP: %1").
 arg(QString(strerror(errno))));
      return -1;
    }
    CLEAR(fmt);
    fmt.type = V4L2_BUF_TYPE_VIDEO_CAPTURE;
    fmt.fmt.pix.width = WIDTH;
    fmt.fmt.pix.height = HEIGHT;
    fmt.fmt.pix.pixelformat = V4L2_PIX_FMT_YUYV;
    fmt.fmt.pix.field = V4L2_FIELD_INTERLACED;
    if(-1 == ioctl(fd, VIDIOC_S_FMT, &fmt))
    {
      emit display_error(tr("VIDIOC_S_FMT").
 arg(QString(strerror(errno))));
```

```
        return -1;
    }
    if(-1 == init_mmap())
        return -1;
        return 0;
    }
    // 开启获取帧数据函数
    int VideoDevice::start_capturing()
    {
    unsigned int i;
        for(i = 0; i < n_buffers; ++i)
        {
        v4l2_buffer buf;
        CLEAR(buf);
        buf.type = V4L2_BUF_TYPE_VIDEO_CAPTURE;
        buf.memory =V4L2_MEMORY_MMAP;
        buf.index = i;
        if(-1 == ioctl(fd, VIDIOC_QBUF, &buf))
        {
          emit display_error(tr("VIDIOC_QBUF: %1").
arg(QString(strerror(errno))));
          return -1;
          }
        }
        v4l2_buf_type type;
        type = V4L2_BUF_TYPE_VIDEO_CAPTURE;
        if(-1 == ioctl(fd, VIDIOC_STREAMON, &type))
        {
         emit display_error(tr("VIDIOC_STREAMON: %1").
arg(QString(strerror(errno))));
          return -1;
        }
        return 0;
    }
```

## 4.5 基于Linux平台下条形码识别的应用

### 4.5.1 实例内容及相关设备

在本实例中，实现了在 QT 环境下对条形码的识别功能。具体过程是通过 USB 摄像头、手机或者其他设备拍摄条形码图片，在局域网中完成上传并通过 QT 应用识别出图片中的条形码。然后通过 WebView 组件，调用第三方 API 显示条形码信息。本实例中所使用的设备如下：

（1）安装有搭建好开发环境的虚拟机，同时要求该机硬件系统具备 USB2.0 或以上端口和不低于 Intel Core2Duo 2GHz、2GB RAM。

（2）物联网综合教学实验平台、网关平台已经配置基于 Linux 系统的软件、罗技 C270 USB 摄像头或手机，以及相关连接线缆。

### 4.5.2 实例原理与相关知识

条形码识别是当今社会一个重要的工具，应用于社会的各个方面。在物联网开发过程中，通常使用第三方条形码识别库来完成应用的开发。常用到的第三方条形码库有 ZXing、Libqrencode、ZBar、Open Source QR Code Library 等，这些第三方库都能够实现编码生成条形码、读取图片识别条形码功能。

本实例中主要使用了 QZXing 开源软件，QZXing 很好地支持 QT 应用开发，可以直接在应用中添加使用。QZXing 并不是一个完整的 ZXing 库，它是一个 ZXing 的 C++ 包装库，不能实现 ZXing 的全部功能。它设计的最初目标就是尽可能简单地使用 ZXing 这个第三方条形码识别库，完成最基本的识别功能，同时也可以增加相应的功能。

QZXing 库支持的条形码编码类型包括 UPC-A and UPC-E、EAN-8 and EAN-13、Code 39、Code 93、Code 128、ITF、Codabar、RSS-14 (all variants)、RSS Expanded (most variants)、QR Code、Data Matrix、Aztec ('beta' quality) 和 PDF 417 ('alpha' quality)，几乎包含了所有常用的条形码编码格式，基本上满足了开发应用的需求。

在应用开发过程中，使用 QZXing 库有两种方式。第一种方式是直接使用提前编译好的可执行二进制代码；另一种方式则是在工程中包含 QZXing 库的源码，通过在工程配置文件中添加编译第三方库功能，在编译时直接作为项目的一部分完成编译。本实例使用的是第二种方式，具体的操作过程将在实例步骤中说明。

在工程中添加了 qzxing.h 文件后，即可使用 QZXing 对象。QZXing 类提供了多种函数接口用以完成条形码的解码，具体的函数说明如下所示：

```
void setDecoder(const uint& hint);// 设置可用的编码格式
static void registerQMLTypes();    // 需要使用 QML 的功能函数
QString decodeImage(QImage image, int maxWidth=-1, int maxHeight=-1, bool smoothTransformation = false);        // 解码功能函数，通过 QImage 类完成
QString decodeImageFromFile(QString imageFilePath, int maxWidth=-1, int maxHeight=-1, bool smoothTransformation = false);    // 解码功能函数，通过图像文件完成
QString decodeImageQML(QObject *item);// 解码功能函数，通过 QML 完成
QString decodeSubImageQML(QObject* item, const double offsetX = 0 , const double offsetY = 0, const double width = 0, const double height = 0);// 解码功能函数
int getProcessTimeOfLastDecoding();// 获取上一次解码处理的时间
// 三个信号函数，用来告知外部解码的结果
void decodingStarted(); // 解码已经开始
void decodingFinished(bool succeeded);// 解码完成
void tagFound(QString tag);      // 解码成功，并返回解码结果
```

### 4.5.3　实例步骤

首先需要在 http://sourceforge.net/projects/qzxing/ 中下载 QZXing 的源码，并将其放入自己应用的文件中。然后在项目文件 .pro 中添加 include(QZXing/QZXing.pri)，同时在需要使用到 QZXing 的类中添加 #include "QZXing/QZXing.h"，完成上述操作后就可直接使用 QZXing。

本实例通过两种方式来读取条形码图片，一种是通过 4.4 节中的 USB 摄像头，这在 4.4 节中已经说明；另一种则是通过手机来拍摄图片并通过 Boa 服务器上传图片至网关平台上，QT 应用自动读取相应的图片并作识别处理。

在第一种方式中，由于通过摄像头来读取条形码，为了不影响摄像头工作，可以使用 QZXing 自带的线程来完成条形码的读取识别，具体实现程序如下：

```
m_pQZXing = new QZXing();
m_pDecoderThread = new QThread(this);
m_pQZXing->moveToThread(m_pDecoderThread);
m_pDecoderThread->start();
```

```
    connect(this,SIGNAL(sig_zxingDecoderImage(QImage)),m_pQZXing,
SLOT(decodeImage(QImage)));
    connect(m_pQZXing,SIGNAL(tagFound(QString)), this,SLOT(sig_
tag(QString)));
    connect(m_pQZXing, SIGNAL(decodingFinished(bool)),this,SLOT(de
coderResult(bool)));
```

通过以上程序的执行，可以完成对条形码的识别。

在第二种方式中，由于使用定时访问的方式，所以在应用中开辟了多线程来完成相应的功能。这种方式应用了处理图片识别的用户类HandleImage，通过定时器不断获取用户图片并将其传送到主线程中进行处理。主线程对于该类的连接实现如下所示：

```
    m_handleThread = new HandleImage();
    m_handleThread->start();
    connect(m_handleThread, SIGNAL(sigtest()),
this,SLOT(handleData()));
```

在使用过程中，为了能够最大化地识别各种类型的条形码，需要修改qzxing.cpp文件中的条形码类型，修改方法如下：

```
    QZXing::QZXing(QObject *parent) : QObject(parent)
    {
      decoder = new MultiFormatReader();
      setDecoder(DecoderFormat_QR_CODE |
        DecoderFormat_DATA_MATRIX |
        DecoderFormat_UPC_E |
        DecoderFormat_UPC_A |
        DecoderFormat_EAN_8 |
        DecoderFormat_EAN_13 |
        DecoderFormat_CODE_128 |
        DecoderFormat_CODE_39 |
        DecoderFormat_ITF |
        DecoderFormat_Aztec);
```

```
    imageHandler = new ImageHandler();
}
```

同时，通过 QT 中的 QWebView 组件来显示编码的结果。若是一维条形码，则通过第三方网站来查询；若是二维条形码，则直接访问该二维码所指向的网址。相关类的具体代码请查看程序编写部分。

## 4.5.4 程序编写

主线程中用来处理编码识别的功能函数实现如下所示：

```
注释代码 // 获取条形码图片并发送解码信号给 QZXing 类
void MainWindow::qzxingCheck(QString filename)
{
  QImage *img = new QImage(640,480,QImage::Format_RGB888);
  QFile file(filename);
  file.open(QFile::ReadOnly);
  int fileLength = file.size();
  char *buf = new char[fileLength];
  file.read(buf,fileLength);
  img->loadFromData((uchar *)buf, fileLength, "JPG");
  QPixmap *pixmap = new QPixmap(QPixmap::fromImage(*img));
  if(pixmap->isNull()){
    ui->Infolabel->setText("No photo");
  }
  file.close();
  emit sig_zxingDecoderImage(pixmap->toImage());
}
// 获取解码结果后的处理函数
void MainWindow::sig_tag(QString str)
{
  ui->Infolabel->setText(str);
  if( isDigitString(str) ){
  ui->webView->load(QUrl("http://www.upcdatabase.com/bookland.
asp?upc="+str));
```

```
        ui->webView->show();
    }
    else{
        ui->webView->load(QUrl(str));
        ui->webView->show();
    }
}
```

条形码显示界面实现结果如图 4.22 所示。

图 4.22 条形码显示界面

## 4.6 基于 Linux 平台下指纹识别的应用

### 4.6.1 实例内容及相关设备

在本实例中，通过了解 USB 设备接口的基本原理，掌握 Linux 平台下对通用 USB 设备的配置与使用。学会在 Linux 平台下通用 USB 设备库文件的编写，能够在交叉编译环境下开发出 QT 应用，以便读取、写入 USB 指纹设备的数据。本实例中所使用的设备如下：

（1）安装有搭建好开发环境的虚拟机，同时要求该机硬件系统具备 USB2.0 或以上端口和不低于 Intel Core2Duo 2GHz、2GB RAM。

（2）物联网综合教学实验平台、网关平台已经配置基于 Linux 系统的软件、USB 指纹采集设备，以及相关连接线缆。

### 4.6.2 实例原理与相关知识

#### 1. 指纹识别模块

本实例使用的是深圳乙木生物识别技术有限公司研发的一体化指纹模块（型号：AS602）。该模块具有体积小、功耗低、接口简单、可靠性高等优点，可以非常方便地将其嵌入用户系统，组成满足客户需求的指纹识别产品。该模块可通过 USB 或 UART 接口，配合微处理器或微控制器完成图像处理、特征提取、模板生成、模板存储、指纹特征提取、指纹特征比对、指纹删除等功能。下面，将详细说明其软件开发内容。

（1）参数表。

模块中的指纹芯片是一个完整的片上系统，能够在上电之后加载自身的配置信息。在该存储芯片 Flash 中保存了用于软件开发的参数表，参数表中包括所有传输协议、算法运行的基本参数，整个应用软件系统都会用到参数表的内容。

当指纹识别模块初次通电时参数表由初始化程序进行设置，并存于 Flash 的系统参数存储区。在以后的应用中，参数表则由微控制器初始化程序将参数表装载到 RAM 中，并根据参数表内容初始化相关的寄存器。参数表长度为 64 字（128 字节），具体结构如表 4.1 所示。

表 4.1　一体化指纹模块基本参数表

| 类 型 | 序 号 | 名 称 | 代 码 | 长度（字） | 默认值 | 注 释 |
| --- | --- | --- | --- | --- | --- | --- |
| PART1 | 1 | 状态寄存器 | SSR | 1 | 0 | |
| | 2 | 传感器类型 | SensorType | 1 | 0-15 | |
| | 3 | 指纹库大小 | DataBaseSize | 1 | 由 Flash 类型确定 | |
| PART2 | 4 | 安全等级 | SecurLevel | 1 | 3 | 5 个等级 |
| | 5 | 设备地址 | DeviceAddress | 2 | 0xffffffff | 可修改 |
| | 6 | 数据包大小 | CFG_PktSize | 1 | 1 | 这 8 个寄存器为系统配置信息表 |
| | 7 | 波特率系统 | CFG_BaudRate | 1 | 6 | |
| | 8 | | CFG_VID | 1 | | |
| | 9 | | CFG_PID | 1 | | |
| | 10 | 保留 | | 1 | | |
| | 11 | 保留 | | 1 | | |

续表 4.1

| 类 型 | 序 号 | 名 称 | 代 码 | 长度（字） | 默认值 | 注 释 |
|---|---|---|---|---|---|---|
| PART2 | 12 | 保留 | | 1 | | 设备描述符 |
| | 13 | 保留 | | 1 | | |
| | 14 | 产品型号 | ProductSN | 4 | ASCII 码 | |
| | 15 | 软件版本号 | SoftWareVer | 4 | ASCII 码 | |
| | 16 | 厂家名称 | ManuFact | 4 | ASCII 码 | |
| | 17 | 传感器名称 | SensorName | 4 | ASCII 码 | |
| | 18 | 密码 | PassWord | 2 | 00000000H | |
| | 19 | Jtag 锁定标志 | JtagLockFlag | 2 | 00000000H | |
| | 20 | 传感器初始化程序入口 | SensorInitEntry | 1 | 入口地址 | |
| | 21 | 录入图像程序入口 | SensorGetImageEntry | 1 | 入口地址 | |
| | 22 | 保留 | Resevd | 27 | | |
| PART3 | 23 | 参数表有效标志 | ParaTableFlag | 1 | 0x1234 | |

（2）系统参数存储区结构。

系统存储区保存了系统参数表、用户信息表以及指纹索引表，存储区分为8页，每页由512个字节组成。具体的结构信息如表4.2所示。

表 4.2　一体化指纹模块存储区结构信息表

| 页 号 | 内 容 | 注 释 |
|---|---|---|
| 0 | 保留 | |
| 1 | 参数表 | |
| 2 | 用户记事本 | |
| 3 | 保留 | |
| 4 | 保留 | |
| 5 | 保留 | |
| 6 | 保留 | |
| 7 | 指纹库索引表 | 可供索引 1024 个指纹 |

（3）用户记事本。

系统在 FLASH 中，开辟了一个 512 字节的存储区域作为用户记事本。该记事本逻辑上被分成 16 页，每页 32 字节。上位机可以通过 PS_WriteNotepad 指令和 PS_ReadNotepad 指令访问任意一页。注意写记事本某一页的时候，该页 32 字节的内容被整体写入，原来的内容将被覆盖。

（4）缓冲区和指纹库。

指纹芯片内设有一个 72K 字节的图像缓冲区与两个 512 字节（256 字）的特征文件缓冲区，名字分别称为 ImageBuffer、CharBuffer1、CharBuffer2。用户可以通过指令读写任意一个缓冲区，CharBuffer1 和 CharBuffer2 既可以用于存放普通特征文件也可以用于存放模板特征文件。

指纹库容量根据挂接的 FLASH 容量不同而改变，系统会自动判别。指纹模板按照序号存放，序号定义为：0-(N-1)（N 指指纹库容量），用户只能根据序号访问指纹库内容。

（5）ROM 及传感器驱动。

系统在 ROM 中内嵌了完整的指纹识别算法，传感器驱动由芯片公司提供，并在出厂时固化在指纹芯片中。用户无需为传感器开发驱动，只需自行开发相关应用层程序。

（6）用户指令。

指纹模块系统默认口令为 0，如默认口令未被修改，则 USB 通信时系统不要求验证口令，上位机可以直接与芯片通信。如默认口令被修改，则上位机与芯片通信的第一个指令必须是验证口令。只有口令验证通过后，芯片才接收其他指令。

指纹芯片的默认地址为 0Xffffffff，可通过指令进行修改。数据包的地址域必须与该地址相配，命令包 / 数据包才被系统接收。

指纹芯片提供了详细的用于软件开发的用户指令，包含了指纹识别中的各个部分，满足了用户应用软件的开发。具体的用户指令如表 4.3 所示。

**表 4.3 指令信息表**

| 指令名称 | 指令代码 | 功 能 |
| --- | --- | --- |
| PS_GetImage | 01H | 从传感器上读入图像存于图像缓冲区 |
| PS_GenChar | 02H | 根据原始图像生成指纹特征存于 CharBuffer1 或 CharBuffer2 |
| PS_Match | 03H | 精确比对 CharBuffer1 与 CharBuffer2 中的特征文件 |
| PS_Search | 04H | 以 CharBuffer1 或 CharBuffer2 中的特征文件搜索整个或部分指纹库 |

续表 4.3

| 指令名称 | 指令代码 | 功 能 |
|---|---|---|
| PS_RegModel | 05H | 将 CharBuffer1 与 CharBuffer2 中的特征文件合并生成模板存于 CharBuffer2 中 |
| PS_StoreChar | 06H | 将特征缓冲区中的文件储存到 Flash 指纹库中 |
| PS_LoadChar | 07H | 从 Flash 指纹库中读取一个模板到特征缓冲区 |
| PS_UpChar | 08H | 将特征缓冲区中的文件上传给上位机 |
| PS_DownChar | 09H | 从上位机下载一个特征文件到特征缓冲区 |
| PS_UpImage | 0AH | 上传原始图像 |
| PS_DownImage | 0BH | 下载原始图像 |
| PS_DeletChar | 0CH | 删除 Flash 指纹库中的一个特征文件 |
| PS_Empty | 0DH | 清空 Flash 指纹库 |
| PS_WriteReg | 0EH | 写 SOC 系统寄存器 |
| PS_ReadSysPara | 0FH | 读系统基本参数 |
| PS_Enroll | 10H | 注册模板 |
| PS_ Identify | 11H | 验证指纹 |
| PS_SetPwd | 12H | 设置设备握手口令 |
| PS_VfyPwd | 13H | 验证设备握手口令 |
| PS_GetRandomCode | 14H | 采样随机数 |
| PS_SetChipAddr | 15H | 设置芯片地址 |
| PS_ReadINFpage | 16H | 读取 Flash Information Page 内容 |
| PS_Port_Control | 17H | 通信端口（UART/USB）开关控制 |
| PS_WriteNotepad | 18H | 写记事本 |
| PS_ReadNotepad | 19H | 读记事本 |
| PS_BurnCode | 1AH | 烧写片内 Flash |
| PS_HighSpeedSearch | 1BH | 高速搜索 Flash |
| PS_GenBinImage | 1CH | 生成二值化指纹图像 |
| PS_ValidTempleteNum | 1DH | 读有效模板个数 |
| PS_UserGPIOCommand | 1EH | 用户 GPIO 控制命令 |
| PS_ReadIndexTable | 1FH | 读索引表 |

指纹模块连接到物联网综合实验平台的网关部分，具体工作在 Slave mode 方式下。使用时，需要通过网关平台向指纹模块发送不同的指令来完成各种功能。在表 4.3 中，用户指令需要组合成相应的信息包才能应用。当信息包被发送到指纹模块后，模块解析数据包得到相应的指令，并完成对应的操作。然后将信息包

反传到主机，这样就完成了一个用户应答。在获取信息包之后，用户需要对信息包进行解析，才能得到需要的数据。

信息包具体分为命令信息包、数据信息包和结束信息包三种，所有信息包都有自己的格式。其中命令信息包的格式为：包头 + 芯片地址 + 包标识 + 包长度 + 指令 + 参数列表 + 校验和；数据信息包格式为：包头 + 芯片地址 + 包标识 + 包长度 + 数据 + 校验和；结束信息包格式为：包头 + 芯片地址 + 包标识 + 包长度 + 数据 + 校验和。所有信息包的包头都是为 0xEF01，包长度为信息包总字节数，包括校验和但不包括包长度本身的字节数。

用户在向指纹芯片发送指令时，需要将指令封装在指令包中发送过去。各个用户指令需要不同的参数列表，用户自行添加。在获取指纹芯片返回的指令应答信息包后，需要解析出信息包中包含的数据。各个指令应答信息包中的数据格式不同，视指令本身决定。在表 4.4 中，给出了几个常用用户指令的参数和返回数据格式。

**表 4.4 常用指令参数和返回数据格式表**

| 用户指令 | 参数列表 | 返回参数 ( 字节 ) |
|---|---|---|
| PS_GetImage | None | 确认字 (1) |
| PS_GenChar | BufferID | 确认字 (1) |
| PS_Match | None | 确认字 (1)+ 比对得分 (2) |
| PS_Search | BufferID、StartPage( 起始页 )、PageNum( 页数 ) | 确认字 (1)+ 页码 (2)+ 比对得分 (2) |
| PS_RegModel | None | 确认字 (1) |
| PS_StoreChar | BufferID( 缓冲区号 )、PageID( 指纹库位置号 ) | 确认字 (1) |
| PS_UpImage | None | 确认字 (1) |
| PS_DeletChar | PageID( 指纹库模板号 )、N( 删除的模板个数 ) | 确认字 (1) |
| PS_Empty | None | 确认字 (1) |
| PS_VfyPwd | PassWord( 口令 ) | 确认字 (1) |
| PS_SetChipAddr | 芯片地址 | 确认字 (1) |
| PS_ValidTempleteNum | None | 确认字 (1)+ 有效模板个数 (2) |
| PS_ReadIndexTable | 索引表页码 | 确认字 (1)+ 索引表信息 (32) |

系统定义了详细的确认码信息，如表 4.5 所示。

表4.5 确定码信息表

| 确认码 | 说 明 |
| --- | --- |
| 0x00H | 表示指令执行完毕或OK |
| 0x01H | 表示数据包接收错误 |
| 0x02H | 表示传感器上没有手指 |
| 0x03H | 表示录入指纹图像失败 |
| 0x04H | 表示指纹图像太干、太淡而生不成特征 |
| 0x05H | 表示指纹图像太湿、太糊而生不成特征 |
| 0x06H | 表示指纹图像太乱而生不成特征 |
| 0x07H | 表示指纹图像正常，但特征点太少（或面积太小）而生不成特征 |
| 0x08H | 表示指纹不匹配 |
| 0x09H | 表示没搜索到指纹 |
| 0x0AH | 表示特征合并失败 |
| 0x0BH | 表示访问指纹库时地址序号超出指纹库范围 |
| 0x0CH | 表示从指纹库读模板出错或无效 |
| 0x0DH | 表示上传特征失败 |
| 0x0EH | 表示模块不能接受后续数据包 |
| 0x0FH | 表示上传图像失败 |
| 0x10H | 表示删除模板失败 |
| 0x11H | 表示清空指纹库失败 |
| 0x12H | 表示不能进入低功耗状态 |
| 0x13H | 表示口令不正确 |
| 0x14H | 表示系统复位失败 |
| 0x15H | 表示缓冲区内没有有效原始图而生不成图像 |
| 0x16H | 表示在线升级失败 |
| 0x17H | 表示残留指纹或两次采集之间手指没有移动过 |
| 0x18H | 表示读写Flash出错 |
| 0x19H | 未定义错误 |
| 0x1AH | 无效寄存器号 |
| 0x1BH | 寄存器设定内容错误号 |
| 0x1CH | 记事本页码指定错误 |
| 0x1DH | 端口操作失败 |
| 0x1EH | 自动注册（enroll）失败 |

续表 4.5

| 确认码 | 说 明 |
|---|---|
| 0x1FH | 指纹库满 |
| 0x20H-0xEFH | 保留 |
| 0xF0H | 有后续数据包的指令，正确接收后用 0xf0 应答 |
| 0xF1H | 有后续数据包的指令，命令包用 0xf1 应答 |
| 0xF2H | 表示烧写内部 Flash 时，校验和错误 |
| 0xF3H | 表示烧写内部 Flash 时，包标识错误 |
| 0xF4H | 表示烧写内部 Flash 时，包长度错误 |
| 0xF5H | 表示烧写内部 Flash 时，代码长度太长 |
| 0xF6H | 表示烧写内部 Flash 时，烧写 Flash 失败 |

用户在开发应用时，需要在应用中通过提供的用户指令说明来编写相应的指纹库接口。在 Linux 系统中，还需要结合 USB 设备操作来完成指纹库接口编写。

### 2. Linux 操作系统下的 USB 设备

本实例中的指纹识别模块采用了标准的 USB 接口，内嵌 USB 通信协议，兼容 USB2.0。可以工作在 Low Speed 模式下，也可以工作在 Full Speed 模式下。在网关平台上编译内核系统时则需要添加相应的 USB 支持项，才能完成 USB 设备的读写操作。如果要启用 Linux USB 支持，需要进入内核配置。首先进入“USB support”中并启用“Support for USB”选项（对应模块为 usbcore.o），根据 USB 设备类型来配置对应的 USB 主控制器驱动程序。

完成内核配置后，要使用 USB 设备就必须安装驱动文件和设备编程库文件。本实例采用的指纹模块为标准 USB 设备，在内核中已经包含了通用的驱动程序。插上设备后，系统将显示 USB 设备信息如下：

```
[root@FriendlyARM /]# lsusb
Bus 2 Device 1: ID 1d6b:0001 Linux Foundation 1.1 root hub
Bus 1 Device 6: ID 2109:7638
Bus 1 Device 5: ID 1a40:0101 TERMINUS TECHNOLOGY INC.
Bus 1 Device 1: ID 1d6b:0002 Linux Foundation 2.0 root hub
Bus 1 Device 2: ID 0424:2640 Standard Microsystems Corp.
Bus 1 Device 4: ID 0a46:9621 Davicom Semiconductor, Inc.
Bus 1 Device 3: ID 0424:4040 Standard Microsystems Corp.
[root@FriendlyARM /]#
```

注意：Bus 1 Device 6 即为在网关平台识别的指纹模块。

本实例重点是 Linux 下指纹识别模块的编程库文件的制作，其具体过程在下面两节中将进行详细讲解。

### 4.6.3 实例步骤

在开发QT应用之前，需要完成指纹识别模块的Linux编程库。由于使用的指纹模块是标准USB设备，所以最底层的开发可以直接使用Linux为USB设备提供的统一模板，底层开发主要完成USB设备的打开、关闭和读写操作，通过ioctl函数来完成。

底层功能实现后需要向上完成应用程序接口功能函数和类，通过底层的类来完成上层接口的开发。主要参考指纹模块中的用户指令完成数据包的发送和接收，通过分析这些数据包中的数据向上层提供接口功能，实现的功能函数如下所示。

```
//打开设备
int WINAPI PSOpenDevice(int nDeviceType,int nPortNum,int nPortPara,int nPackageSize=2);
//关闭设备
int WINAPI PSCloseDevice();
//发送指令到模块，接收传感器数据
int WINAPIPSGetImage(int nAddr);
//由iBufferID中的数据生成特征文件
IntWINAPIPSGenChar(int nAddr,int iBufferID);
//匹配两个缓存中的特征文件，返回比对得分
int WINAPIPSMatch(int nAddr,int* iScore);
//在指纹库中搜索同iBufferID相似的特征文件
IntWINAPIPSSearch(int nAddr,int iBufferID, int iStartPage, int iPageNum, int *iMbAddress);
//由两个缓存中的特征文件合并成一个特征文件
IntWINAPIPSRegModule(int nAddr);
//将iBufferID的信息存储到iPageID中
IntWINAPIPSStoreChar(int nAddr,int iBufferID, int iPageID);
//下载传感器采集到的信息到主机上
int WINAPIPSUpImage(int nAddr,unsigned char* pImageData, int* iImageLength);
//从主机上传指纹信息
int WINAPIPSDownImage(int nAddr,unsigned char *pImageData, int iLength);
```

```
//删除 iStartPageID 开始的 nDelPageNum 个特性文件
int WINAPIPSDelChar(int nAddr,int iStartPageID,int
nDelPageNum);
//清空整个模块中的指纹库信息
int WINAPIPSEmpty(int nAddr);
//设置模块的密码
int WINAPIPSSetPwd(int nAddr,unsigned char* pPassword);
//上位机向模块验证密码
int WINAPIPSVfyPwd(int nAddr,unsigned char* pPassword);
//读取用户记事本数据
IntWINAPIPSReadInfo(int nAddr,int nPage,unsigned char*
UserContent);
//向模块中写入用户记事本数据
IntWINAPIPSWriteInfo(int nAddr,int nPage,unsigned char*
UserContent);
//设置模块波特率，为 UART 通信所有
IntWINAPIPSSetBaud(int nAddr,int nBaudNum);
//设置模块安全级别
int WINAPIPSSetSecurLevel(int nAddr,int nLevel);
//设置应答数据包大小
IntWINAPIPSSetPacketSize(int nAddr,int nSize);
//设置模块地址
int WINAPI PSSetChipAddr(int nAddr,unsigned char* pChipAddr);
//获取当前模块中含有的指纹库数据个数
IntWINAPI PSTemplateNum(int nAddr,int *iMbNum);
//获取当前模块中指纹库的索引表
IntWINAPI PSIndexTableNum(int nAddr,int page, unsigned char*
pInf);
```

完成编程之后，通过交叉编译工具链编译并使用 ar 命令生成模块静态库，这样就可以在 QT 应用中使用该模块。

参考本部分 4.2 节完成 QT 应用的搭建，并实现指纹采集、搜索、录入和删除功能，具体的实现代码参考程序编写部分。

### 4.6.4 程序编写

在模块库文件中，大部分功能函数的程序流程为设定参数→封装参数→发送指令数据包→获取应答数据包→验证数据信息完整性→获取相应数据，参考下面的函数实例。

（1）PSGetImage 函数实例。

```
int WINAPI PSGetImage(int nAddr)
{
   int num;
   unsigned char cCmd[10];
   int result;
   unsigned char iSendData[MAX_PACKAGE_SIZE], iGetData[MAX_
PACKAGE_SIZE];
   memset(iSendData,0,MAX_PACKAGE_SIZE);
   memset(iGetData,0,MAX_PACKAGE_SIZE);
   cCmd[0] = GET_IMAGE;//参数
    num = FillPackage(iSendData, CMD, 1, cCmd); //封装参数列表
   if( !SendPackage(nAddr,iSendData) ) ;        //发送指令数据包
     return -1;
   if( !GetPackage(iGetData) )//接收应答数据包
     return -2;
   result = VerifyResponsePackage(RESPONSE, iGetData);//验证并
获取数据信息
   return result;
}
```

其他功能函数的实现基本都是按照这个流程来完成，由于篇幅有限，这里不再详细介绍。

在 QT 应用开发中，为了能够高效地处理模块和主界面数据，采用了 QT 中的多线程完成应用的设计。主线程为 MainWindow 类，主要实现应用 UI 界面的设计和界面数据的更新。副线程为 HandleFingerThread 类，主要完成 USB 设备之间的数据应答功能。两者之间通过信号与槽函数完成交互，详细的信号与槽函数如下所示：

```
myfinger = new HandleFingerThread();
myfinger->start();
connect(myfinger,SIGNAL(getImage()),this,SLOT(handleData()));
```

（2）副线程函数实例。

在副线程中，重要函数 run 的实现如下：

```
void HandleFingerThread::run()
{
  while(1){
    if(0 == device_stat || 0 == handle_stat)
      continue;
    else{
      if(1 == handle_stat){ //insert opt
      insertResult = 0;
      if( PSGetImage(DEV_ADDR) == PS_NO_FINGER ){
        QThread::sleep(1);
        continue;
      }
      else if(0 == insertopt){
      if( PSGenChar(DEV_ADDR,CHAR_BUFFER_A) != PS_OK )
      continue;
    else if( PSUpImage(DEV_ADDR,pImageData,&iImageLength)==PS_
OK ){
        insertResult = 1;
      }
      QThread::sleep(2);
      }
      else if(1 == insertopt){
      if( PSGenChar(DEV_ADDR,CHAR_BUFFER_B) != PS_OK ){
      continue;
      }
    else if( PSUpImage(DEV_ADDR,pImageData,&iImageLength) ==
PS_OK ){
```

```
        insertResult = 1;
        if( PSRegModule(DEV_ADDR)!=PS_OK ){
        insertResult = 2;
        }
        else if(PSStoreChar(DEV_ADDR,CHAR_BUFFER_A,storeNo)!=PS_
OK ){
          insertResult = 3;
        }
          else
            insertResult = 1;
          }
        }
      }
   else if(3 == handle_stat){ //search one finger
     if( PSGetImage(DEV_ADDR) == PS_NO_FINGER ){
        QThread::sleep(1);
        continue;
      }
      else if( PSGenChar(DEV_ADDR,CHAR_BUFFER_A) != PS_OK )
        continue;
       if( PSUpImage(DEV_ADDR,pImageData,&iImageLength) == PS_OK
){
        searchResult = -1;
        optResult = 1;
        optResult=PSSearch(DEV_ADDR,CHAR_BUFFER_
A,0,10,&searchResult);
        if(PSMatch(DEV_ADDR,&searchScore) == PS_OK)
          qDebug() << "match succeed!";
        else
          qDebug() << "match fail!";
        }
      }
   else if(4 == handle_stat){ //delete one finger
      if( PSDelChar(DEV_ADDR,deleteNo,1)!= PS_OK )
```

```
            optResult = 1;
        else
            optResult = 0;
        }
    else if(6 == handle_stat){ //delete all
        if( PSEmpty(DEV_ADDR) != PS_OK ){
            optResult = 1;
        }
    else{
        optResult = 0;
            }
          }
          handle_stat = 0;
          emit getImage();
        }
      }
    }
```

（3）主线程函数实例。

在主线程中，数据处理函数 handleData 实现如下：

```
void MainWindow::handleData()
{
  if(ui->showImagecheckBox->checkState() == Qt::Checked){
    QImage myimage = QImage(myfinger->pImageData,256,288,QImage
::Format_Indexed8);
    QPixmap showimage = QPixmap::fromImage(myimage);
ui->fingerImagelabel->setPixmap(showimage);
  }
  //handle list
  if(1 == useropt)//insert one finger info
    insert();
    else if(2 == useropt)//insert more finger info
    insert();
```

```
    else if(3 == useropt){//search one finger
      if(0 == myfinger->optResult){
        QString str = "Search Succeed! The Result is No" +
QString::number(myfinger->searchResult,10);
        str += "\nThe Score is " + QString::number(myfinger-
>searchScore,10);
        ui->infoDisplaylabel->setText(str);
      }
      else
          ui->infoDisplaylabel->setText("Search Fail!");
        enableButton();
    }
  else if(4 == useropt){//delete one finger
    if(0 == myfinger->optResult){
      ui->infoDisplaylabel->setText("Delete One Finger Char
Successful!");
      setLibTableData();
    }
    else
      ui->infoDisplaylabel->setText("Delete One Finger Char
Fail!");
  }
  else if(5 == useropt){//search more finger
    if(0 == myfinger->optResult){
      QString str="Search Succeed! The Result is No" +
QString::number(myfinger->searchResult,10);
      str += "\nThe Score is " + QString::number(myfinger-
>searchScore,10);
      QMessageBox::information(this,tr("Search Result"),tr(str.
toLatin1().data()));
    }
    else
      QMessageBox::information(this,tr("Search Result"),tr("Not
Find"));
```

```
    ui->infoDisplaylabel->setText("Please press your finger into
the device...");
    myfinger->openoperation(3);
  }
  else if(6 == useropt){//delete all finger
    if(0 == myfinger->optResult){
        ui->infoDisplaylabel->setText("Delete All Finger
Library!");
      setLibTableData();
    }
    else
      ui->infoDisplaylabel->setText("Delete Fail!");
    }
  else if(7 == useropt)//change one finger info
      insert();
  }
```

其中重要函数 insert 功能实现如下所示：

```
  void MainWindow::insert()
      {
    if(0 == myfinger->insertopt && 1 == myfinger->insertResult){
      ui->infoDisplaylabel->setText("Get Image Succeed!\nPlease
Input Again...");
      myfinger->insertopt = 1;
      myfinger->openoperation(1);
    }
    else if(1==myfinger->insertopt && 1 == myfinger->insertResult){
      QString str = "Insert Image Succeed!\nStore No is " + QStr
ing::number(storeNumber,10);
      if(7 == useropt){
      QString str1 = "Change Image Succeed!\nAgain Store No is "
+ QString::number(myfinger->changeNo,10);
      QMessageBox::information(this,tr("Change Result"),tr(str1.
toLatin1().data()));
    }
```

```
    else
      ui->infoDisplaylabel->setText(str);
      myfinger->insertopt = 0;
      setLibTableData();
      if(2 == useropt)
      storeNumber++;
      }
    else if(2 == myfinger->insertResult){
      if(7 == useropt)
      QMessageBox::information(this,tr("Change Result"),tr("Two
input is not match!"));
    else
      ui->infoDisplaylabel->setText("Two input is not match!");
    myfinger->insertopt = 0;
      }
    else if(3 == myfinger->insertResult){
      if(7 == useropt)
     QMessageBox::information(this,tr("Change Result"),tr("Image
Store Again Failed!"));
    else
        ui->infoDisplaylabel->setText("Image Store Failed!");
    myfinger->insertopt = 0;
      }
      if(1 == useropt || 7 == useropt)
        enableButton();
    else if(2 == useropt)
        insertMoreFinger(storeNumber);
  }
```

指纹模块应用界面如图 4.23 所示。

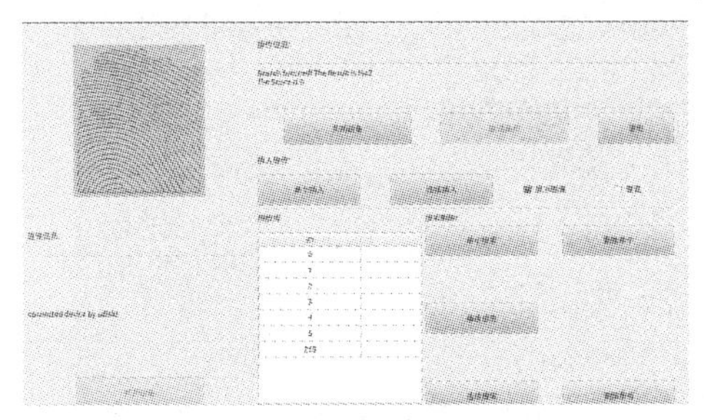

图 4.23 指纹模块应用界面

## 4.7 基于 Linux 平台音频播放的应用

### 4.7.1 实例内容及相关设备

通过本实例首先了解普通音频、视频播放的实现原理，然后实现基于网关平台的音频播放功能。本实例中所使用的设备如下所示：

（1）安装有搭建好开发环境的虚拟机，同时要求该机硬件系统具备 USB2.0 或以上端口和不低于 Intel Core2Duo 2GHz、2GB RAM。

（2）物联网综合教学实验平台、网关平台已经配置基于 Linux 系统的软件，以及相关连接线缆。

### 4.7.2 实例原理与相关知识

本实例采用开源播放器 MPlayer 实现应用的核心播放功能，在此基础上完成 QT 应用的开发，从而实现 ARM 平台上的音频播放功能。

MPlayer 是一款开源多媒体播放器，以 GNU 通用公共许可证发布，此款软件可在各主流操作系统使用。例如，Linux 和其他类 Unix 系统、Windows 及 Mac OS 等系统。MPlayer 基于命令行界面，在各操作系统也可选择安装不同的图形界面。MPlayer 的另一特色是广泛的输出设备支持，这样就可以通过其他界面来包装 MPlayer，实现应用的开发。

### 4.7.3 实例步骤

本实验平台上网关部分已经实现了 QT4 版本基于 MPlayer 的音频、视频播放器，其具体的操作过程如下。

通过实验平台网关部分的指示图标来打开 Smplay，其应用界面如图 4.24 所示。

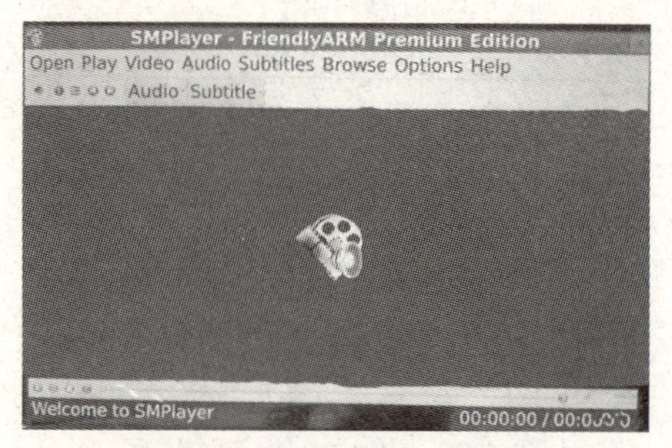


图 4.24 音频播放应用界面

通过 Open → File 选项打开音频、视频文件，选项如图 4.25 所示。

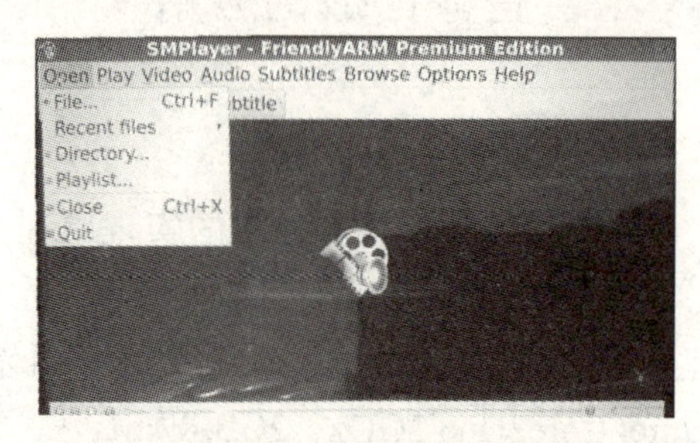


图 4.25 打开文件界面

通过选取系统中已存在的音频、视频文件来完成播放，如图 4.26 所示。该播放器由于采用了 Mplayer 开源项目，所以能够播放多种类型的音频和视频格式，具体包括 3GP、AVI、ASF、FLV、Matroska、MOV (QuickTime)、MP4、NUT、Ogg、OGM 和 RealMedia。

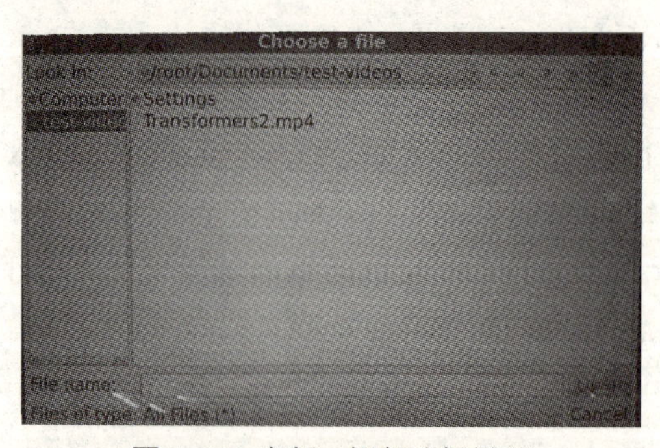


图 4.26 音频、视频选择界面

# 第5章

# 基于 Android 网关平台的构建与应用实例

```
#define uint unsignedint
#define uchar unsignedchar
ucharnum[50];
uinti = 0, flag = 0;
void main()
{
setSysClk();
  uart0_init();
while(1)
  {
  }
}
voidsetSysClk()
{
  CLKCONCMD&=0XBF;
Delayms(1);
  CLKCONCMD&=0XC0;
Delayms(1);
}
void uart0_init()
{
  PERCFG =0x00;
  P0SEL|=0x0C;
  U0CSR|=0xC0;
  U0UCR|=0X00;
  U0GCR|=8;
  U0BAUD =59;
  UTX0IF =0;
  URX0IE =1;
  IEN0 |=0x04;
  EA = 1;
}
#pragma vector=URX0_VECTOR
__interrupt void UART0_ISR(void)
{
  URX0IF =0;
num[i++] = U0DBUF;
if(i>=49)
  {
i=0;
  }
}
```

Android是一种基于Linux的开放源代码的操作系统，主要应用于智能手机、平板电脑等移动通信设备。Android操作系统最初由Andy Rubin公司开发，主要支持手机。2005年由Google收购注资，并组建开放手机联盟进行开发改良，逐渐扩展到平板电脑及其他领域上。2008年9月发布Android 1.1版，2009年10月26日发布Android 2.0，2011年10月19日发布Android 4.0，2014年10月16日发布Android 5.0，2015年5月28日发布Android 6.0。目前，Android操作系统占据全球智能手机操作系统市场大部分的份额。

本部分的内容主要包含有基于Android网关平台环境的搭建、网关界面设计和基于ZigBee通信网络等综合应用实例。另外，还根据实际需要介绍了在网关平台上下载Android4.2.1版本系统软件的过程。

## 5.1　Android网关平台环境的搭建与安装

### 5.1.1　实例内容与应用设备

本实例内容是在PC机系统上安装后续实验所需要的软件开发环境——Android开发环境，并介绍该软件的相关功能。具体包括建立工程、打开工程、向工程中添加文件、移除工程文件、工程的编译和调试等功能。本实例所使用的操作设备如下所示：

（1）安装有Microsoft Windows XP或更高版本操作系统（32位或64位），同时具备USB2.0或以上端口和不低于Intel Core2Duo 2GHz、2GB RAM的PC机，在软件方面需要有IAR集成开发环境和Android开发环境。

（2）物联网综合教学实验平台、根节点。

### 5.1.2　实例原理与相关知识

Android操作系统的组成架构与其他操作系统一样采用了分层的架构，从高层到低层分别是应用程序层、应用程序框架层、系统运行库层和Linux内核层共4个层次。

#### 1. 应用程序层

在Android应用程序包中，包括客户端、SMS短消息程序、日历、地图、浏览器和联系人管理程序等。在这个层中，所有的应用程序都是使用Java语言编写的。

#### 2. 应用程序框架层

开发人员可以完全访问核心应用程序所使用的API框架，该应用程序的架构设计简化了组件的重用。任何一个应用程序都可以发布它的功能块，并且任何其他的应用程序都可以使用其所发布的功能块。同样，该应用程序重用机制也使用户可以方便地替换程序组件。

#### 3. 系统运行库层

Android 包含一些 C/C++ 库，这些库能被 Android 系统中不同的组件使用。它们通过 Android 应用程序框架为开发者提供服务，以下是一些核心库：

（1）系统 C 库。从 BSD 继承来的标准 C 系统函数库 Libc， 它是专门为基于 Embedded Linux 的设备定制的。

（2） 媒体库。基于 PacketVideo OpenCORE，该库支持多种常用的音频、视频格式回放和录制。同时，支持静态图像文件，编码格式包括 MPEG4、H.264、MP3、AAC、AMR、JPG、PNG 。

（3）Surface Manager。对显示子系统的管理，并且为多个应用程序提供了 2D 和 3D 图层的无缝融合。

（4）LibWebCore。最新的引擎，支持 Android 浏览器和一个可嵌入的 Web 视图。

#### 4. Linux 内核层

Android 是运行于 Linux kernel 之上，但并不是 GNU/Linux。因为在一般 GNU/Linux 里支持的功能，包括 Cairo、X11、Alsa、FFmpeg、GTK、Pango 及 Glibc 等 Android 都没有支持。Android 以 Bionic 取代 Glibc、以 Skia 取代 Cairo、再以 opencore 取代 FFmpeg 等等。Android 为了达到商业应用，必须移除被 GNU GPL 授权证所约束的部分，例如，Android 将驱动程序移到 Userspace，使得 Linux driver 与 Linux kernel 彻底分开。Bionic/Libc/Kernel/ 并非标准的 Kernel header files。Android 的 Kernel header 是利用工具由 Linux Kernel header 所产生的，这样做是为了保留常数、数据结构与宏。

Android 的 Linux kernel 控制包括安全（Security）、存储器管理（Memory Management）、程序管理（Process Management）、网络堆栈（Network Stack）、驱动程序模型（Driver Model）等。下载 Android 源码之前，先要安装其构建工具 Repo 来初始化源码。Repo 是 Android 用来辅助 Git 工作的一个工具。

### 5.1.3 实例步骤

#### 1. 安装 Android 集成开发环境

本实例首先要求查看自己的计算机系统是 32 位还是 64 位，操作方法是右键点击 [ 我的电脑 ]，选择 [ 属性 ] 选项。在系统类型里面提示电脑系统类型，图

5.1所示为64位操作系统。然后登录至Android官网，双击下载jdk文件，并安装jdk文件，如图5.2所示。若应用电脑操作系统是32位，则下载并安装32位jdk文件，安装方法和安装过程与64位相同。

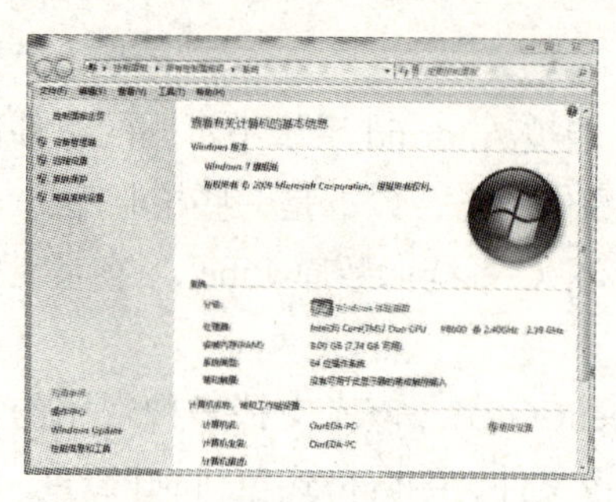

图5.1 64位操作系统显示界面

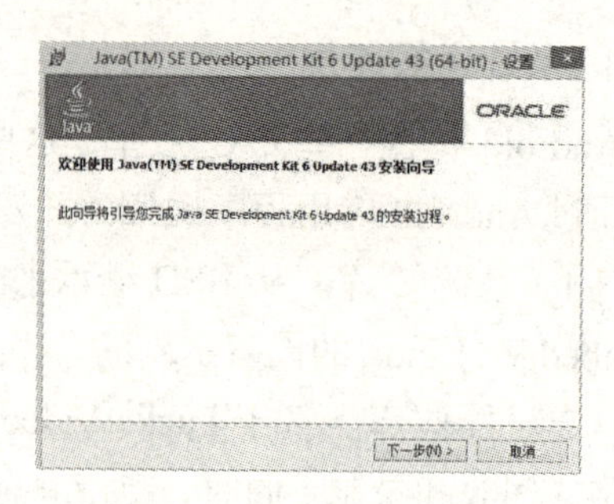


图5.2 安装jdk文件界面1

点击[下一步],可以选择安装jdk目录,这里选择默认路径。再点击[下一步]，准备安装。继续点击[下一步]，开始安装jdk，如图5.3所示。安装完成界面，如图5.4所示。

图5.3 安装jdk文件界面2

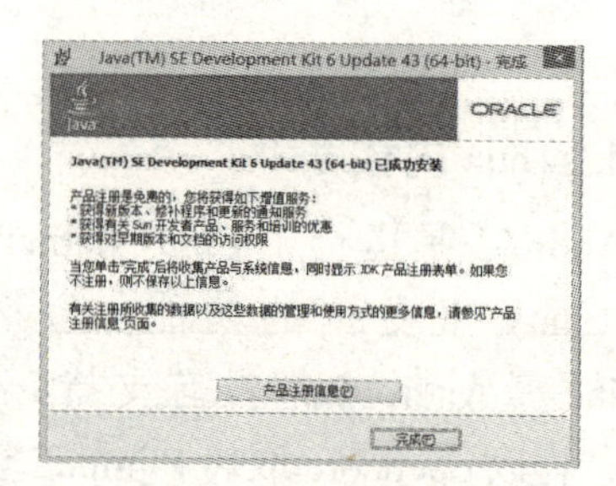


图5.4 安装完成界面

点击[完成]退出安装。修改配置环境变量，右键点击[计算机]选择[属性]选项如图5.5所示。点击【高级系统设置】，再点击[环境变量]，如图5.6所示。

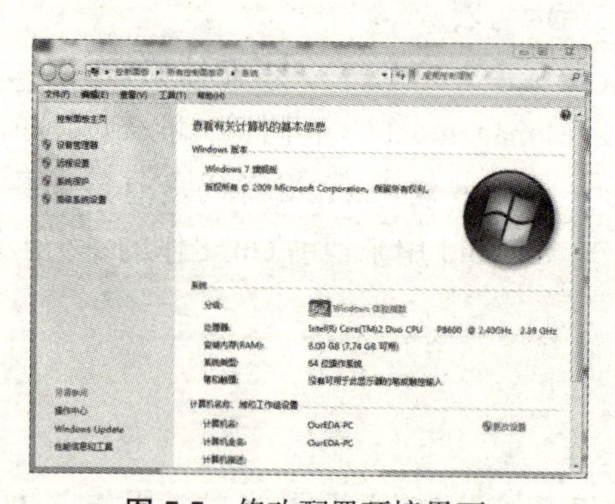

图5.5 修改配置环境界面

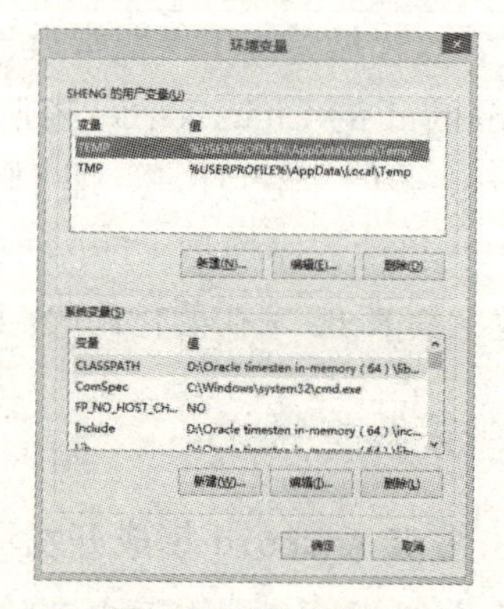


图5.6 环境界面

点击 [ 新建 ]，在变量名输入 JAVA_HOME，为变量值输入安装 jdk 的路径。新建系统变量如图 5.7 所示。在系统变量 [Path] 里面添加变量值“;%JAVA_HOME%\bin;%JAVA_HOME%\jre\bin”。编辑系统变量如图 5.8 所示。

点击 [ 新建 ] 选项，在变量名中输入“CLASSPATH”，在变量值中输入“%JAVA_HOME% \lib\dt.jar;%JAVA_HOME%\lib\tools.jar”。新建系统变量界面如图 5.9 所示。

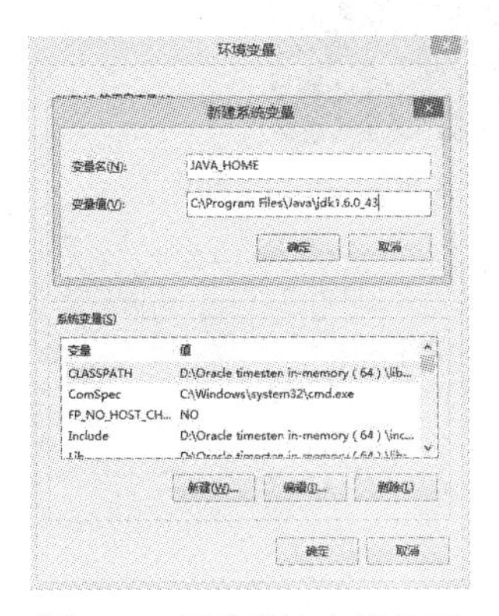


图 5.7 新建系统变量界面

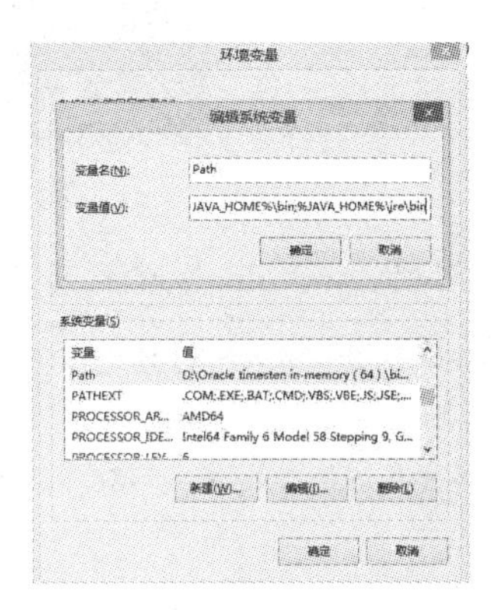


图 5.8 编辑系统变量

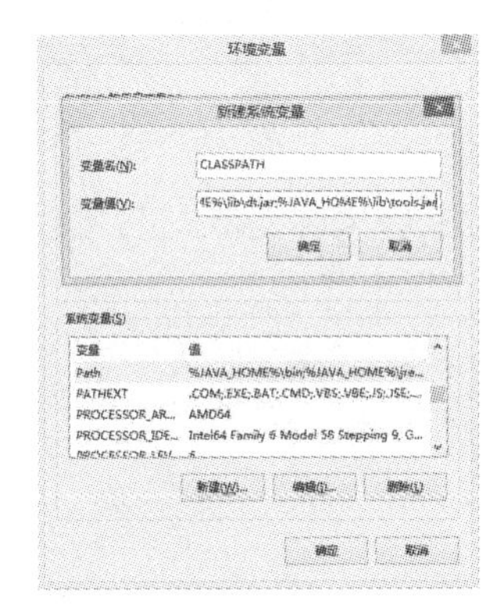


图 5.9 新建系统变量界面

点击 [ 确定 ] 后退出，验证 jdk 安装是否成功，点击电脑桌面系统左下角 [ 开始 ]，在 [ 搜索 ] 框中输入“cmd”。验证安装成功界面如图 5.10 所示。

图 5.10 验证安装成功界面

输入“java -version”后按回车键，会出现jdk版本，表示jdk安装成功，如图5.11所示。

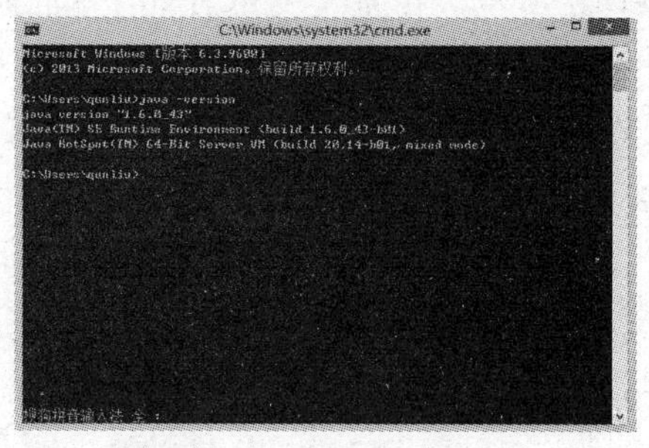


图5.11　jdk安装成功

下面安装Android开发工具adt，解压文件：

adt-bundle-windows-x86_64-20130219　2014/3/29 16:09　WinRAR 压缩文件

进入解压后的文件夹：

adt-bundle-windows-x86_64-20130219　2013/10/3 18:39　文件夹

有下面三个文件：

| 名称 | 修改日期 | 类型 |
| --- | --- | --- |
| eclipse | 2014/3/29 13:45 | 文件夹 |
| sdk | 2013/10/3 18:43 | 文件夹 |
| SDK Manager | 2013/2/20 6:58 | 应用程序 |

进入文件夹[eclipse]，有下面这些文件。

| 名称 | 修改日期 | 类型 |
| --- | --- | --- |
| configuration | 2014/3/29 13:45 | 文件夹 |
| dropins | 2013/2/6 8:55 | 文件夹 |
| features | 2013/10/3 18:39 | 文件夹 |
| p2 | 2013/10/3 18:39 | 文件夹 |
| plugins | 2013/10/3 18:39 | 文件夹 |
| readme | 2013/10/3 18:39 | 文件夹 |
| .eclipseproduct | 2012/6/8 20:21 | ECLIPSEPRODUC... |
| artifacts | 2013/2/6 8:55 | XML 文档 |
| eclipse | 2012/6/8 20:52 | 应用程序 |
| eclipse | 2013/2/6 8:57 | 配置设置 |
| eclipsec | 2012/6/8 20:52 | 应用程序 |
| epl-v10 | 2012/6/8 20:21 | HTML 文档 |
| notice | 2012/6/8 20:21 | HTML 文档 |

双击[eclipse.exe]可执行文件，安装Android开发工具，并选择工程存放路径。这里选择默认路径，如图5.12所示。

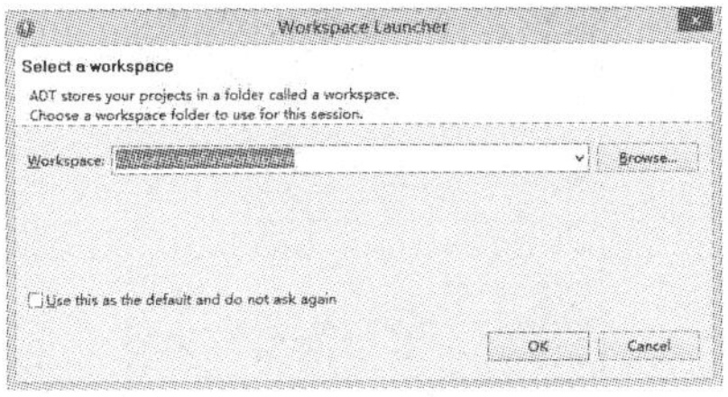

**图 5.12** 选择过程存放路径界面

点击 [OK] 即可打开开发工具 eclispe，如图 5.13 所示。

**图 5.13** 启用 eclispe 开发工具界面

加载工作环境后，进入开发工具 adt。选择 Yes 后点击 [Finish]，进入 eclipse 主界面，如图 5.14 所示。

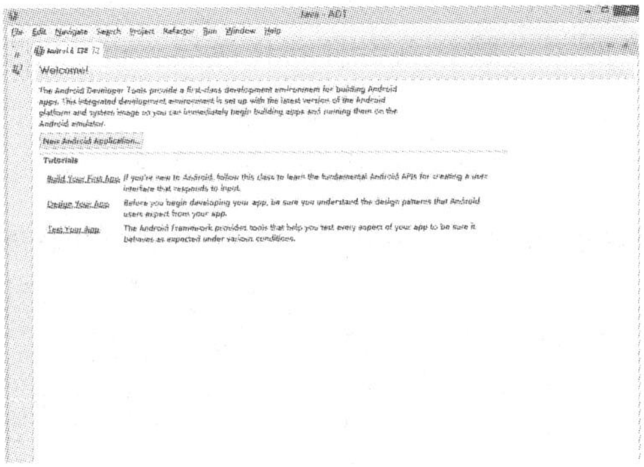

**图 5.14** eclipse 主界面

下面为了运行 Android 的需要，还需新建一个模拟器。点击 eclipse 菜单选项中的 [Window]，并单击下拉菜单中的 [Android Virtual Device Manager ] 选项。再点击 [New] 选项，填写任意 AVD Name，下拉 Device 选择任意设备，继续下拉 CPU/ABI 选择 ARM(armeabi)，点击 [OK] 即可，如图 5.15 所示。

这时，就会看到刚刚新建的模拟器已在列表中，然后关闭，到此，Android 开发环境已经搭建好了。

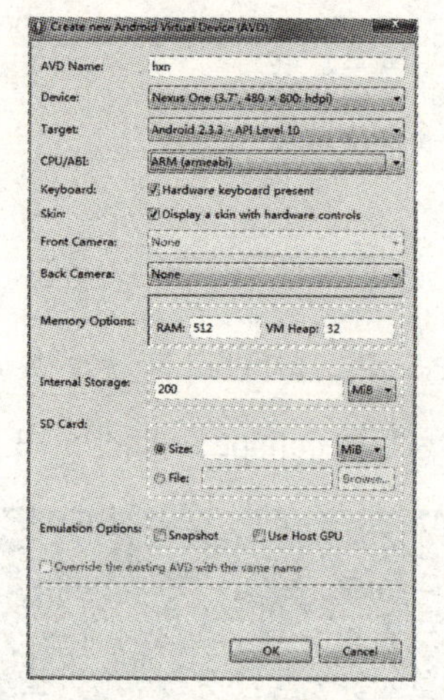


图5.15　设置菜单

### 2. 新建Android工程项目

点击菜单中[File]选项，选择[New]-[Android Application Project]，如果没有这一选项的话，就选择[Other]。打开Android后面的选项，选择[Android Application Project]，点击[Next]，如图5.16所示。填写项目名称，一般以大写字母开头，如图5.17所示。然后点击[Next]继续，进入配置项目界面如图5.18所示，再直接点击[Next]继续，进入配置工程项目图标界面，如图5.19所示。可以任意选择，也可以选择自己电脑里面的图片作为图标。

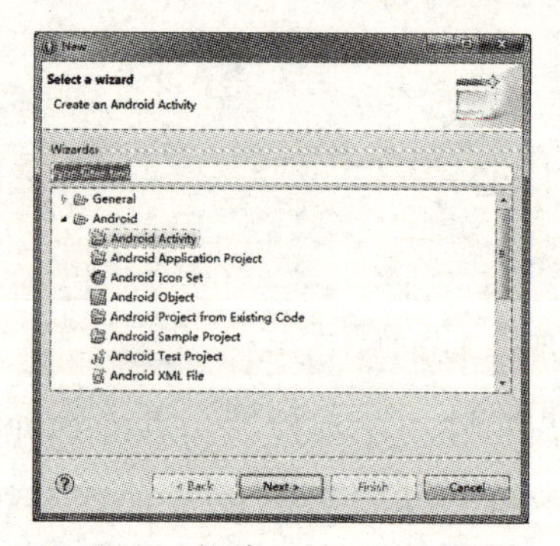


图5.16　新建Android工程项目

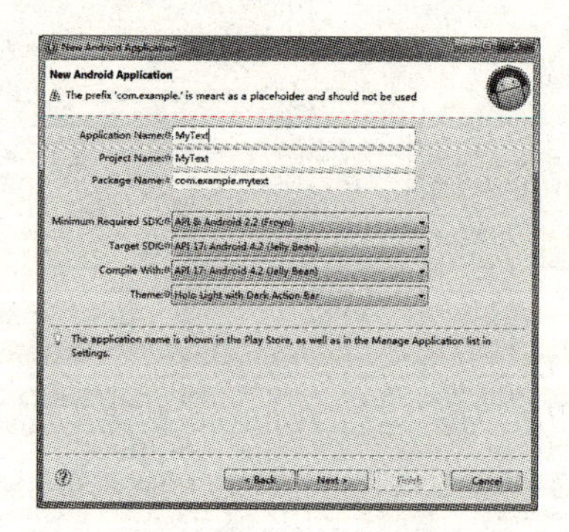


图5.17　填写项目界面

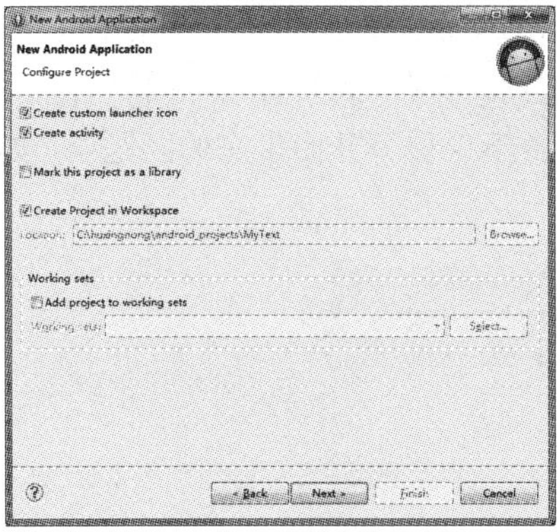

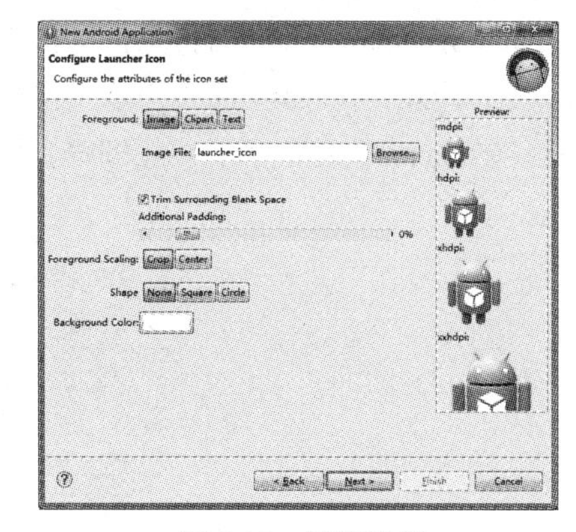


图 5.18 选择菜单

图 5.19 图标选择

继续进入创建活动界面，如图 5.20 所示。直接点击 [Next] 继续，点击 [Next] 可以看到自己创建的活动以及活动布局文件的名称，也可以修改这些名称，这里选择默认名称，如图 5.21 所示。

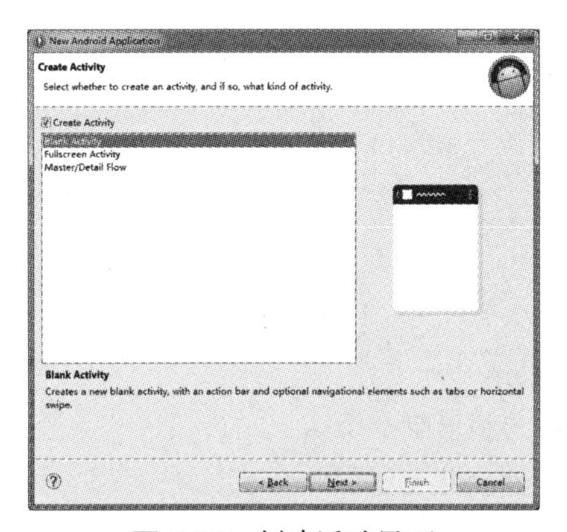


图 5.20 创建活动界面

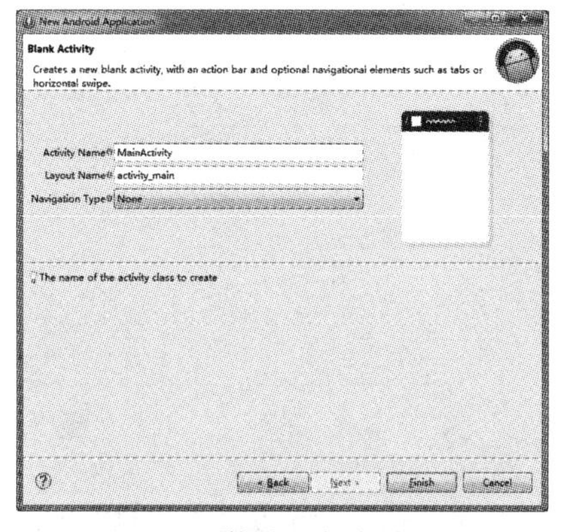


图 5.21 修改选择名称界面

点击 [Finish] 即成功创建工程，如图 5.22 所示。

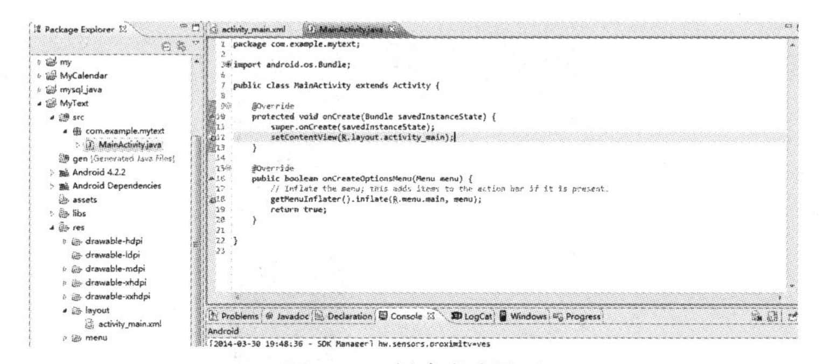


图 5.22 创建成功界面

其中，src 文件夹下的 MainActivity.java 即刚刚创建的活动，layout 文件夹下的 activity_main-xml 文件即是 MainActivity 的布局文件。若有错误，选择菜单 [Project] 下面的 [Clean] 选项，选中刚创建的工程 MyText，点击 [OK]，如图 5.23 所示。在 Clean 项目之后，一般即可消除由于工程打开而带来的问题了，如图 5.24 所示。

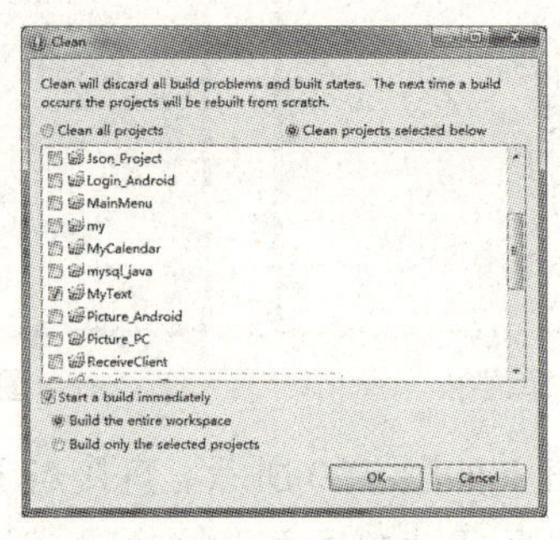


图 5.23　Clear 界面

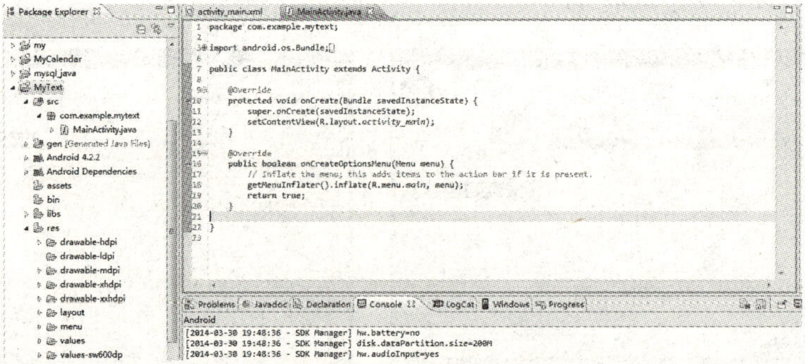

图 5.24　完成界面

### 3. 运行 Android 工程项目

右键点击新建的工程项目 MyText，选择下拉菜单 [Run As] 选项中的 [Android Application] 选项运行程序，如图 5.25 所示。

图 5.25　运行界面

## 5.2 Android 系统用户界面的设计与应用

### 5.2.1 实例内容与应用设备

用户界面（User Interface，简称 UI）具备人与电脑交互的功能，为了使人机交互和谐、沟通顺畅必须设计出符合人机操作的简易、合理的人机界面，由此拉近人与机器之间的距离。本实验的目的是使用户深入了解 Android 程序框架结构和掌握 Android 界面设计与编程技术。另外，根据实际应用的需要还介绍了在网关平台上下载 Android4.2.1 版本系统软件的过程。本实例所应用的操作设备如下所示：

（1）安装有 Microsoft Windows XP 或更高版本操作系统，同时具备 USB2.0 或以上端口和不低于 Intel Core2Duo 2GHz、2GB RAM 的 PC 机。在软件方面需要有 Android Development Tools（简称 ADT）开发环境以及 jdk 等开发工具。

（2）物联网综合教学实验平台，网关安装 Arndroid 系统。

### 5.2.2 实例原理与相关知识

基于 Contex-A9 Android 控制显示端界面设计（UI），主要是从易用性和美观性两个原则出发进行设计的。界面设计主要分为用户界面关系设计和具体的用户界面设计。

（1）控制显示端主菜单界面是一个 TabHost 选择界面，主界面为程序提供的是目录选择的作用。根据需求分析，主界面包含的 5 个子界面的功能如表 5.1 所示。其中，由于应用的传感器类型比较多，所以选择用两个子界面来分页显示。

**表 5.1 主界面设计表**

| 界面一级子菜单功能 |
| --- |
| 主界面菜单部分传感器数据：实时更新相应传感器数据 |
| 其他部分传感器数据：实时更新相应传感器数据 |
| 串口设置：进行串口连接的设置 |
| 网络拓扑图：画出网络拓扑图 |
| 退出程序 |

（2）由于串口是 Android 终端与传感器网络协调节点（根节点）通信的桥梁，所以在程序运行后首先必须要设置好通信用的串口。串口设置界面由是两个 ListView 组成，分别是表示系统网关平台可提供的串口设备列表和串口波特率列表。表 5.2 显示了用户在网关平台端所能使用的菜单和按钮。

表5.2　串口设置界面设计表

| 界面一级子菜单功能 |
| --- |
| 串口设置界面：串口设备选择设置选择使用的串口设备<br>波特率设置：选择通信使用的波特率 |

其中对于设置串口的操作，数据流程如图5.26所示。

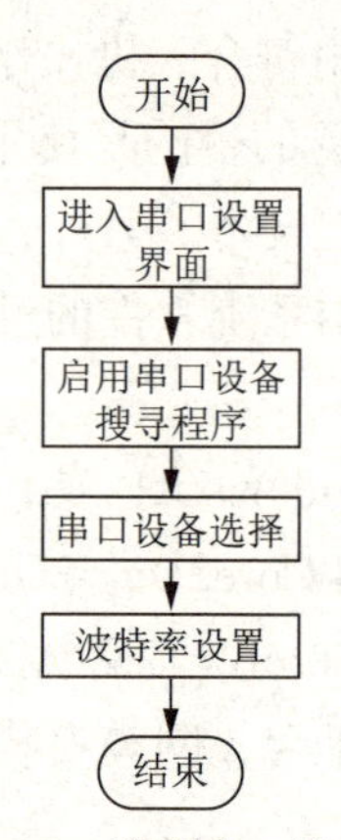


图5.26　设置串口流程图

（3）在应用中，网关平台通过串口接收传感器网络协调节点发送的数据信息。然后，解析接收到的数据和判断数据来自哪类传感器。最后，提取传感器数值部分进而更新界面，其界面设计如表5.3所示。

表5.3　部分传感器界面设计表

| 传感器功能 |
| --- |
| 温度显示温度值框：并根据温度值以温度条显示<br>湿度显示湿度值框：并根据湿度值以湿度条显示<br>光照显示光照值框：并根据光照值以光照条显示<br>GPS显示框：根据接收的信息更新经纬度等卫星数据信息<br>声音显示框：根据接收的信息判断有没有声音进而做出相应的响应<br>烟雾显示框：根据接收到的烟雾信息做出相应的响应<br>陀螺仪加速度显示框：根据接收到的信息解析陀螺仪数据并更新信息<br>超声波显示框：根据接收到的信息更新测得的障碍物距离<br>AD外部电压值框：根据接收到的信息更新电压指针偏转角度<br>LED控制开关显示框：通过滑动开关控制CC2530节点上LED灯的熄灭 |

（4）根据应用实例的需求分析，需要画出无线传感网络的拓扑图。所以在Android软件上，需要实现显示网络拓扑结构。根据前面给出的描述传感器节点关系就可以设计出该拓扑结构，如图5.27所示。

（5）协调节点（或称汇聚节点根节点）接收到各类传感器发送的数据，然后通过一定的数据格式通过串口发送到网关平台。本实例的数据格式是以$开始，以#结束，$和#之间就是一条完整的数据。系统网关平台接收到串口的数据后，按照数据格式进行合理的解析，解析提取出传感器数值部分更新显示。数据流程图如图 5.28 所示。

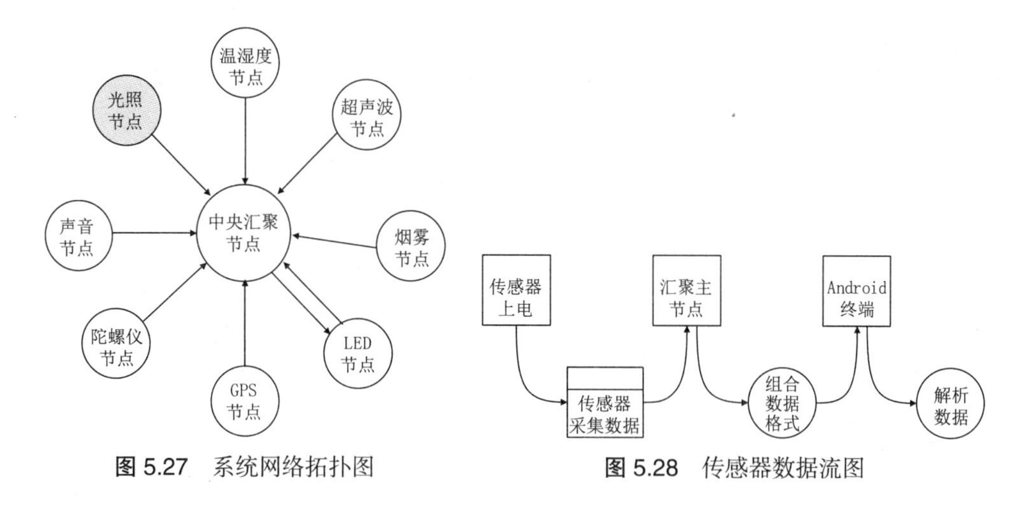


图 5.27　系统网络拓扑图　　图 5.28　传感器数据流图

## 5.2.3 实例步骤

### 1. 在网关平台上下载 Android 系统软件的过程

由于本部分的应用实例是基于 Android 操作系统平台下实现的，所以需要在系统网关平台事先装入 Android 4.2.1 版本的操作系统。首先，需要在基于 Windows7 环境电脑上完成如下操作。

（1）在电脑上打开物联网综合教学平台所提供文档软件包中的 SD-Flasher.exe 软件，需要注意的是要通过管理员身份来打开该软件，如图 5.29 所示。

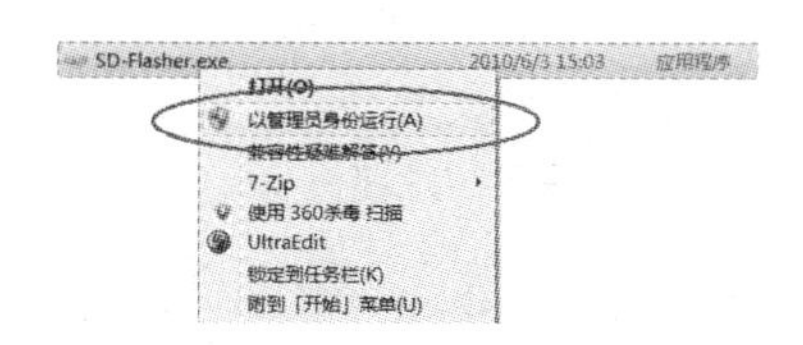


图 5.29　SD-Flasher.exe 软件界面

在弹出的“Select your Machine”对话框中选择“Mini4412/Tiny4412”项。然后，在软件中点击 Scan 按钮，在列出的连接在电脑上的所有 SD 卡中，选中需要使用的 SD 卡。注意，建议选择使用 4G 容量以上的 SD 卡。SD 卡选择界面如图 5.30 所示。

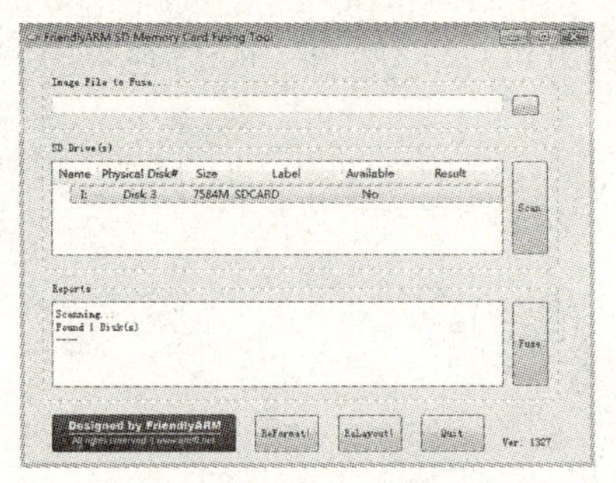


图 5.30 SD 卡选择界面

然后，点击“ReLayout”对 SD 卡重新分区，并在完成后再次点击“Scan”，其中 Available 会变为 Yes。再点击“Image to Fuse”框的选择按钮，选择软件包中的 Superboot4412.bin 文件。继续点击“Fuse”，将 Superboot4412.bin 烧写到 SD 卡中，再将软件包中的“images”文件夹也复制到 SD 卡中。注意，整个文件夹中确保含有 Superboot4412.bin、Android\zImage、Android\ramdisk-u.img、Android\system.img、Android\userdata.img 和 FriendlyARM.ini，共计 6 个文件。最后，从电脑上拔出 SD 卡。关闭物联网综合实验平台电源，在网关平台右侧插入 SD 卡（注意 SD 卡是背面向上）。将网关平台右下角的 S2 开关向下设置，切换至 SD 卡启动。然后重新上电开机，开始向网关平台存储器烧写 Android 系统程序。注意，在烧写系统程序时，LCD 指示灯和串口终端都会有进度显示。

烧写完毕后，将网关平台的 S2 开关向上设置，以便以 eMMC 方式启动程序。然后，将实验平台重新开机。这样，网关平台上就可以启动 Android 操作系统。

### 2. 用户界面的设计与实现

该设计的主要任务是在仔细阅读理解实例文档的基础上，进一步明确系统需要实现的功能，明确每个类的数据结构实现以及类之间的交互关系。

（1）本实例中，串口是最重要的实现部分，因为它是传感器部分与 Android 系统中断链接的桥梁。SerialPort 类负责建立及设置网关处理段与协调节点的通信串口配置，该类所涉及的具体操作如表 5. 4 所示。

表 5.4 SerialPort 类的详细描述

| 方法名及描述 |
| --- |
| SerialPort：建立串口设备文件，设置波特率范围 |
| InputStream getInputStream：获取输入数据流 |
| OutputStream getOutputStream：获取输出数据流 |
| Open：建立串口连接，选择串口，波特率等 |
| Close：关闭注销串口设备文件 |

（2）在 Android 系统中，另一个需要处理的就是正确解析来自串口的数据。串口接收的数据类 Information 中存储和处理传感器数据每个字段信息，该类所

包含的具体方法如表 5.5 所示。

表 5.5　Information 类的详细描述

| 方法名及描述 |
| --- |
| getDirection()：获得数据信息的发送方向 |
| setDirection(String direction)：设置数据信息的发送方向 |
| getId()：获得数据中传感器的 ID 识别号 |
| setId(int id)：设置发送信息传感器的 ID 号 |
| getType()：获得数据信息类型 |
| setType(String type)：设置发送信息数据的类型 |
| getValue()：获得发送数据信息的传感器测量的数值 |
| setValue(String value)：设置发送数据信息数值字段的值 |
| getCheckSum(): 获得数据信息的校验和 |
| setCheckSum(String checkSum): 设置发送数据信息的校验和 |

根据上面介绍的 Android 系统网关平台的实现方法，可以知道系统是开启一个专门接收串口数据信息的线程。然后在该线程里面解析接收到的串口数据，根据数据信息的特定格式，即以“$”开始，以“#”结束之间的信息为一条需要被解析的数据信息，信息包括发送信息的传感器的 ID 号、传感器类型、传感器采集的数据值和校验和等。最后，根据 ID 号和相应的传感器数据区更新 Android 系统相应 UI 界面的显示。

例如，温度传感器的 ID 号为 01，当发送出其 ID 号的信息时，系统网关就会解析或提取温度数值为 26。随后就会将 UI 界面上的温度条更新显示为 26，最后把提示温度数值的文本框也更新为 26℃。本实例在测试阶段需要检验的就是 UI 界面上的每个控件在串口接收到该类传感器数据后，或者说在一定的时间内能否被更新。

经过前面各个拆分部分的测试，以确保在系统组合前每个模块都能正确工作。在整个系统组装起来后，进行系统整合测试。这里的测试需要实现给系统上电后，打开网关平台 Android 端的应用程序。设置好串口之后，程序界面 UI 就可以接收并正确解析串口信息，进而能够实时更新 UI 界面部分传感器信息。

图 5.31 是 Android 系统网关平台部分传感器数值显示界面，其中包括有光照、加速度传感器与陀螺仪、超声波传感器、外部电压 4 个部分的数据。此时，观察协调器节点的响应，即位于实验平台上 DS10 的指示灯一直在闪烁，这也说明一直有数据信息发送到协调器节点。

通过点击 Android 系统网关平台界面右侧的一排图片按钮可以切换 UI 界面。由上至下，第一个界面如图 5.31 所示，包含温湿度信息、光照信息、GPS 卫星数据信息、烟雾和声音等信息。

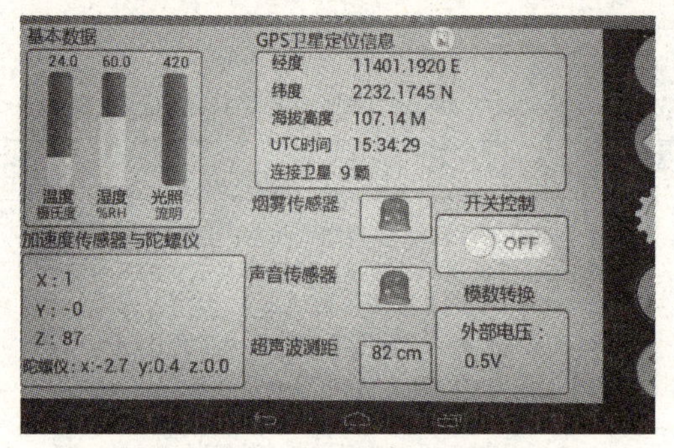


图 5.31　传感器数据显示界面

第二个界面如图 5.32 所示，包含陀螺仪加速度信息、超声波测距信息和协调器节点的外部电压信息。并且还有可以控制 M01 按键及指示灯测试节点上 DS6 指示灯亮灭的滑动按钮。

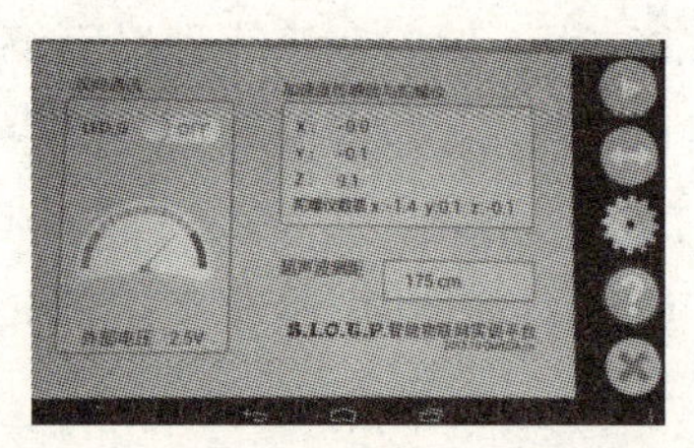


图 5.32　UI 传感器数值显示界面更新 2

第三个界面是设置 Android 系统网关平台端接收信息的串口，如串口设备和串口的波特率。第四个界面是实现画出本实例要求的网络拓扑图，拓扑图的结构是若干终端节点围绕在协调器节点周围。当某终端节点成功加入网络时，就显示该节点；否则，界面不显示。在系统程序启动时，终端节点是隐藏不显示的。第五个按钮是退出程序。到此，整个基于 Android 的物联网综合教学实验平台的设计测试都已完成。

### 5.2.4　程序编写

本实例代码与完整的演示实例可以通过物联网综合教学平台软件资料包中的“android_serialport_api_.rar”文件查看。

## 5.3　Android 系统下网络通信的应用

### 5.3.1　实例内容与应用设备

本实例内容是编写基于 Android 系统网关平台与根节点之间的串口通信程序。首先，在物联网综合教学实验平台上建立一个最基本的“根节点”，由根节点向网关平台的串口 2 写入信息数据。然后，系统网关平台读取串口 2 上的数据。通过此过程的操作，实现了根节点与系统网关平台的通信。本实例所应用的操作设备如下所示：

（1）安装有 Microsoft Windows XP 或更高版本操作系统，同时具备 USB2.0 或以上端口和不低于 Intel Core2Duo 2GHz、2GB RAM 的 PC 机。在软件方面需要有 IAR 集成开发环境和 PC 机串口调试助手。

（2）物联网综合教学实验平台、根节点模块，网关平台已安装 Android 系统软件。

（3）SmartRF04EB 调试器以及 USB 连接线和扁平排线连接电缆。

## 5.3.2 实例原理与相关知识

在物联网综合教学实验平台的系统网关平台上有 4 个串口。其中，串口 COM0 用于启动调试串口，可以在 COM0 串口中访问系统网关平台的目录结构。串口 COM3 为了实验方便，系统将串口转为 USB 引出。网关平台串口 2 在电路设计时，已经被连接到实验平台“根节点”模块 CC2530 的串口 1 上。

## 5.3.3 实例步骤

（1）将实验平台中 USB 连接线的一端连接在 PC 机 USB 接口，另一端插入实验平台底板下方 Micro-USB 插座。双方开机后，PC 机端会有相应提示。如果是首次使用，Windows 系统会自动安装驱动程序。

（2）将 SmartRF04 调试器的 USB 端口连接至 PC 机，另一端通过排线连接在根节点模块上。打开 PC 机开发环境后，选择“裸机程序\串口通讯 2”中的工程，编译下载并运行。

（3）启动 Android 系统的开发工具 Eclipse，选择打开“Android 程序串口 2”的工程。在软件中编译、下载至系统平台运行即可。

## 5.3.4 程序编写和调试

### 1. “根节点”串口发送信息程序

在本实例中，根节点向 Android 网关平台的串口 2 发送数据。所发送数据为 ASCII 字符串“helloworld”，部分程序代码如下。

```
//串口初始化函数
void initUARTSEND(void)
{
```

```
    CLKCONCMD &= ~0x40;         // 设置系统时钟源为 32MHz 晶振
    while(CLKCONSTA & 0x40);    // 等待晶振稳定
    CLKCONCMD &= ~0x47;         // 设置系统主时钟频率为 32MHz
    //PERCFG  Peripheral-control register
    PERCFG = 0x00;              // 位置 1  P0 口
    //P0SEL Port0 function-select register
    P0SEL = 0x3c;               //P0_2,P0_3,P0_4,P0_5 用作串口
    P2DIR &= ~0X80;             //P0 优先作为 UART1
    U1CSR |= 0x80;              //UART 方式
    U1GCR |= 8;
    U1BAUD |= 59;               // 波特率设为 9600
    UTX1IF = 0;                 //UART1  TX 中断标志初始置位 0
}
// 串口发送字符串函数
void UartTX_Send_String(char *Data,int len)
{
  int j;
  for(j=0;j<len;j++)
  {
    U1DBUF = *Data++;
    while(UTX1IF == 0);
    UTX1IF = 0;
  }
}
// 主函数
void main(void)
{
  uchar i;
  initUARTSEND();
    while(1)
  {
     strcpy(Txdata," $hello welcome to SITOP#\n");  // 将 UART0
TX test 赋给 Txdata;
    UartTX_Send_String(Txdata,sizeof("$hello welcome to
```

```
SITOP#\n")); //串口发送数据
        flag=1;
        Delay(50000);              //延时
        Delay(50000);
      }
   }
```

### 2. 网关平台接收并显示串口信息程序

本网关平台的核心部件是 Cortex-A9 微处理器，安装有 Android 4.2.1 操作系统。在本实例中，使用了 google 公司所提供的 Android 开源工程 android_seriakapi，并在该工程基础上进行修改和使用。

在 AndroidMainfest.xml 文件中，将对于其应用程序工程的 Android 版本和 SDK 等信息进行了介绍，并在< application >标签中，定义了 Android 工程中的相关信息。

① 应用程序图标（android:icon）。

② 应用程序名称（android:name）。

③ 活动过滤器（intent-filter）的主要活动（activity）。

④ 工程中的所有活动（activity）。

⑤ 其他各类信息等。

关于该文件的内容，可以在 Eclipse 中打开该文件，查看其内容。主活动界面 MainMenu 中添加了 3 个按钮与 3 个按钮所对应的事件。

① buttonSetup 对应跳转到配置串口活动。

② buttonConsole 对应跳转到接收串口数据活动。

③ buttonQuit 对应跳转到结束活动事件。

主活动 android_serialport_api.sample.MainMenu 中的部分 MainMenu.java 代码如下。

```
public class MainMenu extends Activity {
    /** Called when the activity is first created. */
    @Override
    public void onCreate(Bundle savedInstanceState) {
      super.onCreate(savedInstanceState);
      setContentView(R.layout.main);
      final Button buttonSetup = (Button)findViewById(R.
```

```
id.ButtonSetup);
        buttonSetup.setOnClickListener(new View.OnClickListener() {
      public void onClick(View v) {
    startActivity(new Intent(MainMenu.this,
SerialPortPreferences.class));
      }
    });
   final Button buttonConsole = (Button)findViewById(R.
id.ButtonConsole);
    buttonConsole.setOnClickListener(new View.OnClickListener()
{
      public void onClick(View v) {
        startActivity(new Intent(MainMenu.this, MainActivity.
class));
      }
      });
      final Button buttonQuit = (Button)findViewById(R.
id.ButtonQuit);
      buttonQuit.setOnClickListener(new View.OnClickListener() {
      public void onClick(View v) {
        MainMenu.this.finish();
        }
      });
    }
  }
```

在模拟过程中的运行效果如图5.33所示。

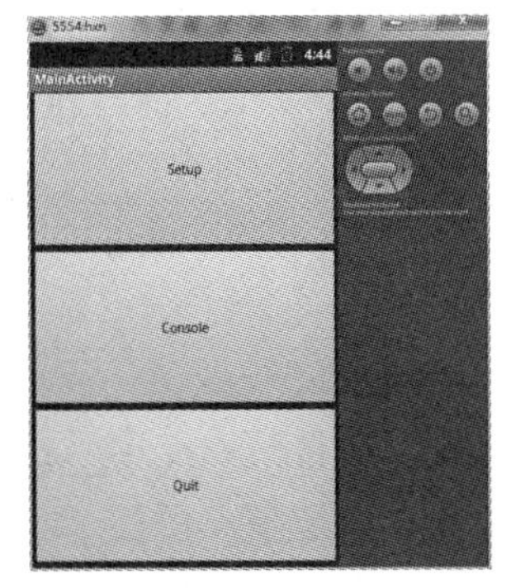


图 5.33 运行效果界面

当用户点击 Setup，即调用 SerialPort Preferences.class 类。该类的主要功能是查找系统网关平台设备中所有的串口，然后配置选中串口设备的波特率。配置串口 SerialPortPreferences.java 文件程序如下。

```
@Override
   protected void onCreate(Bundle savedInstanceState) {
     super.onCreate(savedInstanceState);
     mApplication = (Application) getApplication();
     mSerialPortFinder = mApplication.mSerialPortFinder;
     addPreferencesFromResource(R.xml.serial_port_preferences);
     // Devices
     final ListPreference devices = (ListPreference)
findPreference("DEVICE");
     String[] entries = mSerialPortFinder.getAllDevices();
     String[] entryValues = mSerialPortFinder.
getAllDevicesPath();
     devices.setEntries(entries);
     devices.setEntryValues(entryValues);
     devices.setSummary(devices.getValue());
     devices.setOnPreferenceChangeListener(new
OnPreferenceChangeListener() {
        public boolean onPreferenceChange(Preference preference,
Object newValue) {
          preference.setSummary((String)newValue);
          return true;
```

```
            }
        });
            // Baud rates
            final ListPreference baudrates = (ListPreference)
findPreference("BAUDRATE");
            baudrates.setSummary(baudrates.getValue());
            baudrates.setOnPreferenceChangeListener(new
OnPreferenceChangeListener() {
                public boolean onPreferenceChange(Preference preference,
Object newValue) {
                    preference.setSummary((String)newValue);
                    return true;
                }
            });
        }
    }
```

可见其主要调用了SerialPortFind类中的getAllDevice()和getAllDevicePort()函数功能，该类的部分主要代码如下：

```
    public class Driver {
      public Driver(String name, String root) {
        mDriverName = name;
        mDeviceRoot = root;
      }
      private String mDriverName;
      private String mDeviceRoot;
      Vector<File> mDevices = null;
      public Vector<File> getDevices() {
        if (mDevices == null) {
          mDevices = new Vector<File>();
          File dev = new File("/dev");
          File[] files = dev.listFiles();
          int i;
```

```
        for (i=0; i<files.length; i++) {
            if (files[i].getAbsolutePath().startsWith(mDeviceRoot))
{
                Log.d(TAG, "Found new device: " + files[i]);
                mDevices.add(files[i]);
            }
        }
    }
    return mDevices;
    }
    public String getName() {
        return mDriverName;
    }
}
private static final String TAG = "SerialPort";
private Vector<Driver> mDrivers = null;
Vector<Driver> getDrivers() throws IOException {
    if (mDrivers == null) {
        mDrivers = new Vector<Driver>();
        LineNumberReader r = new LineNumberReader(new
FileReader("/proc/tty/drivers"));
        String l;
        while((l = r.readLine()) != null) {
        String drivername = l.substring(0, 0x15).trim();
        String[] w = l.split(" +");
        if ((w.length >= 5) && (w[w.length-1].equals("serial"))) {
            Log.d(TAG, "Found new driver " + drivername + " on " +
w[w.length-4]);
            mDrivers.add(new Driver(drivername, w[w.length-4]));
        }
    }
    r.close();
}
return mDrivers;
```

```
    }
    public String[] getAllDevices() {
      Vector<String> devices = new Vector<String>();
      // Parse each driver
      Iterator<Driver> itdriv;
      try {
        itdriv = getDrivers().iterator();
        while(itdriv.hasNext()) {
          Driver driver = itdriv.next();
          Iterator<File> itdev = driver.getDevices().iterator();
          while(itdev.hasNext()) {
            String device = itdev.next().getName();
            String value = String.format("%s (%s)", device,
driver.getName());
              devices.add(value);
            }
          }
        } catch (IOException e) {
          e.printStackTrace();
        }
        return devices.toArray(new String[devices.size()]);
      }public String[] getAllDevicesPath() {
        Vector<String> devices = new Vector<String>();
        Iterator<Driver> itdriv;
        try {
        itdriv = getDrivers().iterator();
        while(itdriv.hasNext()) {
          Driver driver = itdriv.next();
          Iterator<File> itdev = driver.getDevices().iterator();
          while(itdev.hasNext()) {
            String device = itdev.next().getAbsolutePath();
            devices.add(device);
          }
        }
```

```
        } catch (IOException e) {
            e.printStackTrace();
        }
    return devices.toArray(new String[devices.size()]);
    }
}
```

由以上程序代码可知，完成了扫描系统 Prec 文件夹下与串口（tty）驱动信息，并且返回对应的设备信息和路径信息。然后点击 Setup 按钮，如图 5.34 所示，进行串口配置。若在模拟器中，可选择串口设备 ttys0；若在系统平台上则应选择 /dev/ttySAC2 串口，波特率应选择设置为 9600。

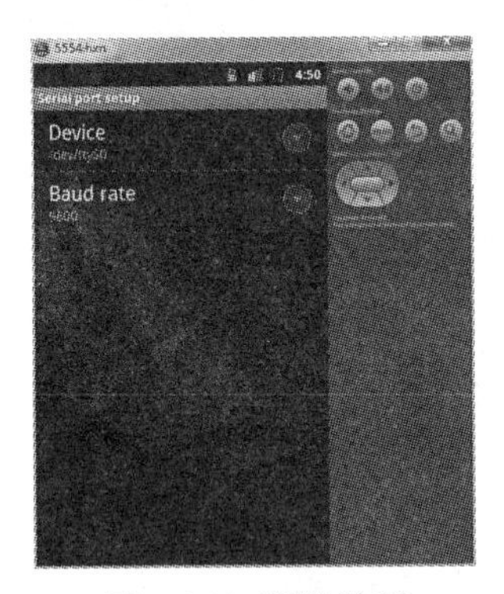


图 5.34　配置界面

正确配置好通信的串口后，可以点击打开 buttonConsole 对应的串口通信活动的 MainActivity.java 文件，MainActivity 继承活动 SerialPortActivity，实现了 SerialPortActivity 活动里面的一个虚函数 onDataReceived(final byte[] buffer, final int size)，该函数负责接收及处理串口信息数。

```
  @Override
    public boolean onCreateOptionsMenu(Menu menu) {
      // Inflate the menu; this adds items to the action bar if
it is present.
      getMenuInflater().inflate(R.menu.main, menu);
      return true;
    }
  @Override
```

```
    protected void onDataReceived(final byte[] buffer, final int
size) {
        // TODO Auto-generated method stub
        runOnUiThread(new Runnable() {
        public void run() {
            if (my_textview != null) {
                String str=new String(buffer, 0, size);
                my_textview.setText(str);
            }
        }
    });
  }
```

SerialPortActivity活动的文件SerialPortActivity.java中，声明了一个串口类SerialPort变量mSerialPort。mOutputStream是串口mSerialPort的输出流，mInputStream是串口mSerialPort的输入流；新建了一个匿名内部类ReadThread线程类，这个线程就是读串口线程；声明了一个虚函数abstract void onDataReceived(final byte[] buffer, final int size)，该函数将会在后续继承SerialPortActivity的活动中被实现。

```
    private class ReadThread extends Thread {
      @Override
        public void run() {
            super.run();
              while(!isInterrupted()) {
                int size;
                try {
                  byte[] buffer = new byte[64];
                  if (mInputStream == null) return;
                  size = mInputStream.read(buffer);
                  if (size > 0) {
                    onDataReceived(buffer, size);
                  }
                } catch (IOException e) {
```

```
                e.printStackTrace();
                return;
            }
        }
    }
}
private void DisplayError(int resourceId) {
    AlertDialog.Builder b = new AlertDialog.Builder(this);
    b.setTitle("Error");
    b.setMessage(resourceId);
    b.setPositiveButton("OK", new OnClickListener() {
        public void onClick(DialogInterface dialog, int which) {
            SerialPortActivity.this.finish();
        }
    });
    b.show();
}
@Override
protected void onCreate(Bundle savedInstanceState) {
    super.onCreate(savedInstanceState);
    mApplication = (Application) getApplication();
    try {
        mSerialPort = mApplication.getSerialPort();
        mOutputStream = mSerialPort.getOutputStream();
        mInputStream = mSerialPort.getInputStream();
        /* Create a receiving thread */
        mReadThread = new ReadThread();
        mReadThread.start();
    } catch (SecurityException e) {
        DisplayError(R.string.error_security);
    } catch (IOException e) {
        DisplayError(R.string.error_unknown);
    } catch (InvalidParameterException e) {
        DisplayError(R.string.error_configuration);
```

```
        }
    }
```

返回主活动界面，点击按钮 Console 后，若提示“没有串口的读写权限”错误信息，说明需要修改串口的权限。在模拟器中，修改串口权限界面，如图 5.35 所示。点击电脑桌面左下方 [ 开始 ]，在搜索框输入 cmd，界面如图 5.36 所示。

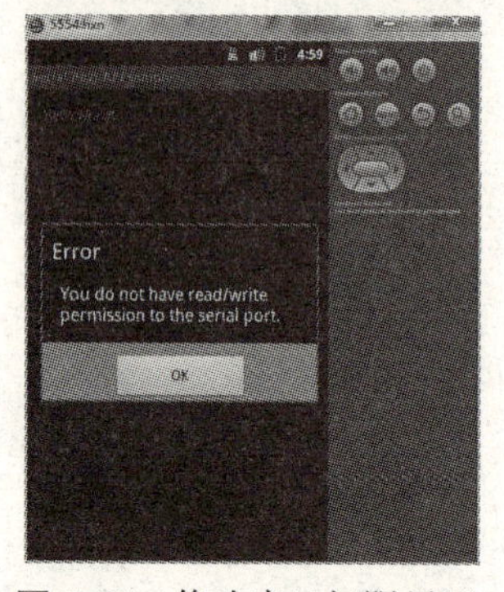


图 5.35 修改串口权限界面

图 5.36 进入 cmd 界面

进入系统网关平台界面后需要进入 sdk 安装目录下面的 platform-tools 路径，如图 5.37 所示。

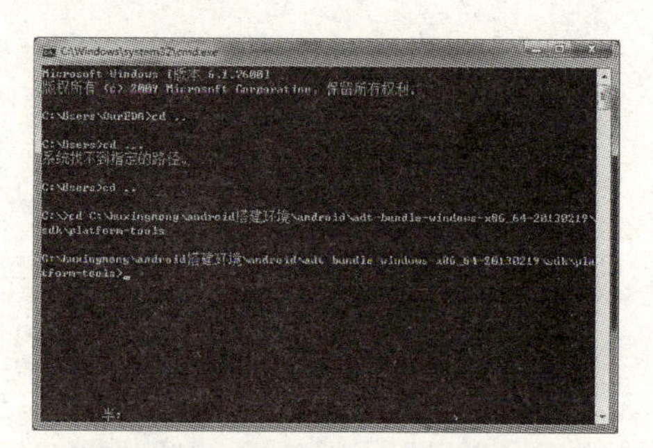


图 5.37 设置 platform-tools 路径

输入 adb shell 命令，就会以 root 用户进入模拟器文件目录，如图 5.38 所示。

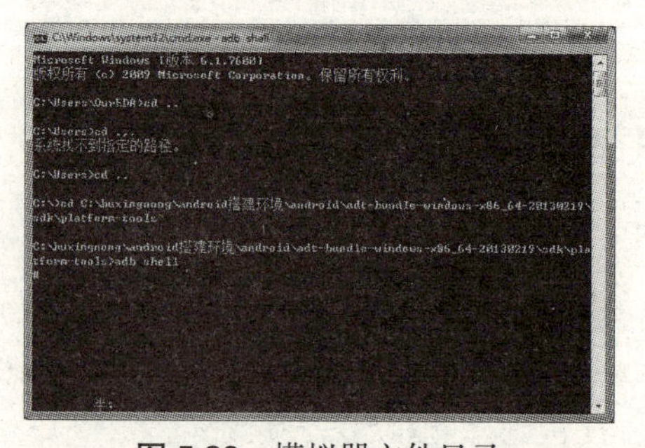


图 5.38 模拟器文件目录

输入 ls －l /dev/ttyS* 可以查看串口设备的操作权限，这里可以看到有 3 个串口设备。这些都是一般用户不可读不可写以及不可执行的，界面如图 5.39 所示。

图 5.39 串口设备的操作权限

在工程中用串口 ttyS0，输入命令 chmod 777 /dev/ttyS0 将串口 ttyS0 这个设备权限改为可读可写，如图 5.40 所示。

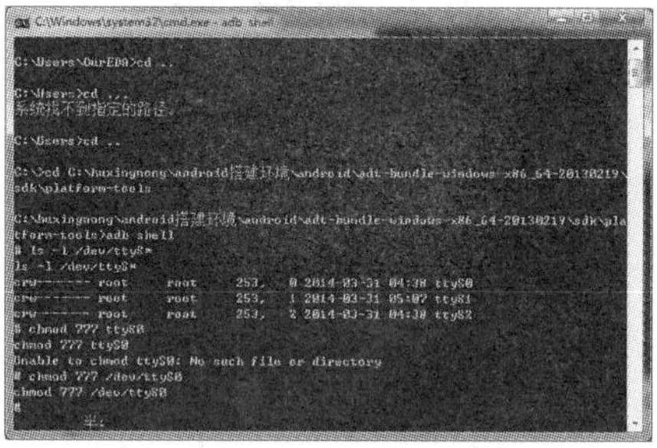

图 5.40 修改设备权限界面 1

然后再次输入命令 ls –l /dev/ttyS* 查看串口设备的权限，就可以看到串口 ttyS0 变为可读可写可执行了，如图 5.41 所示。

再返回模拟器，点击 Console 按钮，就会进入主界面，如图 5.42 所示。

此时，如果把程序通过优盘放到系统网关平台上，就可以发现文本框”Hello world”变为“$hello welcome to SITOP#”。

若在实验平台上直接进行调试运行，则需要在 Root 之后的 Android 系统上，依照以下步骤修改串口权限：

① 首先，将 USB 通信电缆的一端连接到实验平台底板右下角 COM0 串口，另一端连接到 PC 机。通过 Putty（可在互联网下载）连接串口，设置为 115200,8M。在计算机端可连接进入 Android 操作系统。若正确连接后，屏幕出现“$”提示符。

② 切换到 root 用户，执行“su”命令或“sudo su”命令。

③ 然后与工作在模拟器中操作类似，对“/dev/ttyS”各个串口的权限进行修改。

④ 以新设置的串口权限重新运行程序。

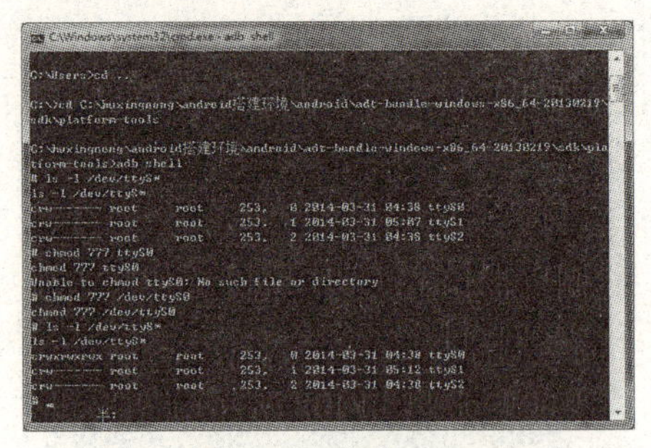


图 5.41　修改设备权限界面 2

图 5.42　主界面

## 5.4 基于 ZigBee 无线通信网络的综合应用 1

### 5.4.1　实例内容与应用设备

本实例内容是将在 2.4 节中已经完成的温湿度传感节点模块所采集到的信息，通过 ZigBee 网络发送给根节点。然后由根节点再通过串口发送给系统网关平台，并在系统网关显示器上显示出检测到的温度和湿度信息。本实例所应用的操作设备如下所示：

（1）安装有 Microsoft Windows XP 或更高版本操作系统，同时具备 USB2.0 或以上端口和不低于 Intel Core2Duo 2GHz、2GB RAM 的 PC 机。在软件方面需要有 IAR 集成开发环境和 Android 开发环境。

（2）物联网综合教学实验平台，M02 无线温湿度传感节点模块和根节点模块，网关安装 Android 系统软件。

（3）SmartRF04EB 调试器以及 USB 连接线和扁平排线连接电缆。

### 5.4.2 实例步骤

（1）采用 5.2 节中类似的方法，或者通过 U 盘、SD 卡等方式将编译生成的 APK 文件复制到系统网关平台并且进行安装。注意，需要按步骤生成 APK 文件。

（2）将 SmartRFO4 调试器分别连接到 PC 机和实验平台的根节点模块，下载根节点程序。根节点程序位于 Z-Stack 协议栈中“Projects\Samples\00 协调器节点”中的工程里。

（3）将 SmartRFO4 调试器连接根节点的排线拔出，连接到温湿度传感器节点，然后下载其相关程序，该工程位于 Z-stack 协议栈中“Projects\Samples\01 温湿度”文件夹下。

（4）打开综合教学实验平台电源开关和温湿度传感器节点开关，并关闭平台上其他节点开关。

（5）在 PC 机上应用 Eclipse 开发工具，打开“Android 程序 \ 温湿度显示”工程或者在前工程基础上修改，可通过 Micro-USB 调试或通过 U 盘、SD 卡将生成的 APK 复制到系统网关平台并开始运行。

### 5.4.3 程序编写

对上述 MainActivity.java 程序进行如下修改：

（1）handValue（int id ,String value）函数是处理信息函数，传入的参数 id 为信息类别，value 为信息的值。

（2）isNum(String str) 函数式正则表达式判断字符串 str 是否为数字型。

（3）函数 onDataReceived（final byte[] buffer, final int size）是串口接收到的数据解析函数。这里接收并解析的是温度和湿度数据信息，将温度数据的 id 设置为 1，湿度数据的 id 设置为 2，以便同其他类型传感器数据进行区分，部分实现代码如下：

```
public void handValue(int id ,String value)
{
  switch(id)
  {
  case 1:
    if(isNum(value)&&value.length()>0&&value.length()<3)
    {
      my_textview_wendu.setText(String.valueOf(value)+".0")
    }
```

```
      break;
      case 2:
        if(isNum(value)&&value.length()>0&&value.length()<3)
        {
          my_textview_shidu.setText(String.valueOf(value)+".0")
        }
      break;
      case 11:
        if(isNum(value)&&value.length()>0&&value.length()<4)
        {
          my_textview_guangzhao.setText(String.valueOf(value)+".0");
        }
      break;
      case 13:
        if(value.length()==1)
        {
          my_textview_guangzhao.setText(String.valueOf(value));
        }
      break;
      case 10:
        if(isNum(value)&&value.length()==1)
        {
          my_textview_shengyin.setText(String.valueOf(value));
        }
        break;
      }
    }
    public static boolean isNum(String str){
       return str.matches("^[-+]?(([0-9]+)([.]([0-9]+))?|([.]([0-
9]+))?)$");
    }
    @Override
    protected void onDataReceived(final byte[] buffer, final int
size) {
```

```
// TODO Auto-generated method stub
runOnUiThread(new Runnable() {
  public void run() {
    if (weiduTextView != null) {
      //mReception.setText(new String(buffer, 0, size));
      String str=new String(buffer, 0, size);
      receive=receive+str;
      //System.out.println(receive);
      if(flag)
        hand="";
      while(k<receive.length())
      {
        if(receive.charAt(k)=='$')
          break;
        else
          k++;
      }
      k++;
      while(k<receive.length())
      {
      if(receive.charAt(k)!='#')
      {
        hand=hand+String.valueOf(receive.charAt(k));
          k++;
          if(k==receive.length())
          {
            k=0;
            flag=true;
            break;
          }
        }
        else if(receive.charAt(k)=='#')
        {
        receive=receive.substring(k, receive.length());
```

```
                k=0;
                String temp[]=hand.split("\\,");
                Information info=new Information();
                if(temp.length==6 && temp[0].equals("u") ||
temp[0].equals("d"))
                {
                info.setDirection(temp[0]);
                if(isNum(temp[1]) && temp[1].length()==2)
                {
                info.setId(Integer.parseInt(temp[1]));
                info.setValue(temp[3]);
                handValue(info.getId() ,info.getValue());
              }
            }
            break;
          }}
        }
    });
   }
 }
```

在布局文件 activity_main.xml 文件中添加下面代码：

```
<TextView
  android:id="@+id/text_wendu1"
  android:layout_width="wrap_content"
  android:layout_height="wrap_content"
  android:text="24.0"
  android:textColor="#000000"
  android:textSize="12dp"/>
<TextView
  android:id="@+id/text_shidu1"
  android:layout_width="wrap_content"
  android:layout_height="wrap_content"
```

```
    android:text="60.0"
    android:textColor="#000000"
    android:textSize="12dp"/>
```

在前面传感器网络部分，通过 Cluster ID 对传感器网络内的节点类型进行区分。对协调节点程序和温湿度传感器节点中都进行了定义，例如，

```
#define   GENERIC_CLUSTERID_TEMHUM
```

协调器节点在 GererjcAPP_MessageMSGCB() 函数中，通过判断包中的 Cluster ID 来判断收到的数据类型。在对应温湿度的 Case 语句中，将收到的无线数据按照类型进行转换，其转换结果为方便观察，均为 ASCII 字符串，例如，

```
"$u,01,00,32,check,cr#"
"$u,02,00,65,check,cr#"
```

其格式均为自定义，用户也可以按照自己的需求定义数据格式。其中，01 表示数据帧类型为温度，值为 32（摄氏度）；02 表示数据帧类型为湿度，值为 65（%RH）。协调节点将转换后的结果，通过串口发送至系统网关平台，当网关平台接收到信息后需要对信息进行拼接和解析。解析的主要过程是通过 split() 函数完成对数据帧的分割，并在处理后完成显示功能。

## 5.5 基于 ZigBee 无线通信网络的综合应用 2

### 5.5.1 实例内容与应用设备

本实例内容是将 2.6 节中已经完成的声音传感节点模块所采集到的信息，通过 ZigBee 网络发送给根节点，根节点再通过串口发送给系统网关平台，并在系统网关显示器上显示出检测的声音信息。本实例所应用的操作设备如下所示：

（1）安装有 Microsoft Windows XP 或更高版本操作系统，同时具备 USB2.0 或以上端口和不低于 Intel Core2Duo 2GHz、2GB RAM 的 PC 机。在软件方面需要有 IAR 集成开发环境和 PC 机串口调试助手。

（2）物联网综合教学实验平台、M08 无线声音感知节点模块和根节点模块，网关平台已安装 Android 系统软件。

（3）SmartRF04EB 调试器以及 USB 连接线和扁平排线连接电缆。

### 5.5.2 实例步骤

（1）采用 5.2 节中类似的方法，或者通过 U 盘等方式将编译生成的 APK 文件复制到系统网关平台。注意，需要按步骤生成 APK 文件。

（2）将SmartRFO4调试器分别连接到PC机和综合教学实验平台的根节点，下载协调器节点程序。协调器节点程序位于Z-stack协议栈下“Projects\Samples\00协调器节点”中的工程中。

（3）将SmartRFO4调试器连接根节点的排线拔出，连接到声音传感器器节点。然后下载其相关程序，该工程位于Z-stack协议栈下“Projects\Samples\03声音”文件夹中。

（4）打开综合教学实验平台电源开关和声音传感器节点模块开关，并关闭平台上其他节点模块开关。

（5）应用Eclipse开发工具，打开“Android程序\声音显示”工程或者在前工程基础上进行修改，可通过Micro-USB调试或通过U盘将生成的APK文件复制到系统网关平台并运行。

### 5.5.3 程序编写

对上述MainActivity.java程序进行如下修改：

（1）handValue（int id ,String value）函数是处理信息函数，传入的参数id为信息类别，value为信息的值。

（2）isNum(String str)函数式正则表达式判断字符串str是否为数字型。

（3）函数onDataReceived（final byte[] buffer, final int size）是串口接收到的数据解析函数。这里接收并解析的是声音数据信息，将声音数据的id设置为10，以便同其他类型传感器数据进行区分，部分实现代码如下：

```
public void handValue(int id ,String value)
{
   switch(id)
   {
   case 1:
     if(isNum(value)&&value.length()>0&&value.length()<3)
     {
       my_textview_wendu.setText(String.valueOf(value)+".0");
     }
  break;
  case 2:
    if(isNum(value)&&value.length()>0&&value.length()<3)
    {
      my_textview_shidu.setText(String.valueOf(value)+".0");
```

```
            }
        break;
        case 11:
          if(isNum(value)&&value.length()>0&&value.length()<4)
          {
          my_textview_guangzhao.setText(String.valueOf(value)+".0");
          }
          break;
          case 13:
          if(value.length()==1)
          {
            my_textview_guangzhao.setText(String.valueOf(value));
            }
        break;
        }
    }
    public static boolean isNum(String str){
        return str.matches("^[-+]?(([0-9]+)([.]([0-9]+))?|([.]([0-
9]+))?)$");
    }
    @Override
    protected void onDataReceived(final byte[] buffer, final int
size) {
        // TODO Auto-generated method stub
        runOnUiThread(new Runnable() {
            public void run() {
              if (weiduTextView != null) {
                String str=new String(buffer, 0, size);
                receive=receive+str;
                if(flag)
                  hand="";
                  while(k<receive.length())
                  {
                    if(receive.charAt(k)=='$')
```

```
                {
                break;
                }
                else
                  {
              k++;
    }
              k++;
              while(k<receive.length())
              {
                if(receive.charAt(k)!='#')
                {
                  hand=hand+String.valueOf(receive.charAt(k));
                  k++;
                  if(k==receive.length())
                  {
                    k=0;
                    flag=true;
                    break;
                  }
                }
                else if(receive.charAt(k)=='#')
                {
                  receive=receive.substring(k, receive.length());
                  k=0;
                  String temp[]=hand.split("\\,");
                  Information info=new Information();
                  if(temp.length==6 && temp[0].equals("u") ||
temp[0].equals("d"))
                  {
                    info.setDirection(temp[0]);
                      if(isNum(temp[1]) && temp[1].length()==2)
                      {
                      info.setId(Integer.parseInt(temp[1]));
```

```
                        info.setValue(temp[3]);
                        handValue(info.getId() ,info.getValue());
                        }
                    }
                }
                break;
            }
        }
    }
    });
  }
}
```

在布局文件 activity_main.xml 文件中添加如下代码：

```
<TextView
    android:id="@+id/receive_texview_yanwu"
    android:layout_width="wrap_content"
    android:layout_height="wrap_content"
    android:text="@string/hello_world" />
```

## 5.6 基于 ZigBee 无线通信网络的综合应用 3

### 5.6.1 实例内容与应用设备

本实例是将 2.11 节中已经完成的 GPS 节点模块所采集到的卫星数据信息，通过 ZigBee 网络发送给根节点。根节点再通过串口发送给系统网关平台，并在系统网关显示器上显示出 GPS 经度、纬度等信息。本实例所应用的操作设备如下所示：

（1）安装有 Microsoft Windows XP 或更高版本操作系统，同时具备 USB2.0 或以上端口和不低于 Intel Core2Duo 2GHz、2GB RAM 的 PC 机。在软件方面需要有 IAR 集成开发环境、ADI Android 开发环境和 PC 机串口调试助手。

（2）物联网综合教学实验平台、M06 GPS 定位节点模块和根节点模块，网关已安装Arndroid系统软件。

（3）SmartRF04EB调试器以及USB连接线和扁平排线连接电缆。

### 5.6.2　实例步骤

（1）采用5.2节中类似的方法，或者通过U盘、SD卡等方式将编译生成的APK文件复制到系统网关平台。注意，需要按步骤生成APK文件。

（2）将SmartRFO4调试器分别连接到PC机和综合实验平台的根节点，下载根节点程序。根节点程序位于Z-Stack协议栈下“Projects\Samples\00协调器节点”中的工程中。

（3）将SmartRFO4调试器连接根节点的排线拔出，连接到GPS定位模块节点。然后下载其相关程序，该工程位于Z-Stack协议栈下“Projects\Samples\06GPS文件夹里。

（4）打开综合实验平台电源开关和GPS定位节点模块开关，并关闭平台上其他节点模块开关。

（5）在PC机上应用Eclipse开发工具，打开“Android程序\GPS定位”工程或者在前工程基础上进行修改，可通过Micro-USB调试或通过U盘、SD卡将生成的APK文件复制到系统网关平台并运行。

### 5.6.3　程序编写

对上述MainActivity.java程序进行如下修改：

（1）handValue（int id ,String value）函数是处理信息函数，传入的参数id为信息类别，value为信息的值。

（2）isNum(String str)函数式正则表达式判断字符串str是否为数字型。

（3）函数onDataReceived（final byte[] buffer, final int size）是串口接收到的数据解析函数。这里接收并解析的是卫星数据信息，将卫星数据的id设置为4，以便同其他类型传感器数据进行区分，部分实现代码如下：

```
public void handValue(int id ,String value)
{
  String xspeed, yspeed, zspeed;
String jx, jy, jz;
switch(id)
{
case 1:
```

```
  if(isNum(value)&&value.length()>0&&value.length()<3)
  {
    my_textview_wendu.setText(String.valueOf(value)+".0");}
break;
case 2:
  if(isNum(value)&&value.length()>0&&value.length()<3)
  {
    my_textview_shidu.setText(String.valueOf(value)+".0");}
break;
case 11:
  if(isNum(value)&&value.length()>0&&value.length()<4)
  {
    my_textview_guangzhao.setText(String.valueOf(value)+".0");}
break;
case 13:
  if(value.length()==1)
  {
    my_textview_guangzhao.setText(String.valueOf(value));}
 break;
case 10:
  if(isNum(value)&&value.length()==1)
  {
    my_textview_shengyin.setText(String.valueOf(value));}
break;
case 9:
  if (isNum(value) && value.length() > 0 && value.length() < 4)
  {
  my_textview_juli.setText(String.valueOf(value));
  }
break;
case 12:
  System.out.println(value);
  if (value.length() == 24 && isNum(value)) {
    char x = value.charAt(18);
```

```
        char y = value.charAt(19);
        char z = value.charAt(20);
        char xx = value.charAt(21);
        char yy = value.charAt(22);
        char zz = value.charAt(23);
        xspeed = value.substring(0, 3);
        yspeed = value.substring(3, 6);
        zspeed = value.substring(6, 9);
        jx = value.substring(9, 12);
        jy = value.substring(12, 15);
        jz = value.substring(15, 18);
        String result = "x:";
        if (x == '1') {
          if (xspeed.charAt(0) != '0')
            X_speed.setText(xspeed.subSequence(0, 2) + "."+ xspeed.
subSequence(2, 3));
        else {
          if (xspeed.charAt(1) != '0')
            X_speed.setText(xspeed.subSequence(1, 2) + "."+ xspeed.
subSequence(2, 3));
          else
            X_speed.setText("0." + xspeed.subSequence(2, 3));
          }
        } else if (x == '0') {
          if (xspeed.charAt(0) != '0')
             X_speed.setText("-" + xspeed.subSequence(0, 2) + "."+
xspeed.subSequence(2, 3));
          else {
            if (xspeed.charAt(1) != '0')
               X_speed.setText("-" + xspeed.subSequence(1, 2)+ "."
+ xspeed.subSequence(2, 3));
          else
            X_speed.setText("-" + "0."+ xspeed.subSequence(2, 3));
          }
```

```
        }
        if (y == '1') {
            if (yspeed.charAt(0) != '0')
                Y_speed.setText(yspeed.subSequence(0, 2) + "."+
yspeed.subSequence(2, 3));
            else {
            if (yspeed.charAt(1) != '0')
                Y_speed.setText(yspeed.subSequence(1,2)+ "."+ yspeed.
subSequence(2, 3));
            else
                Y_speed.setText("0." + yspeed.subSequence(2, 3));
            }
        } else if (y == '0') {
            if (yspeed.charAt(0) != '0')
                Y_speed.setText("-" + yspeed.subSequence(0, 2) + "."+
yspeed.subSequence(2, 3));
            else {
            if (yspeed.charAt(1) != '0')
                Y_speed.setText("-" + yspeed.subSequence(1, 2)+ "." +
yspeed.subSequence(2, 3));
            else
                Y_speed.setText("-" + "0."+ yspeed.subSequence(2, 3));
            }
        }
        if (z == '1') {
            if (zspeed.charAt(0) != '0')
                Z_speed.setText(zspeed.subSequence(0, 2) + "."+
zspeed.subSequence(2, 3));
            else {
            if (zspeed.charAt(1) != '0')
                Z_speed.setText(zspeed.subSequence(1, 2) + "."+
zspeed.subSequence(2, 3));
            else
                Z_speed.setText("0." + zspeed.subSequence(2, 3));
```

```
        }
      } else if (z == '0') {
      if (zspeed.charAt(0) != '0')
         Z_speed.setText("-" + zspeed.subSequence(0, 2) + "."+
zspeed.subSequence(2, 3));
        else {
          if (zspeed.charAt(1) != '0')
         Z_speed.setText("-" + zspeed.subSequence(1, 2)+ "." +
zspeed.subSequence(2, 3));
        else
          Z_speed.setText("-" + "0."+ zspeed.subSequence(2, 3));
        }
      }
      if (xx == '0') {
      if (jx.charAt(0) != '0')
          result += ("-" + jx.subSequence(0, 2) + "." +
jx.subSequence(2, 3));
      else {
        if (jx.charAt(1) != '0')
          result += ("-" + jx.subSequence(1, 2) + "." +
jx.subSequence(2, 3));
        else
          result += ("-" + "0." + zspeed.subSequence(2, 3));
        }
      } else if (xx == '1') {
        if (jx.charAt(0) != '0')
          result += (jx.subSequence(0, 2) + "." +
jx.subSequence(2, 3));
      else {
        if (jx.charAt(1) != '0')
          result += (jx.subSequence(1, 2) + "." +
jx.subSequence(2, 3));
        else
          result += ("0." + zspeed.subSequence(2, 3));
```

```
            }
        }
        if (yy == '0') {
          if (jy.charAt(0) != '0')
             result += "  y:"+ ("-" + jy.subSequence(0, 2) + "."
+ jy.subSequence(2, 3));
        else {
          if (jy.charAt(1) != '0')
             result += "  y:"+ ("-" + jy.subSequence(1, 2) + "."
+ jy.subSequence(2, 3));
          else
            result += "  y:"+ ("-" + "0." + zspeed.subSequence(2,
3));
          }
        } else if (yy == '1') {
          if (jy.charAt(0) != '0')
             result += "   y:"+ (jy.subSequence(0, 2) + "." +
jy.subSequence(2, 3));
        else {
          if (jy.charAt(1) != '0')
             result += "   y:"+ (jy.subSequence(1, 2) + "." +
jy.subSequence(2, 3));
          else
             result += "  y:"+ ("0." + zspeed.subSequence(2, 3));
          }
        }
        if (zz == '0') {
          if (jz.charAt(0) != '0')
             result += "  z:"+ ("-" + jz.subSequence(0, 2) + "."
+ jz.subSequence(2, 3));
        else {
          if (jz.charAt(1) != '0')
             result += "  z:"+ ("-" + jz.subSequence(1, 2) + "."
+ jz.subSequence(2, 3));
```

```
            else
                result +="z:"+ ("-" + "0." + zspeed.subSequence(2,
3));
            }
        } else if (zz == '1') {
            if (jz.charAt(0) != '0')
                result += "   z:"+ (jz.subSequence(0, 2) + "." +
jz.subSequence(2, 3));
        else {
            if (jz.charAt(1) != '0')
                result += "   z:"+ (jz.subSequence(1, 2) + "." +
jz.subSequence(2, 3));
            else
                result += "  z:"  + ("0." + zspeed.subSequence(2,
3));
            }
        }
        TLY.setText(result+" ");
      }
  break;
  case 4:
     String data=value.substring(0, 33);
     String utc1,jingdu1,weidu1,gaodu,danwei,jibie,weixingshu;
     String hour1,minite1,second1;
     int H1;
     if(data.length()==33)
     {
       utc1=data.substring(0, 6);
        if(isNum(utc1))
        {
          hour1=utc1.substring(0, 2);
          H1=Integer.parseInt(hour1)+8;
          if(H1>=24)
            H1=H1-24;
```

```
        minite1=utc1.substring(2, 4);
        second1=utc1.substring(4, 6);
        text_UTC.setText(String.valueOf(H1)+":"+minite1);
      }
      weidu1=data.substring(6, 15);
      if(isNum(weidu1))
        text_weidu.setText(weidu1+" N");
      jingdu1=data.substring(15, 25);
      if(jingdu1.length()==10 && isNum(jingdu1))
        text_jingdu.setText(jingdu1+" E");
      jibie=data.substring(25, 26);
      if(isNum(jibie)&&jibie.length()>0&&jibie.length()<2)
        text_dengji.setText(String.valueOf((int)Double.
parseDouble(jibie))+"D");
      weixingshu=data.substring(26, 28);
      if(isNum(weixingshu)&&weixingshu.length()>0&&weixingshu.
length()<3)
          text_weixingshu.setText(String.valueOf((int)Double.
parseDouble(weixingshu)));
      gaodu=data.substring(28, 33);
      if(gaodu.length()==5 && isNum(gaodu) )
        text_haiba.setText(gaodu +" M");
      }
    break;
    }
  }
  public static boolean isNum(String str){
  return str.matches("^[-+]?(([0-9]+)([.]([0-9]+))?|([.]([0-
9]+))?)$");
  }
  @Override
  protected void onDataReceived(final byte[] buffer, final int
size) {
    runOnUiThread(new Runnable() {
```

```
    public void run() {
      if (weiduTextView != null) {
        String str=new String(buffer, 0, size);
        receive=receive+str;
        if(flag)
        hand="";
      while(k<receive.length())
      {
        if(receive.charAt(k)=='$')
          break;
        else
        k++;
      }
      k++;
      while(k<receive.length())
      {
      if(receive.charAt(k)!='#')
      {
        hand=hand+String.valueOf(receive.charAt(k));
        k++;
        if(k==receive.length())
        {
          k=0;
          flag=true;
          break;
        }
      }
        else if(receive.charAt(k)=='#')
        {
          receive=receive.substring(k, receive.length());
          k=0;
          String temp[]=hand.split("\\,");
          Information info=new Information();
          if(temp.length==6 && temp[0].equals("u") || temp[0].
```

```
equals("d"))
                {
                info.setDirection(temp[0]);
                if(isNum(temp[1]) && temp[1].length()==2)
                {
                info.setId(Integer.parseInt(temp[1]));
                info.setValue(temp[3]);
                handValue(info.getId() ,info.getValue());
                }
              }
          break;
          }
        }
      }                   }
    });
  }
  }
```

在布局文件 activity_main.xml 文件中，添加以下代码。

```
<TextView
  android:id="@+id/ text_weixingshu "
  android:layout_width="wrap_content"
  android:layout_height="wrap_content"
  android:text="@string/hello_world" />
<TextView
  android:id="@+id/ text_dengji "
  android:layout_width="wrap_content"
  android:layout_height="wrap_content"
  android:text="@string/hello_world" />
<TextView
  android:id="@+id/ text_UTC "
  android:layout_width="wrap_content"
  android:layout_height="wrap_content"
```

```
    android:text="@string/hello_world" />
  <TextView
    android:id="@+id/ text_jingdu "
    android:layout_width="wrap_content"
    android:layout_height="wrap_content"
    android:text="@string/hello_world" />
  <TextView
    android:id="@+id/ text_weidu "
    android:layout_width="wrap_content"
    android:layout_height="wrap_content"
    android:text="@string/hello_world" />
  <TextView
    android:id="@+id/ text_haiba"
    android:layout_width="wrap_content"
    android:layout_height="wrap_content"
    android:text="@string/hello_world" />
```

# 第6章 物联网工程综合应用实例

```
#define uint unsignedint
#define uchar unsignedchar
ucharnum[50];
uinti = 0, flag = 0;
void main()
{
setSysClk();
  uart0_init();
while(1)
  {
  }
}
voidsetSysClk()
{
  CLKCONCMD&=0XBF;
Delayms(1);
  CLKCONCMD&=0XC0;
Delayms(1);
}
void uart0_init()
{
  PERCFG =0x00;
  P0SEL|=0x0C;
  U0CSR|=0xC0;
  U0UCR|=0X00;
  U0GCR|=8;
  U0BAUD =59;
  UTX0IF =0;
  URX0IE =1;
  IEN0 |=0x04;
  EA = 1;
}
#pragma vector=URX0_VECTOR
__interrupt void UART0_ISR(void)
{
  URX0IF =0;
num[i++] = U0DBUF;
if(i>=49)
  {
i=0;
  }
}
```

本章结合智能家居、环境监测领域的应用背景，介绍了二项综合应用实例。

## 6.1 智能家居系统

智能家居系统利用先进的计算机和网络通信技术将与家居生活有关的各种系统有机地结合在一起，通过科学管理，使家居生活更加舒适、有效、安全和节能。智能家居与传统的家居相比，不仅具有传统居住和实用功能，还提供舒适安全、高品位的宜人家庭生活空间。同时还提供了全方位的信息交换功能，确保家庭内部与外界之间良好的交流与沟通、增强家居生活的安全性和节约能耗，帮助人们有效安排时间和优化生活品质。

智能家居中所应用的网络通常也称为家庭监控网络。这种网络能够提供便捷的、低速率的控制和互连网络，例如，具备灯光照明控制、家居安防、家居环境监测以及家庭应急求助等功能。

在本实例中，介绍了一种基于 ZigBee 无线通信技术的智能家居系统的构建过程。系统中的设备节点、协调节点（根节点）之间采用 ZigBee 网络通信方式，信息数据和控制数据也是通过 ZigBee 网络进行传输。其中，协调节点还通过串口线将这些数据转发到智能家居网关平台上。网关平台会对这些数据进行整理、存储，用户可以通过网络查看这些信息。同时，用户也可以向这些设备发送控制信号进行无线控制。另外，网关平台上配置了摄像头和指纹采集模块，使得智能家居系统能够实现行人进出房间和查看周围环境等安防功能。

### 6.1.1 实例内容和应用设备

本实例将 ZigBee 模块与一些相关家电设备结合，作为家居设备传感节点、控制节点和协调节点。在它们之间，可以通过 ZigBee 网络、双绞线以及串口线进行通信。由于这些节点中内嵌了 ZigBee 收发模块，所以可以采用无线自组网形式，组成一个基于 ZigBee 的无线通信网络。系统中各设备节点内部本身都具有处理数据的 MCU 内核，这样就可以根据预先烧写的程序来处理传感器采集的数据、上层网络发送过来的指令信息，以及监控各种终端节点的工作。

本实例主要介绍在智能家居中，无线设备模块的工作和基于 Linux 网关平台的构建两部分内容。首先各无线终端节点在系统启动后需要进行自组网连接，此外还要完成家庭环境的监测、解析指令，并根据指令来控制家居设备的工作。在网关平台上需要完成包括 USB 摄像头、USB 指纹采集模块的信息采集、识别，以便通过相应设备可以控制行人进出房间，实现智能安全监控。网关平台采用统一的数据库对信息进行存储，并以网站的形式向用户展示。用户可以通过网站来访问各个模块的信息，同时也能够向各终端节点发送相关的控制指令。

本实例需要用到的硬件设备包括物联网综合实验平台及多种基于 CC2530 的无线传感器节点和控制模块，还有搭建好开发环境的虚拟机、Linux 网关平台，如 QTE 应用开发环境和网站开发环境等。

## 6.1.2 实例原理与相关知识

### 1. 总体设计概述

本实例采用了智能家居设备节点、根节点和网关平台三层组织架构的模式来完成设备的组网和数据传输。其中终端节点可以采用各种无线传感器节点，例如温湿度传感器、光照强度传感器、烟雾传感器、声音传感器、测距传感器和姿态识别传感器等。这些传感器节点被用来对家居系统中的环境状态等情况进行监测，同时将这些信息数据通过 ZigBee 网络由根节点传输到网关平台，再通过网关平台来进行判断并做出相应的指令。根节点也称为协调节点或汇聚节点，主要用来转发家居终端节点发送过来的信息数据以及上层网关平台发送的指令信息，它是整个系统中的信息数据中转站。在网关平台中核心部分采用了 Cortex-A9 四核微处理器，通过移植的嵌入式 Linux 系统对各无线终端节点进行管理和控制。综合网关平台在本系统中作为一个网络接口单元，既可与系统中 ZigBee 子网设备进行直接通信，还能够同外部 Internet 进行直接的连接。这样用户既可以通过网络来访问设备采集到的相关数据信息，又能够通过网络向整个系统发送相关的指令信息进行设备的监控。另外，网关平台面向用户提供了多种控制服务的接口，还集成了数据库、QT 应用、服务器和网站，通过多种途径可以实现数据的存储、展示以及指令的操作。

本系统中的各无线终端节点设备同前面章节中介绍的相似，通过嵌入式开发工具进行应用的设计与代码的编写。这里主要使用的是 keil 开发工具，网关平台中主要通过交叉编译工具链完成 QT 应用的开发。由于前面章节已经完成了各个节点模块的开发，这里将直接采用调用的方式完成功能的实现。本实例主要通过 Boa 服务器进行数据展示，具体的搭建过程前面章节已经完成，这里主要介绍应用与开发。

### 2. 系统详细设计

本实例的应用具体分为环境监测功能、执行设备控制、家庭成员管理及实时通报三种功能。其中，环境监测功能使用了温湿度传感器、光照传感器等无线传感设备监测家庭内部环境，通过其他设备展示给使用者。特殊情况监测功能则是利用诸如烟雾传感器、声音传感器等无线设备感应家庭信息，系统根据接收到的参数信息进行判断，对出现的异常情况向用户做出警告。执行设备控制功能，分为即时开关、延时开关和定时开关控制。家庭成员管理及实时通报功能是通过提前将用户持有的RFID卡片信息和指纹信息采集到系统，由管理员设置各位用户的权限，这样就可以实现多位用户使用不同的家居功能，也可以限制用户使用某些家居功能。例如，打开具体设备或通过语音合成系统通报来访人信息等。注意，系统的实时通报功能不能被用户直接操作，它由总控制端在需要的时候自动调用，用户在使用本系统的时候能够得到即时的反馈。本系统功能模块原理图如图6.1所示。

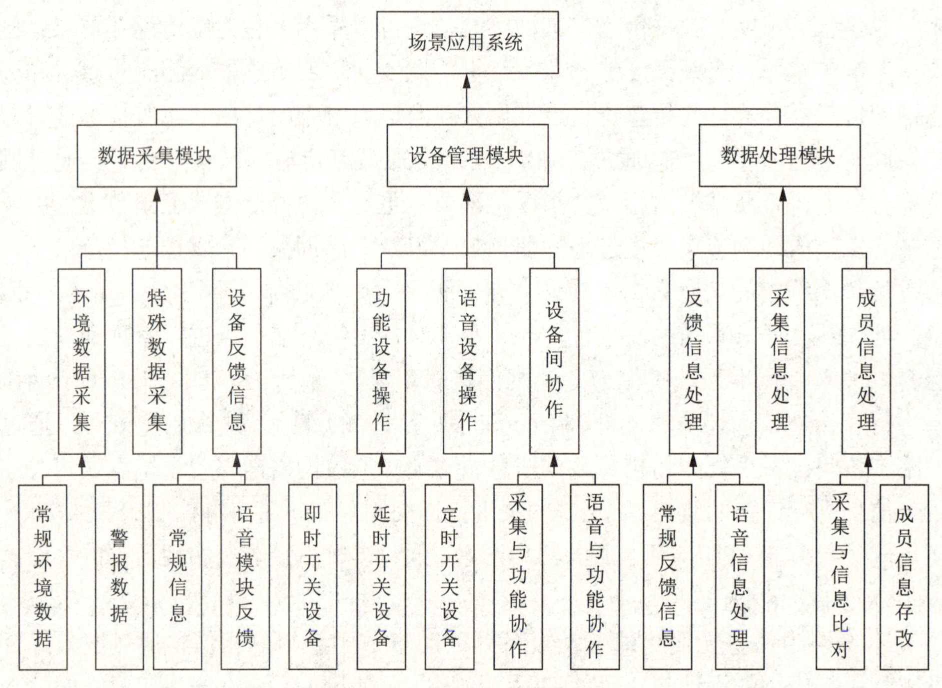


**图6.1 系统总体功能模块图**

在图6.1中，数据采集模块分为环境数据采集、特殊数据采集和警报数据采集三部分。在环境数据采集部分中，采集的数据有常规环境数据和警报数据。常规信息采集会实时将采集到的温湿度等信息反馈回根节点。警报数据采集相比常规环境数据采集来说，在无线节点端中会预先烧写处理程序，用来对采集信息进行处理和判断。如果有特殊情况发生就会将信息反馈给根节点，故这两者也有所区别。在特殊数据采集部分中，包括如RFID信息和指纹信息采集。在RFID信息和指纹信息采集的过程中必须有人的参与才能完成采集，相关节点才会将采集信息反馈给中央系统，这与环境采集的实时反馈有所区别。设备反馈信息直接在系统后台处理，并不为使用者所直接接触。其中，设备反馈信息分为常规反馈信息和语音模块反馈信息。常规反馈信息由ZigBee节点产生，例如在组网时子节点（终端节点）会向根节点发送组网请求。节点在成功接收到根节点发来的消息时会反馈给根节点确认信息，根节点会由此判断目前网络的连接情况以及相关节点是否收到了信息。语言模块反馈信息则不同，除了反馈常规信息以外，语言合成芯片同样会产生反馈信息。例如，合成未完成信息，成功合成信息等，并将这些信息反馈回根节点，使得根节点能够实时掌握其工作状态。

设备管理模块主要功能是处理用户操作与节点设备之间的操作指令的执行，具体包括功能设备操作、语音设备操作和设备间协调三部分。这里的设备是如直流电机的状态变化，LED 灯的亮灭等能够控制开关的设备。在功能设备操作中，又包含有即时、延时和定时开关控制模块。语言设备操作能够对系统中已有的语音设备直接进行操作与控制。设备间协作是在没有用户操作的情况下，系统根据采集到的数据产生相应指令以实现设备的自动化操作。这种协作包括常规采集信息与控制功能协作和语音与控制功能协作两部分。其中语音与控制功能协作是贯彻整个系统的操作，即“语音提示系统”，系统会根据用户的操作进行语音的反馈。常规采集信息与控制功能协作是指系统根据无线终端节点采集的信息来选择相应的操作，比如根据 RFID 采集的信息与存储的 RFID 信息进行相应的操作。还有，如对报警信息发出相应的报警语音。这两个协作的区别是一个需要用户参与，另一个不需要参与。

数据处理模块包含反馈信息处理、采集信息处理和成员信息处理三部分，本模块就是对系统采集到的所有信息进行综合处理，信息包括用户输入的信息，以及无线采集模块的采集信息。反馈信息处理是指系统后台中的信息处理，具体过程分为以下几个步骤：首先解析子节点的反馈信息（包括常规信息的反馈信息和语音节点信息反馈），然后系统进行相应的操作指令发送，最后接收到指令的设备进行相应的操作。对于采集信息处理部分，模块会将接收到的信息解析后提取所需要内容，并将信息数据传输到网关平台中，系统通过 QT/Android 应用或者用户网站的方式将数据呈现给用户。对于 RFID 信息和指纹模块采集到的指纹信息，系统会将这些信息提取并保存在网关平台本地。在成员信息处理部分，包括对用户输入信息的保存，对新采集到的 RFID 信息的系统比对以及对新采集到的指纹数据信息的系统比对。

系统的数据流图如图 6.2 所示。在该数据流图中，功能模块接收来自场景应用系统的控制信息，并向系统传回该模块采集到的信息。系统会对这些信息进行处理，并将处理好的信息通过用户界面展示给用户。同时对于用户的操作，系统会生成相应的控制指令，并将这些指令发送到相应的终端节点，终端节点则根据这些控制信息进行相关的操作。

在无线网络模块中，环境信息采集模块与特殊采集处理模块的数据流图如

图6.3所示，两类无线监控节点将采集到的数据传输到应用系统的信息处理模块，再由该模块转化成可读信息呈现给用户。

网络子节点中功能设备与设备管理模块的数据流图如图6.4所示，用户在人机界面的控制操作由设备管理模块转达给相应功能设备,并向用户显示控制结果。因为中文语音合成模块的大部分功能并不能直接为用户所控制，所以在此图中并没有画出中文语音合成模块，实际应用中它同样作为功能设备进行部分操作。

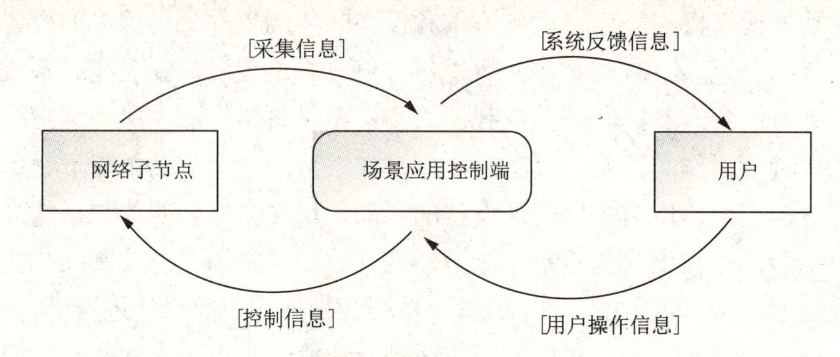


图6.2 系统数据流图

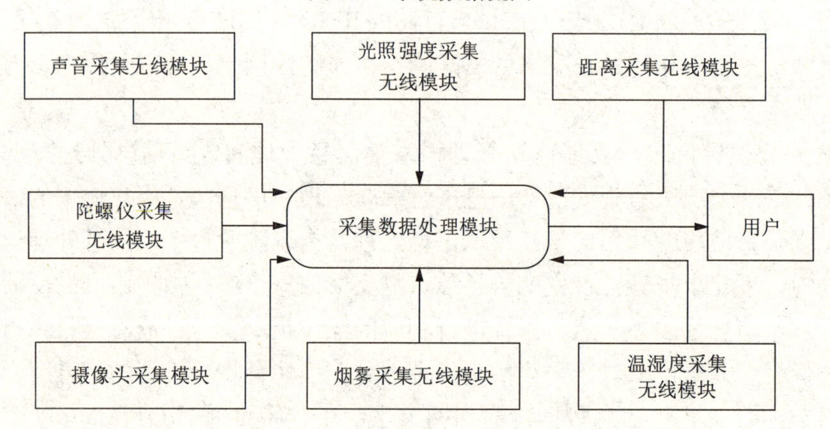


图6.3 环境信息采集与处理数据流图

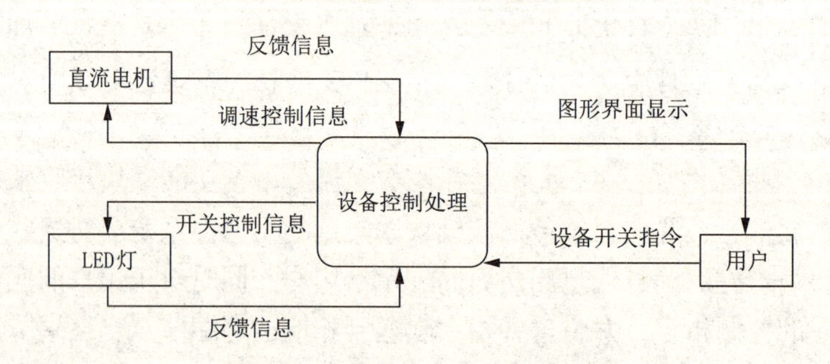


图6.4 功能设备与管理数据流图

网络终端节点中特殊数据采集设备与采集数据处理数据流图如图6.5所示。

对于数据处理模块综合网络节点采集来的数据及用户录入的数据，将其成员信息进行本地保存。用户可以通过图形界面看到保存结果。

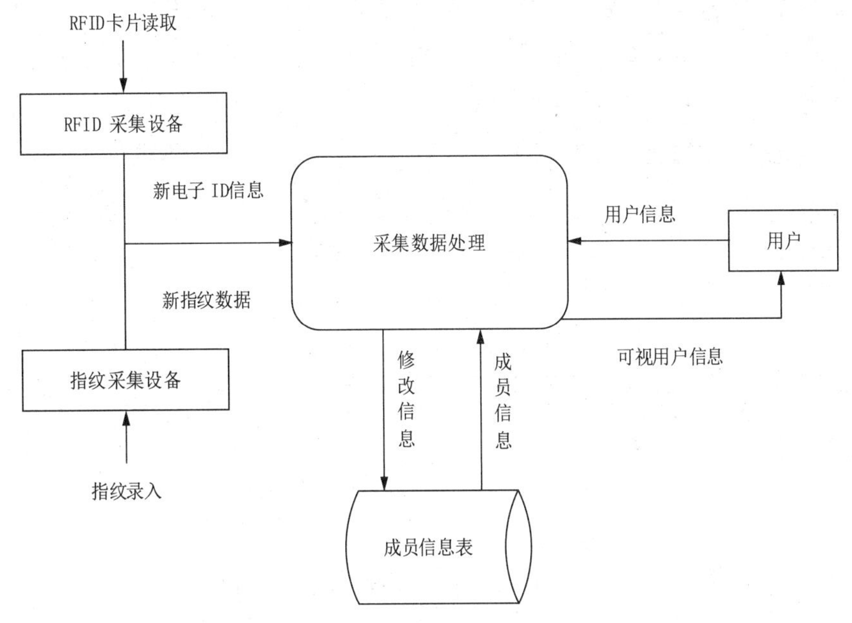


图 6.5 特殊数据采集与处理数据流

设备间协同处理分为两个部分，一个是根据常规信息对相应功能模块的协同，另一个是根据特殊信息对相应功能模块的协同。这里给出了其中一种应用的数据流图，如图 6.6 所示。语言同样与用户的操作有协同，但这并不属于设备间的协同操作。

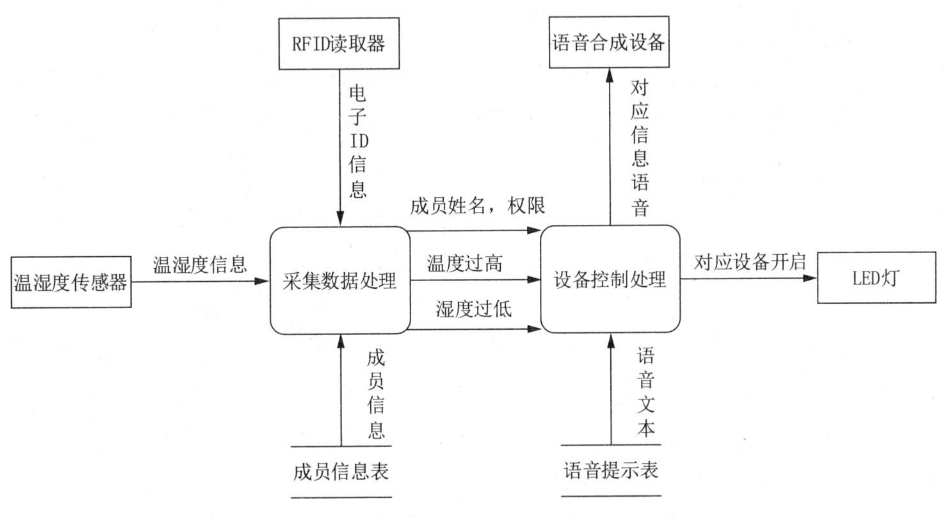


图 6.6 设备间协同数据流图

系统会根据不同的数据处理结果对设备和语音合成发出不同的指令，比如在温度过高时开启指定设备，在权限较高的电子ID号被RFID读卡器识别后，开启系统相关设备。由于本系统没有配置相关设备模块，故使用LED灯的亮、灭的状态作为提示信息。设备控制处理模块能够根据不同的数据信息调用相应的语音文本，然后交给语音合成设备进行语音通报。

### 3. 无线设备节点

家居无线设备节点在进行数据收发的时候，通常会在发送的数据信息中添加设备编号的信息，这样就可以在解析的时候识别出不同的设备。本系统中主要有6类底层设备节点，它们对应的设备编号、通信类型和功能如表6.1所示。

表6.1 家居设备节点的类型

| 编 号 | 通信类型 | 传感单元 |
|---|---|---|
| 01 | 单线制 | 温度传感器 |
| 02 | 单线制 | 湿度传感器 |
| 09 | 中断和定时器 | 超声波传感器 |
| 10 | 外部中断 | 声音传感器 |
| 11 | $I^2C$ | 光照强度传感器 |
| 12 | $I^2C$ | 陀螺仪传感器 |
| 13 | 程序查询 | 烟雾传感器 |

本智能家居系统中应用了表6.1中的几种传感器，有关这些无线传感器模块的工作原理及相关接口在本书第2章已经进行了介绍，这里将不再重复。

### 4. 语音模块

SYN6288是一款中文语音合成芯片，通过异步串口通信方式（UART）接收需要合成的文本数据实现文本到语音的转换。SYN6288集成了多个预处理指令，使得它的中文合成功能更加强大。该模块可以处理多音字及中文姓氏，可以正确识别数值、号码、时间、日期以及常用度量衡符号，每次合成最多可达200字节，SYN6288支持GB2312、GBK、BIG5和UNICODE内码格式的文本。

SYN6288支持多种控制命令，包括合成、停止、暂停合成、继续合成、改变波特率等。语言模块支持三种波特率，分别是9600bps、19200bps和38400bps；支持16级音量调整，其中文本音量和背景音量可以分开调整；支持六级语速调整，其内部集成多种提示音。SYN6288芯片可在室内外环境下应用，该芯片的用户引脚图如图6.7所示。

本系统中，语音功能是通过CC2530及语言芯片模块板来完成其应用的。在模块板中，通过ZigBee的方式完成数据的传输。CC2530的串口通过与该芯片的第 28 和第 27 号引脚进行通信，并完成数据的传输。该模块板的功能是直接合成它所收到的来自根节点的中文信息，这个功能由 APL 层的接收信息处理函数实现。通过相关函数的格式化处理，可以令 SYN6288 直接报出系统通过 ZigBee 无线通信技术所发送的中文信息了。规范的 SYN6288 数据帧如图 6.8 所示。

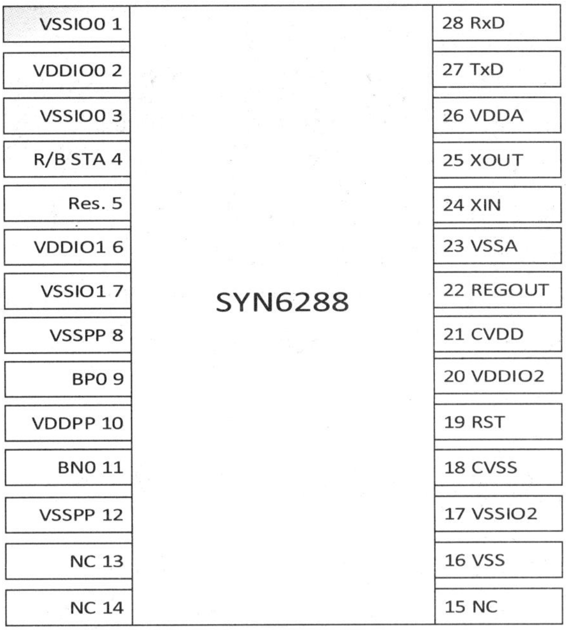

| 左侧引脚 | 芯片 | 右侧引脚 |
| --- | --- | --- |
| VSSIO0 1 | | 28 RxD |
| VDDIO0 2 | | 27 TxD |
| VSSIO0 3 | | 26 VDDA |
| R/B STA 4 | | 25 XOUT |
| Res. 5 | | 24 XIN |
| VDDIO1 6 | | 23 VSSA |
| VSSIO1 7 | SYN6288 | 22 REGOUT |
| VSSPP 8 | | 21 CVDD |
| BP0 9 | | 20 VDDIO2 |
| VDDPP 10 | | 19 RST |
| BN0 11 | | 18 CVSS |
| VSSPP 12 | | 17 VSSIO2 |
| NC 13 | | 16 VSS |
| NC 14 | | 15 NC |

图 6.7 SYN6288 语音芯片引脚图

| 帧结构 | 帧头（1字节） | 数据区长度（2字节） | 数据区（小于等于203字节） | | | |
| --- | --- | --- | --- | --- | --- | --- |
| | | | 命令字（1字节） | 命令参数（1字节） | 待发送文本（小于等于200字节） | 异或校验（1字节） |
| 数据 | 0xFD | 0xXX 0xXX | 0xXX | 0xXX | 0xXX…… | 0xXX |
| 说明 | 定义为十六进制“0xFD” | 高字节在前低字节在后 | 总长度必须与之前的“数据区长度”保持一致 | | | |

图 6.8 SYN6288 数据帧格式

该模块终端程序的主要逻辑是通过 UART0 向 SYN6288 中文语音合成模块发送相应的需要合成的文本，调用 HAL 层的 UART 方法的串口 UART0 写函数便可以向串口传输数据。然而 SYN6288 中文语音合成模块根据命令帧进行相应操作，因此它对所能接收的数据格式有着严格的要求。如果数据格式不对，或者发送数据长度超过数据头所存储的长度信息都会导致模块自动忽略该信息。因此需要对串口发送的数据进行相应的格式化，相关代码如下所示：

```
HeadofFrame[0] = 0xFD ;  // 帧头 FD
HeadofFrame[1] = 0x00 ; // 构造数据区长度的高字节，此模块中必定为 0x00
HeadofFrame[3] = 0x01 ; // 命令字，合成播放命令
HeadofFrame[4] = 0x01 ; // 构造命令参数：编码格式为 GBK
```

以上代码为 SYN6288 模块能正确处理的数据头，其中 HeadofFrame[0] 为固定值，不能做任何改变。HeadofFrame[1] 及 HeadofFrame[2] 为传输合成数据长度的高位和低位，因为 SYN6288 最多只能接收长度不大于 200 字节的文本，故一个八位无符号整数足以存储其长度。HeadofFrame[1] 必然为零。HeadofFrame[2] 在确定所需要发送数据内容之前无法提前得知，故在数据头初始化时并没有将其一起初始化。HeadofFrame[3] 存储模块的操作指令，除了合成播放命令以外，还有暂停合成，以及停止合成指令。HeadofFrame[4] 为操作指令的命令参数，如合成中文的编码格式。

```
StrLength = strlen(CMsg[MsgFlag]);// 利用 StrLength 临时存储文本长度
HeadofFrame[2] = StrLength + 3;
for(intHeadBit = 0 ; HeadBit< LENGTH_OF_HEAD; HeadBit++){
  ecc = ecc^HeadofFrame[HeadBit];
  Text[HeadBit] =  HeadofFrame[HeadBit];
}
for(intMsgBit = 0 ; MsgBit<StrLength ; MsgBit++){
ecc = ecc^CMsg[MsgFlag][MsgBit];
Text[LENGTH_OF_HEAD + MsgBit] = CMsg[MsgFlag][MsgBit];
```

CMsg[] 用来存储需要合成的中文文本，HeadofFrame[2] 中保存整个数据包长度，即合成文本字节数、操作字节、命令参数字节以及一位校验位 ecc 的总长度。ecc 作为奇偶校验位需要对整个发送数据包括数据头进行异或，作为数据包的最后一个字节发送，如果校验位的值与预期不符，SYN6288 模块同样会忽略这个数据包的命令请求。

```
Text[LENGTH_OF_HEAD + StrLength] = ecc; // 加 ecc 到缓冲区
StrLength += LENGTH_OF_HEAD + 1;         // 计算数据帧总长
HalUARTWrite( SERIAL_APP_PORT, Text, StrLength );
```

Text[] 用以存储最终向语音合成模块发送的格式化数据，通过调用硬件层的 HalUARTWrite() 函数向模块发送。发送长度存储在 StrLength 中，发送数据长度需要与 HeadofFrame[2] 中存储的长度相符，否则同样会被忽略。模块工作流程图如图 6.9 所示。

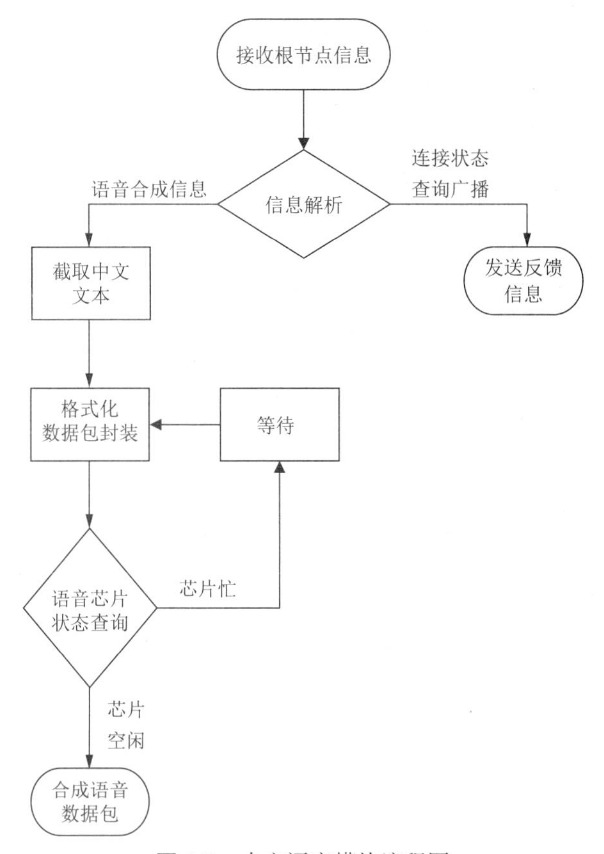


图 6.9　中文语音模块流程图

### 5. RFID 模块

MD3650B-HA 是一款 RFID 高频读写模块，支持串口 TTL 和 RS-232 通信，支持 14443A，mafare 1S50，mafare 1S70 等卡片的读取，可在 -30 ℃至 80 ℃的温度条件下工作。MD3650B-HA 支持协议为 ISO14443 TypeA，默认工作波特率为 9600，用户可以按需调整。模块具有两路 I/O，可以接显示器、蜂鸣器、指示灯设备等。本系统中使用的 MD3650B-HA 模块的用户引脚图如图 6.10 所示。

本系统中，RFID 识别也是通过 CC2530 模块板来完成的。在模块中，主要通过 ZigBee 的方式来完成数据的传输，CC2530 上的串口通过与该芯片的第 3 和第 4 号引脚进行通信完成数据的传输。

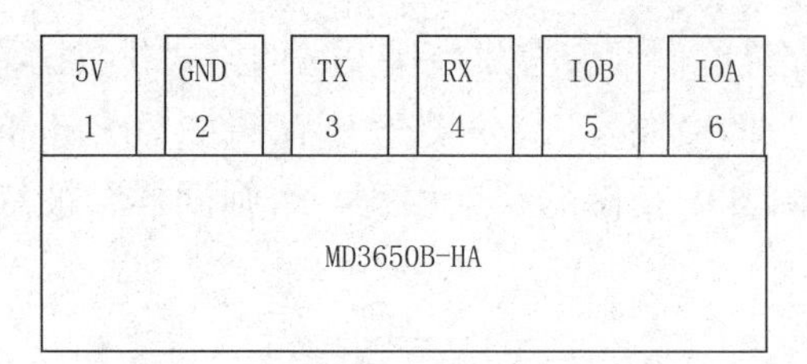


图 6.10 MD3650B-HA 模块引脚图

该模块终端程序的主要功能是向 UART0 发送读取的 RFID 信息，通过调用 HAL 层的 HalUARTRead() 函数就可以读取该模块发来的信息，随后调用 SendtheMessage() 函数将接收到的数据发回根节点。需要解决的问题是调用串口读取函数的时机，本设计中采取的是定时查询的方式。图 6.11 所示是 RFID 模块的读取信息工作流程图。

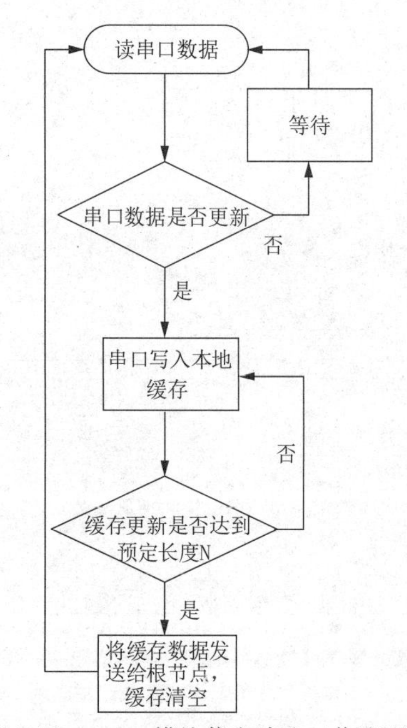


图 6.11 RFID 模块信息读取工作流程图

### 6. 电动机模块

本系统采用 5V 实验用电动机模块，其电路设计与工作原理可参见 2.13 节中的内容。直流电动机的三个引脚分别与 ZigBee 模块的 I/O 口进行连接。通过装载了直流电动机模块的控制器，用户可以实现直接操控由电动机控制的窗帘等设备。

该模块终端程序的主要功能是通过对相应 I/O 口的上电及其占空比的控制来控制直流电动机转动的方向、速度等。由于模块中的 P0_1 至 P0_3 端口被 Z-Stack

协议栈的硬件层占用，而相关电动机的物理连接需要其中的两个端口，故只能通过 OSAL 层的主函数文件进行直流电动机的初始化工作，否则在应用层中将无法修改所需 I/O 的状态，即无法对直流电动机进行操作。该模块实现的功能是通过占空比来实现直流电动机的三级变速，这个功能需要通过配置 CC2530 中的 Timer_3 来实现。

PWM_UP 与 PWM_DOWN 的比值就是这个直流电动机的占空比，PWM_UP 通过有限状态自动机可以获得 4 个值，其值越大电动机转速越快，当赋值为 0 时则电动机停止旋转。IRCON 是 ZigBee 设备的计时器溢出寄存器，当 Timer_3 超过预定计数时就会被置为 1，随后在中断服务程序中将其清零，Timer_3 即可重新计数。T3counter 是 Timer_3 的溢出计数器，其用来计时的标志。因为 ZigBee 自带的计数器并不能进行较长时间的计数，故需要这样的手段作为弥补。

每当有根节点命令发来时就会进行一次状态转换，进行不同的速度调整。对于一般的家用电器，只需要控制开与关两种状态，类似的 ZigBee 程序也会被简化很多。四状态的直流电动机的变化状态会从静止，到低速、中速、高速循环变化。这个设备可以扩展到很多的应用场景，例如，希望实现窗帘的自动化开关，只需要在状态转换的时候改变电动机方向即可。

#### 7. 有线设备模块

本系统中除了上面所说的 ZigBee 无线模块，还包括一些有线通信模块。这些通信模块主要通过 USB 连接线与网关平台进行数据传输，有线设备节点包括 USB 摄像头和 USB 指纹采集等。前者传输图像数据，后者传输数据设备采集到的 bmp 数据包。这两种模块的相关知识，前面的章节已经详细地讲解过，这里就不再介绍了。

### 6.1.3 实例步骤

网关平台完成了对根节点数据的采集整理和存储，系统中有多个模块需要进行数据的存储。例如，各终端传感器节点模块的采集数据、RFID 卡片信息、用户录入的个人数据信息和用户录入的指纹信息等。由于本系统资源的限制等原因，这里只将传感器以及 RFID 信息存储在网关平台中，用户指纹数据将直接存储在同指纹采集模块连接的数据芯片中。

对于传感器数据，本系统中的数据库采用了同一类节点使用一个表的格式来存储数据，数据库建表命令如下：

```
CREATE TABLE SIODB.wendu
(
```

```
    o_id INT PRIMARY KEY AUTOINCREMENT,
    o_date DATETIME,
    o_data INT,
  );
  CREATE TABLE SIODB.shidu
  (
    o_id INT PRIMARY KEY AUTOINCREMENT,
    o_date DATETIME,
    o_data INT,
  );
  CREATE TABLE SIODB.guangzhao
  (
    o_id INT PRIMARY KEY AUTOINCREMENT,
    o_date DATETIME,
    o_data INT,
  );
  CREATE TABLE SIODB.yanwu
  (
    o_id INT PRIMARY KEY AUTOINCREMENT,
    o_date DATETIME,
    o_data INT,
  );
  CREATE TABLE SIODB.shengyin
  (
    o_id INT PRIMARY KEY AUTOINCREMENT,
    o_date DATETIME,
    o_data INT,
  );
  CREATE TABLE SIODB.chaoshengbo
  (
    o_id INT PRIMARY KEY AUTOINCREMENT,
    o_date DATETIME,
    o_data INT,
  );
```

```
CREATE TABLE SIODB.tuoluoyi
(
  o_id INT PRIMARY KEY AUTOINCREMENT,
  o_date DATETIME,
  o_dataVARCHAR(30),
);
```

对于 RFID 卡片数据信息，本系统直接将其与用户其他录入信息一同保存，通过以下的命令来建立数据库表：

```
CREATE TABLE SIODB.user
(
  user_id INT PRIMARY KEY AUTOINCREMENT,
  user_nameVARCHAR(100),
  user_sexBOOL,
  user_ageINT,
  user_relationVARCHAR(20),
  user_limitINT,
  user_rfidVARCHAR(20),
);
```

底层设备节点通过 ZigBee 网络和串口通信功能向网关平台传输相应的数据信息，网关平台在接收到这些数据信息后会在程序功能中进行数据的解析，通过其数据的添加项可以识别出相应的设备并进行数据存储，如图 6.12 所示。网关平台对数据的解析和存储流程图，如图 6.13 所示。

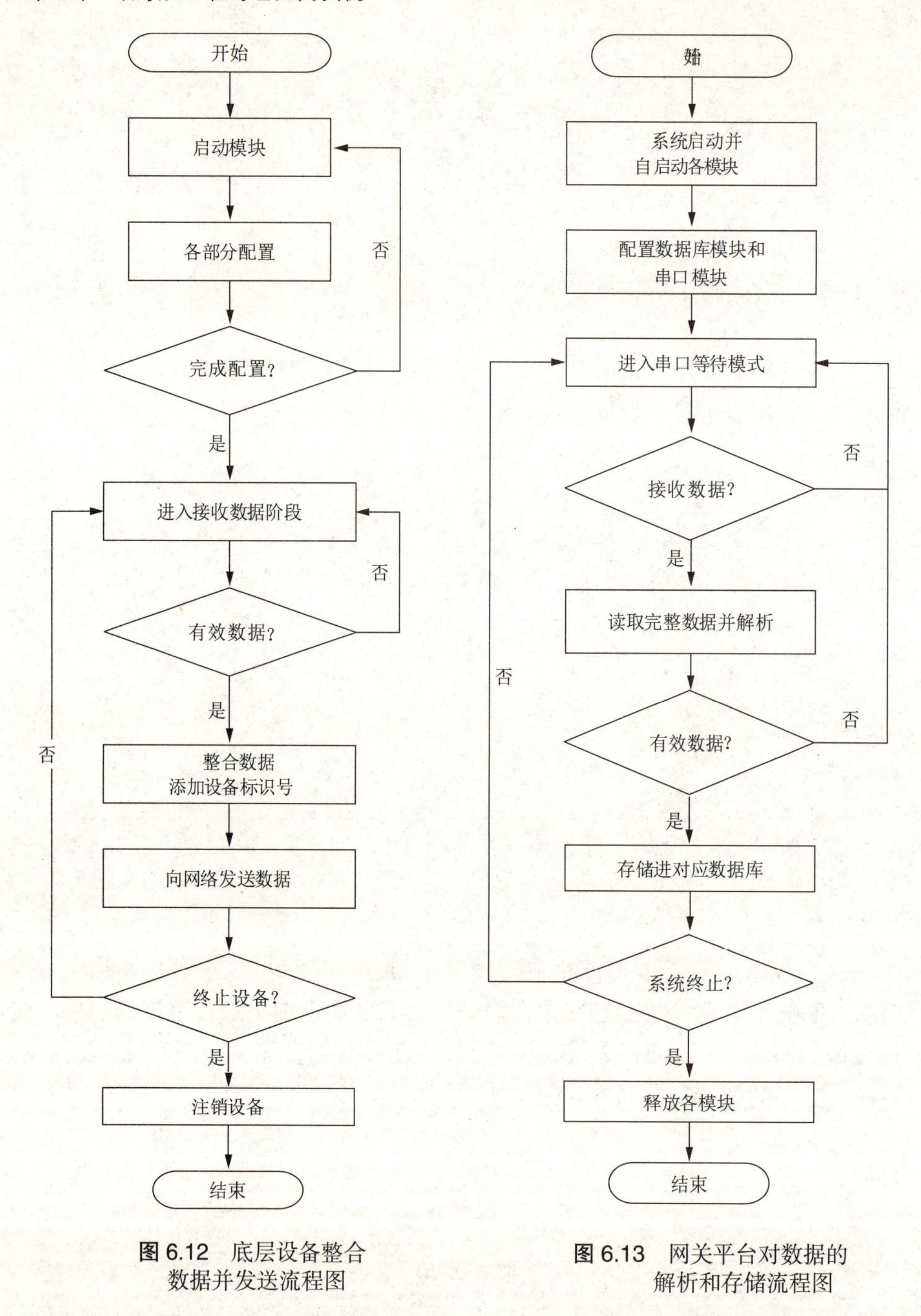


图 6.12 底层设备整合数据并发送流程图

图 6.13 网关平台对数据的解析和存储流程图

网关平台使用的是 sqlite3 数据库，sqlite3 数据库的安装和配置可以参考 4.2 节中的内容。

完成数据模块的解析和存储后，接下来需要做的是对应的 QT 应用设计。QT 应用程序运行在对应的 Linux 系统中，这里使用的是嵌入式的 QT 开发版本。

详细的说明请参考 4.2 节，QT 应用主要的作用是用来获取各个传感器的数据并进行存储。整个 QT 应用分成三个部分，主体界面的设计、串口通信模块和数据库操作模块。由于整个应用需要不断刷新主界面，为了不造成应用的延时，整个应用采用了 QT 中的多线程技术完成整个设计。本实例具体实现了两个线程，主线程 MainWindow 类和数据操作 DataHandle 类。

主体应用界面设计在 MainWindow 类中完成，这也是整个应用的主线程，用来不断更新界面数据并显示最新的信息。

由于串口通信类 qextserialport 在 Linux 下只支持 Polling 模式，所以在数据操作线程需要不断读取串口数据，分析并截取数据。具体的数据操作线程为 DataHandle 类，在该类中实现了串口的初始化以及读取串口操作。主要的函数及其功能如下所示：

```
inttypeResult(QString res);          //识别串口数据类型
void connectDatabase();              //连接数据库
void handleDatabase();               //处理数据库
void updateSignal(int type, QString data); //更新界面信号
void startUpdate();                  //开始读取数据信号
void openPort();                     //串口初始化
```

具体的代码请参考程序编写部分。由于其中直接使用各个模块的功能，所以这里对于摄像头和指纹采集模块将直接使用前面章节已经开发好的 QT 应用，通过 QT 应用间的调用来完成。完成 QT 应用的开发后，下一步需要搭建服务器/网站系统。本实例中采用的是嵌入式 Boa 服务器，详细的介绍以及安装过程请参考 4.3 节，这里主要讲解在智能家居中网站的开发和功能实现。

服务器端主要通过 Python 脚本来完成数据的采集和反馈，客户端浏览器通过 JS 脚本来启动服务器端中的后台脚本，完成数据的采集和显示。具体的功能代码请参考程序编写部分。

### 6.1.4 程序编写

QT 应用部分的功能代码如下所示：

```
//数据处理类的运行函数
voidDataHandle::run()
{
```

```
    QByteArray temp;
    QString receive="";
    QString result="";
    intpos=0;
    intfirst_pos=0;
    int flag=0;
    intemit_flag=0;
    int type=0;
    connectDatabase();
    while(1)
    {
      if(0 == startFlag){
      continue;
    }
      else{
        if(0 == optChoose){
          temp = myCom->readAll(); //读取串口缓冲区的所有数据给临时变
量temp
        receive = receive.append(temp);
        for(;pos<receive.length();pos++)
        {
        if('$' == receive.at(pos))
          {
            first_pos = pos;
            flag = 1;
          }
          else if('#' == receive.at(pos))
          {
            if(1 == flag)
            {
              emit_flag = 1;
              flag = 0;
              result = substring(receive,first_pos,pos+1);
             receive = substring(receive,pos+1,receive.length());
```

```
            }
          }
        }
        if(1 == emit_flag)
        {
          type = typeResult(result);
          emitupdateSignal(type,dataUpdate);
          dataUpdate = "";
          emit_flag = 0;
          result = "";
          first_pos = 0;
          pos = 0;
          type = 0;
          }
        }
        else if(1 == optChoose){
          if(connectFlag){
          handleDatabase();
           emit updateAllSignal(dataTem,dataWet,dataLight,dataCha
oshengbo,dataShengyin,dataTuoluoyi,dataYanwu);
          }
          QThread::msleep(2000);
              }
        }
    }//while()
    myCom->close();
  }
  //启动数据更新功能函数
  voidDataHandle::startUpdate()
  {
    startFlag = 1;
  }
  //设置端口并启动
  voidDataHandle::openPort()
```

```
{
    myCom = new Posix_QextSerialPort("/dev/ttySAC2",QextSerialBa
se::Polling);
    myCom ->open(QIODevice::ReadWrite); //打开串口
    //设置波特率
    myCom->setBaudRate(BAUD9600);
    //设置数据位
    myCom->setDataBits(DATA_8);
    //设置奇偶校验
    myCom->setParity(PAR_NONE);
    //设置停止位
    myCom->setStopBits(STOP_1);
    myCom->setFlowControl(FLOW_OFF); //设置数据流控制
    myCom->setTimeout(50); //设置延时
}
//处理从串口读取的数据并更新显示
intDataHandle::typeResult(QString res)
{
    QStringListstrlist=res.split(",");
    QString id=strlist[1];
    QString value=strlist[3];
    bool ok;
    intdec=id.toInt(&ok,10);
    intvalue_int;
    int type = 0;
    switch (dec)
    {
    case 1://wendu
    value_int=value.toInt(&ok,10);
      if(ok){
        dataUpdate = QString::number(value_int);
      }
      type = 1;
    break;
```

```
  case 2://shidu
  value_int=value.toInt(&ok,10);
    if(ok){
      dataUpdate = QString::number(value_int);
    }
    type = 2;
    break;
  case 11://guangzhao
    value_int=value.toInt(&ok,10);
    if(ok){
      dataUpdate = QString::number(value_int);
      }
      type = 3;
      break;
   case 09://chaoshengbo
      value_int=value.toInt(&ok,10);
      if(ok){
        dataUpdate = QString::number(value_int);
      }
      type = 4;
      break;
   case 10://shengyin
    value_int=value.toInt(&ok,10);
if(ok){
dataUpdate = QString::number(value_int);
             }
type = 5;
   case 12://tuoluoyi
          value_int=value.toInt(&ok,10);
if(ok){
dataUpdate = QString::number(value_int);
             }
type = 6;
   case 13://yanwu
```

```
            value_int=value.toInt(&ok,10);
if(ok){
dataUpdate = QString::number(value_int);
                }
type = 7;
default:
break;
     }
return type;
}
```

网站前端主要的JS功能函数如下所示：

```
<script type="text/javascript">
   varjsonText=xmlHttp.responseText;
   var red=document.getElementsByClassName("red")[0];
   var degree=document.getElementsByClassName("degree")[0];
   var wet=document.getElementsByClassName("wet")[0];
   varwetGreen=wet.getElementsByClassName("wet_green")[0];
   var voice=document.getElementsByClassName("back")[0];
   varwu=document.getElementsByClassName("back2")[0];
   varobjText=JSON.parse(jsonText);
   varwenDu=Number(objText["wendu"]);// 温度值
   varredHeight=wenDu*2;
   varshiDu=Number(objText["shidu"]);  // 湿度值
   degree.innerText=wenDu;
   red.style.height=redHeight+'px';
   varwetP=wet.getElementsByTagName('p')[0];
   wetP.innerText=' 湿度: '+shiDu;
   wetGreen.style.height=shiDu*2.5+'px';
   varvoiceBool=Boolean(objText["shengyin"]);
   if(!voiceBool){voice.style.backgroundPosition=-75+'px'}
   else{voice.style.backgroundPosition=-5+'px'}
   varwuBool=Boolean(objText["yanwu"]);
```

```
    if(!wuBool){wu.style.backgroundImage="url(images/wu1.png)"}
    else{wu.style.backgroundImage="url(images/wu.png)"}

    var list=document.getElementsByClassName("voice");
    list[0].innerText=' 光  照:  '+Number(objText["guangzhao"])+'
lx';
   list[1].innerText='距离:  '+Number(objText["juli"])+' cm';
    varspanList=document.getElementsByTagName('span');
            spanList[0].innerText='X: '+Number(objText["X"])+'m/s';
            spanList[1].innerText='Y: '+Number(objText["Y"])+'m/s';
            spanList[2].innerText='Z: '+Number(objText["Z"])+'m/s';
            spanList[3].innerText='X: '+Number(objText["A"]);
            spanList[4].innerText='Y: '+Number(objText["B"]);
            spanList[5].innerText='Z: '+Number(objText["C"]);
  </script>
```

网站后台 Python 脚本功能函数如下所示：

```
  //# 补全数据
  defrepare_data(table):
     globaldata_all
     globaltableData
     iftableData.has_key(table):
     data_all[table] = tableData[table]
  else:
     data_all[table] = 'Null'
  //# 连接到数据库上
  defget_conn(path):
     ifos.path.exists(path) and os.path.isfile(path):
       global conn
       conn = sqlite3.connect(path)
       return True
     else:
       return False
```

```
//# 从数据库中获取相应的数据
defget_all_data():
  global conn
  globaltableList
  globaltableFlag
  globaldata_all
  cur = conn.cursor()
  for i in range(len(tableList)):
    table = tableList[i]
    re = cur.execute("select count(*) from sqlite_master where
type='table' and name = '" + table + "'")
    result = re.fetchone()[0]
    if(result > 0):
      tableFlag[i] = 1
      cur.execute("select * from " + table)
      rows = cur.fetchall()
      listdata = []
      for row in rows:
        listdata.append(row[2])
      if rows is not None:
        data_all[table] = listdata
    else:
      repare_data(table)
    else:
      repare_data(table)
//# 主函数
def main():
  globalsqliteDatabase
  globaldata_all
  global conn
  global choose
  flag = False
  for i in range(len(sqliteDatabase)):
    result = get_conn(sqliteDatabase[i])
```

```
    if result is True:
      choose = i
      get_all_data()
      flag = True
      break
  else:
    continue
  if flag is True:
   data_out = json.dumps(data_all)
   clean_database()
   conn.close()
   printdata_out
  else:
   os.system("python ./data_handle.py")
```

### 6.1.5 实现结果

本实例中，QT 应用实现的智能家居网关平台主界面如图 6.14 所示。

图 6.14　智能家居网关平台主界面

网关内嵌的摄像头应用界面，如图 6.15 所示。

图 6.15 摄像头应用界面

网关调用指纹采集 QT 应用功能界面，如图 6.16 所示。

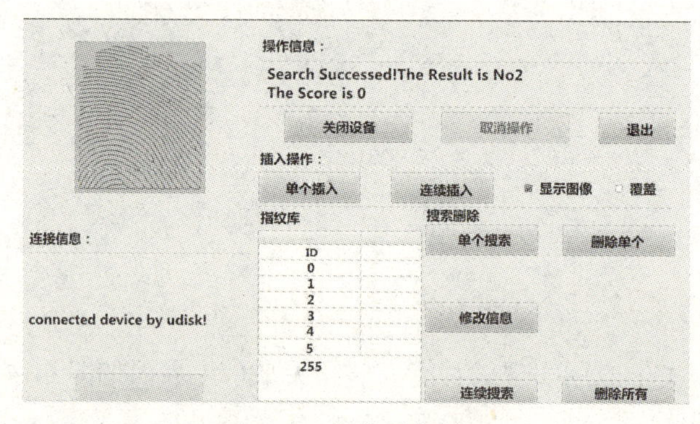


图 6.16 指纹采集界面

## 6.2 环境监测系统

本实例以生活环境中的主要参数作为监测点，通过结合当前流行的 ZigBee 无线通信技术和相关的嵌入式、物联网知识，开发并实现了一套具备温度、湿度、光照强度、有毒气体等环境参数和图像采集的环境监测系统。系统采用 ZigBee 网络完成环境参数数据的传输，通过有线网络完成图像数据的采集，并实现了嵌入式 Linux 下的 QT 应用开发和嵌入式服务器的搭建以及网站的建设，通过手持设备和 PC 端能够查看环境数据和图像。

### 6.2.1 实例内容和应用设备

环境监测需要使用到各种传感器，在第 2 章实例中已经详细说明了各种传感器的工作方式和配置方式，在第 4 章已经实现了 ZigBee 网络环境下完成采集信息的功能。CC2530 传感器模块烧写了相应的采集程序，同时各部分模块和汇聚节点（根节点）完成了 ZigBee 下的组网实验，根节点将众多传感器节点发送的数据包通过串口转发到网关平台上。本实例在此基础上开发出相关的 QT 应用，同时在网关平台上部署相应的服务器 - 网站，用来收集传感器数据并显示和操控传感器节点。

需本实例需要用到的硬件设备包括物联网综合教学实验平台及多种基于CC2530的无线传感器节点模块和控制模块，还有搭建好开发环境的虚拟机、网关平台系统，如包括有QTE应用开发环境和网站开发环境等。

### 6.2.2　实例原理与相关知识

环境监测应用中完成了ZigBee组网实验、网关平台的采集和数据库存储、QT应用的开发和实现以及嵌入式服务器的搭建和网站的开发。相关的知识在之前的章节已经说明过，这里仅简略介绍本例所应用到的知识。

ZigBee组网实验主要采用TI公司提供的软件包Z-Stack，通过修改应用层的功能函数完成ZigBee组网功能。各个模块和根节点的功能主要通过API函数来实现，通过编写不同的功能函数完成了相应的模块功能，从而实现区域性的组网实验。

网关平台完成了数据的串口传输以及数据的存储，实例中采用的是第三方串口通信类qextserialport，该类为QT应用提供了一个虚拟串口端口的使用接口，可以在通用的操作系统下使用。前面章节已经讲解了该串口通行类的下载和嵌入应用的方法，这里就不再介绍了。由于系统资源有限，本实例使用了Sqlite3数据库。它属于轻型的数据库，通过库文件以及头文件即可完成数据的存储和读取，在嵌入式系统中被广泛使用。具体的宿主机和目标机的安装过程在第4章已经介绍过了，这里不在介绍。

### 6.2.3　实例步骤

网关平台完成了对根节点数据的采集整理和存储，数据库采用了同一类节点使用一个表的格式来存储数据，数据库建表命令如下：

```
CREATE TABLE SIODB.wendu
(
  o_id INT PRIMARY KEY AUTOINCREMENT,
  o_date DATETIME,
  o_data INT,
);
CREATE TABLE SIODB.shidu
(
  o_id INT PRIMARY KEY AUTOINCREMENT,
```

```
  o_date DATETIME,
  o_data INT,
);
CREATE TABLE SIODB.guangzhao
(
  o_id INT PRIMARY KEY AUTOINCREMENT,
  o_date DATETIME,
  o_data INT,
);
```

通过处理各部分的数据，完成数据的传输，整个系统的传输过程如图6.17所示。

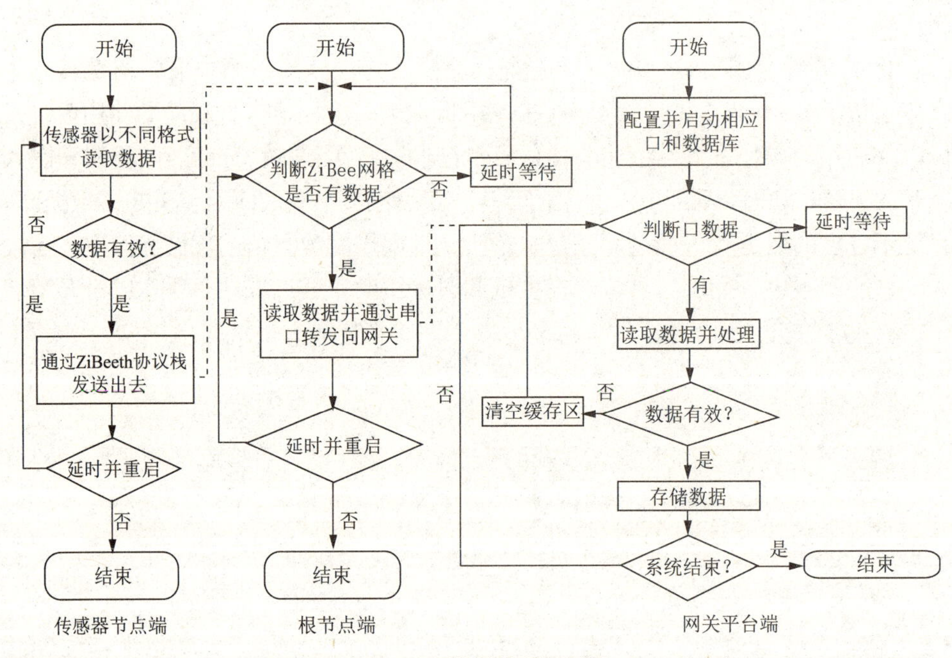


图6.17　数据处理流程图

数据在三个组件部分传输，分别是传感器节点端、根节点端和网关平台。在传感器节点端中，数据完成了从相应的传感器中读取并以规定的格式封装成数据包，通过ZigBee网络传输到根节点中；在根节点端，完成了数据的转发，无条件地将从ZigBee网络中读取到的数据转发到串口中，一般根节点同网关平台由串口线相连。在综合网关平台端，系统从端口中读取数据，按照相应格式处理数据，最后将有效数据存储到系统的数据库中。流程图6.17中的虚线指示了数据在整个系统的传输过程。

完成数据库的创建后，需要设计相应的 QT 应用，这里主要完成主体应用界面的设计、串口通信功能实现和数据库操作三个部分。由于整个应用需要不断刷新主界面，为了不造成应用的延时，采用了 QT 中的多线程来完成整个设计。本实例中具体实现了两个线程，主线程 MainWindow 类和数据操作 DataHandle 类。其中主体应用界面设计在 MainWindow 类中完成，这也是整个应用的主线程，用来不断更新界面数据并显示最新的信息。由于串口通信类 qextserialport 在 Linux 下只支持 Polling 模式，所以在数据操作线程需要不断读取串口数据，分析并截取数据。具体的数据操作线程为 Port_DataHandle 类，在该类中实现了串口的初始化以及串口读取操作。主要函数及其功能如下所示：

```
inttypeResult(QString res);                        // 识别串口数据类型
void connectDatabase();                            // 连接数据库
void handleDatabase();                             // 处理数据库
void updateSignal(int type, QString data);  // 更新界面信号
void startUpdate();                                // 开始读取数据信号
void openPort();                                   // 串口初始化
```

具体的代码请参考程序编写部分。

完成 QT 应用的开发后，需要服务器 / 网站系统。本实例采用了嵌入式 Boa 服务器，详细的介绍以及安装过程见第 4 章，这里主要介绍在环境监测中网站的开发和功能实现。

服务器端通过 Python 脚本来完成数据的采集和反馈，客户端浏览器通过 JS 脚本启动服务器端中的后台脚本，完成数据的采集和显示。前端显示使用了 ECharts 组件，ECharts（Enterprise Charts 商业产品图表库）是基于 Canvas 的纯 Javascript 图表库，提供直观、生动、可交互、可个性化定制的数据可视化图表。创新的拖拽重计算、数据视图、值域漫游等特性大大增强了用户体验，赋予了用户对数据进行挖掘、整合的能力。ECharts 一般用于网站开发过程中可视化显示，包含了各种数据流程、表格，可以轻松用于开发各种数据展示功能网站。

这里通过脚本程序获取到的 JSON 数据可以反馈到网站的 ECharts 表格中，展示环境的当前数据和历史数据。

具体的功能代码请参考程序编写部分。

### 6.2.4 程序编写

QT应用部分的功能代码如下所示：

```
//数据处理类的运行函数
voidDataHandle::run()
{
  QByteArray temp;
  QString receive="";
  QString result="";
  intpos=0;
  intfirst_pos=0;
  int flag=0;
  intemit_flag=0;
  int type=0;
  connectDatabase();
  while(1)
  {
    if(0 == startFlag){
      continue;
    } else{
      if(0 == optChoose){
        temp = myCom->readAll(); //读取串口缓冲区
        receive = receive.append(temp);
        for(;pos<receive.length();pos++)
          {
            if('$' == receive.at(pos))
            {
              first_pos = pos;
              flag = 1;
          }
          else if('#' == receive.at(pos))
          {
            if(1 == flag)
        {
```

```
        emit_flag = 1;
        flag = 0;
        result = substring(receive,first_pos,pos+1);
        receive = substring(receive,pos+1,receive.length());
      }
    }
  }
  if(1 == emit_flag)
  {
    type = typeResult(result);
    emitupdateSignal(type,dataUpdate);
    dataUpdate = "";
    emit_flag = 0;
    result = "";
    first_pos = 0;
    pos = 0;
    type = 0;
  }
 }
else if(1 == optChoose){
  if(connectFlag){
    handleDatabase();
    emitupdateAllSignal(dataTem,dataWet,dataLight);
  }
    QThread::msleep(2000);
 }
 }
```

网站前端主要的JS功能函数如下所示：

```
<script type="text/javascript">
  functionget_from_perl()
  {
    // 路径配置
```

```
    require.config({
    paths: {
      echarts: 'js/dist'
      }
    });
    require(
    [
      'echarts',
      'echarts/chart/line'
    ],
    function (ec) {
      varxmlHttp=null
      xmlHttp=GetXmlHttpObject()
      if(xmlHttp==null){
        alter("Browser does not support HTTP Request.")
        return
      }
      varurl="../script/data.cgi";
      xmlHttp.onreadystatechange=stateChanged
      xmlHttp.open("GET",url,true)
      xmlHttp.send(null)
      functionstateChanged()
      {
        If(xmlHttp.readyState==4||  xmlHttp.
readyState=="complete")
         {
          varjsonText=xmlHttp.responseText;
          varobjText=JSON.parse(jsonText);
          vardata_tem=objText["wendu"];
          vardata_wet=objText["shidu"];
          vardata_light=objText["guangzhao"];
          if(0 == data_tem.length){
            data_tem = [20,19,21,25,24,18,20,19,23,24];
          }
```

```
            if(0 == data_wet.length){
              data_wet = [23,25,24,26,27,28,22,32,31,33];
            if(0 == data_light.length){
             data_light = [230,250,240,260,270,280,220,320,
310,330];
            // 基于准备好的 dom，初始化 echarts 图表
            var myChart0 = ec.init(document.
getElementById('main0'));
            var myChart1 = ec.init(document.
getElementById('main1'));
            var myChart2 = ec.init(document.
getElementById('main2'));
             var option0 = {
               title : {
                 text: '传感器采集到的温度变化'
               },
               calculable : true,
               xAxis : [ {
                 type : 'category',boundaryGap : false,
                 data : ['1','2','3','4','5','6','7','8','9','10']
              } ],
               yAxis : [ {
                  type : 'value',axisLabel : {formatter: '{value}
° C'}
               }
               series : [ {
                 name:'采集温度数值',
                 type:'line',
                 data:data_tem,
                 markPoint : {
                      data : [{type : 'max', name: '最大值'},
{type : 'min', name: '最小值'}
                 ] },
               markLine : {
```

```
            data : [{type : 'average', name: '平均值'} ]
          }
        }
      ] };
      var option1 = {
        //同option0相似，这里不列出
      };
      var option2 = {
      //同option0相似，这里不列出
      };
      // 为echarts对象加载数据
      myChart0.setOption(option0);
      myChart1.setOption(option1);
      myChart2.setOption(option2);
      //更新数据
      timeTicket = setInterval(function (){
      varurl="../script/updatedata.cgi";
      xmlHttp.onreadystatechange=stateChanged
      xmlHttp.open("GET",url,true)
      xmlHttp.send(null)
      functionstateChanged()
      {
       if (xmlHttp.readyState==4 || xmlHttp.
readyState=="complete")
        {
        varjsonText=xmlHttp.responseText;
        varobjText=JSON.parse(jsonText);
        varudata_tem=objText["wendu"];
        varudata_wet=objText["shidu"];
        varudata_light=objText["guangzhao"];
        // 动态数据接口addData
        if(udata_tem != ""){
        myChart0.addData([ [
        0,
```

```
          udata_tem,
          false,
          false
          ]  ]);
        }
        if(udata_wet != ""){
          myChart1.addData([ [
          0,
          udata_wet,
          false,
          false
          ] ]);
        }
        if(udata_light != ""){
          myChart2.addData([ [
          0,
          udata_light,
          false,
          false
          ] ]);
          }
        }//if end
      }//function stateChanged()
          }, 2000);
        }
      }
    }
  );
}
</script>
```

网站后台 Python 脚本功能函数如下所示：

```
#补全数据
defrepare_data(table):
   globaldata_all
   globaltableData
   iftableData.has_key(table):
          data_all[table] = tableData[table]
   else:
          data_all[table] = 'Null'
#连接到数据库上
defget_conn(path):
  ifos.path.exists(path) and os.path.isfile(path):
    global conn
     conn = sqlite3.connect(path)
     return True
else:
    return False
#从数据库中获取相应的数据
defget_all_data():
   global conn
   globaltableList
   globaltableFlag
   globaldata_all
   cur = conn.cursor()
   for i in range(len(tableList)):
     table = tableList[i]
     re = cur.execute("select count(*) from sqlite_master where
type='table' and name = '" + table + "'")
     result = re.fetchone()[0]
     if(result > 0):
       tableFlag[i] = 1
       cur.execute("select * from " + table)
       rows = cur.fetchall()
       listdata = []
       for row in rows:
```

```
        listdata.append(row[2])
      if rows is not None:
        data_all[table] = listdata
      else:
        repare_data(table)
      else:
        repare_data(table)
# 主函数
def main():
   globalsqliteDatabase
   globaldata_all
   global conn
   global choose
   flag = False
   for i in range(len(sqliteDatabase)):
      result = get_conn(sqliteDatabase[i])
      if result is True:
        choose = i
        get_all_data()
        flag = True
        break
   else:
        continue
   if flag is True:
     data_out = json.dumps(data_all)
     clean_database()
     conn.close()
     printdata_out
   else:
     os.system("python ./data_handle.py")
```

### 6.2.5 实现结果

网关平台 QT 应用的网站实现界面如图 6.18 所示。

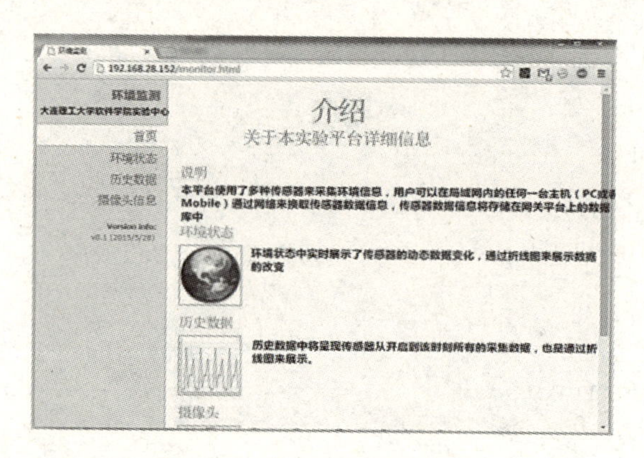


图 6.18　环境监测网站主界面

环境状态中温度数据界面如图 6.19 所示。

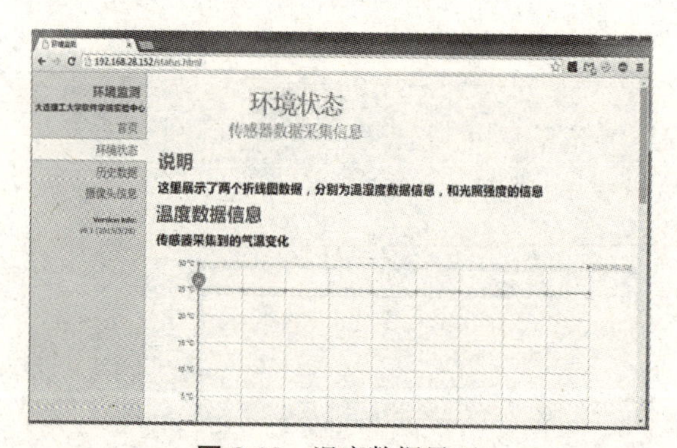


图 6.19　温度数据界面

环境状态中历史数据界面如图 6.20 所示。

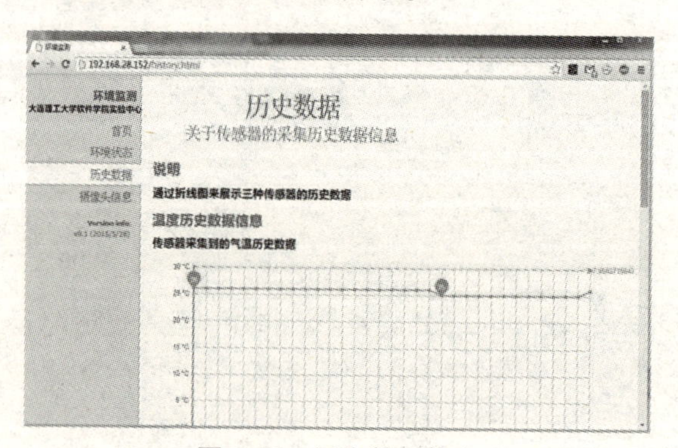


图 6.20　历史数据信息

环境状态中摄像头信息界面如图 6.21 所示。

图 6.21 摄像头信息界面

# 参考文献

[1] 黄如 . 物联网工程应用技术实践教程 [M]. 北京：电子工业出版社，2014.

[2] 俞健峰 . 物联网工程开发与实践 [M]. 北京 : 人民邮电出版社，2013.

[3] 马洪连，李大奎，朱明，等 . 嵌入式系统开发与应用实例 [M]. 北京：电子工业出版社，2015.

[4] 刘伟荣，何云 . 物联网与无线传感器网络 [M]. 北京：电子工业出版社，2013.

[5] 刘云浩 . 物联网导论 [M]. 第 2 版 . 北京 : 科学出版社，2011.

[6] 刘少强，张靖 . 现代传感器技术 : 面向物联网应用 [M]. 北京：电子工业出版社，2014.

[7] 吴功宜，吴英 . 物联网工程导论 [M]. 北京：机械工业出版社，2012.

[8] 黄传河，涂航，等 . 物联网工程设计与实施 [M]. 机械工业出版社，2015.

[9] 王仲东 . 物联网的开发与应用实践 [M]. 机械工业出版社，2014.

[10] http://www.romzhijia.net

[11] 博创科技 . 物联网教学系统实验指导书 .http://www.up-teeh.com.